本套丛书由

中航传媒与《轻兵器》杂志社

联袂推出

兵器装备研究所权威出品

轻武器科普丛书标杆之作

轻武器典藏手册

——世界著名手枪 I

《轻武器系列丛书》编委会／编

航空工业出版社

北京

内 容 提 要

《轻武器典藏手册——世界著名手枪I》精选了第二次世界大战前世界主要军事强国最富有代表性的典型手枪型号，图文并茂。书中不仅全面细致地介绍了各种手枪的基本性能特点，而且结合研制历史、经典战例，以及军队装备使用等情况进行了综合描述，使读者能全方位地了解每种世界顶尖轻武器的来龙去脉和奇闻趣事。

图书在版编目（CIP）数据

世界著名手枪．1 / 《轻武器系列丛书》编委会编．-- 北京：航空工业出版社，2013.1（2019.1重印）
（轻武器典藏手册）
ISBN 978-7-5165-0123-8

Ⅰ．①世… Ⅱ．①轻… Ⅲ．①手枪—世界—普及读物 Ⅳ．①E922.11-49

中国版本图书馆CIP数据核字(2012)第293355号

轻武器典藏手册——世界著名手枪I
Qingwuqi Diancang Shouce——Shijie Zhuming Shouqiang I

航空工业出版社出版发行
（北京市朝阳区北苑2号院　100012）
发行部电话：010-84936597　010-84936343

三河市金轩印务有限公司印刷　　全国各地新华书店经售
2013年1月第1版　　2019年1月第2次印刷
开本：787×1092　1/16　　印张：12.25　　字数：313千字
印数：8001-8500　　定价：49.80元

《轻武器系列丛书》编委会

序

国无防不立，国家的昌盛、民族的兴旺离不开全民国防意识的增强。还在担任轻武器博物馆馆长的时候，我就在计划出一套轻武器类的科普丛书。因为枪械是士兵最基本的装备，枪械发展史几乎就是世界近代战争史的一个缩影。现在，要想收集齐全世界的各种轻武器，几乎是不可能的，但如果要说近代以前的枪械种类型号，却大都能在中国找到。因为20世纪前50年群雄逐鹿、战乱纷飞的中国，为各种新式武器提供了一个绝佳的展示平台，全世界稍有名气的枪械几乎都能通过各种渠道进入到中国，这在其他国家是难以想象的一件事。这些战后留存在中国的武器，现在大都进了军械库、博物馆或专业机构，也正因为如此，研究轻武器发展史，中国具有很多国家不具备的优势条件。

经过几年的策划和准备，终于有机会出版这样一套丛书。本套轻武器典藏手册系列丛书，是中航出版传媒有限责任公司和《轻兵器》杂志社联袂出版的一套轻武器科普丛书，为《轻兵器》杂志30多年精华内容的鼎力呈现，可以说是目前国内见得到的最有权威性和欣赏、收藏价值的武器装备类丛书之一。《轻兵器》杂志社是国内唯一的一家轻武器类专业期刊社，有中国唯一的轻武器研究所作为支撑，作者群涵括了军队、兵器行业科研领域的顶级枪械专家，30多年来发表了难以计数的高质量文章，文字权威专业，写作风格严谨活泼，可以说在内容品质上树立了国内轻武器类科普丛书领域不容置疑的标杆地位。

身为《轻兵器》杂志社的前成员之一，我非常欣慰这套丛书的出版。为了配合文字内容达到更好的视觉效果，很多枪械照片都专门从轻武器博物馆进行了重新拍摄，希望读者能喜欢。

袁炜

2012年12月

目录

第二章 战斗型手枪

绪论　近代自动手枪发展简史

经历了漫长的发展岁月，手枪，一种最小巧的武器，和其他武器一样，在不断演变、不断进步、不断成熟。其间经历了火门手枪、火绳手枪、转轮发火手枪、打火手枪、燧发手枪、击发手枪、转轮手枪几个重要的演变过程。19世纪末，转轮手枪的发展迅速达到顶峰，但随着20世纪初一种新型手枪——自动手枪问世，转轮手枪很快让出了主力地位，而自动手枪在世界手枪发展史册上又掀开了崭新、光辉的一页，也为现代手枪的发展奠定了重要的基础。本书主要讲述的就是近代自动手枪的发展概况。需要强调的是，和自动步枪的全自动射击概念不同，书中所说的自动手枪是指在射击过程中能自动完成开锁、抽壳、抛壳、待击、再装填、闭锁等动作的半自动手枪，虽只能半自动射击，但人们一般都习惯于将半自动手枪称为自动手枪，而将全自动射击的手枪称为冲锋手枪或全自动手枪，这在世界范围内早已约定俗成。

世纪之初　转轮手枪一枝独秀

19世纪末的转轮手枪因技术比较成熟，动作原理可行，使用安全可靠，而一跃成为当时最先进、最实用的一种军用手枪。它一是采用了先进的击发点火技术，即击发火帽技术；二是供弹方式发生了变革，随着金属弹壳定装式转轮手枪弹的出现，使得采用联动式转轮弹膛供弹成为可能，联动式转轮弹膛不仅增大了容弹量，而且首次实现了非手动供弹；三是线膛枪管的应用，首次解决了弹头的飞行稳定性问

美国一战期间装备的M1917转轮手枪

英国韦伯利Mark Ⅳ转轮手枪

题，对提高手枪的射击精度具有十分重要的意义；四是解决了发射时密闭火药燃气的问题，实现了安全可靠地发射。

进入20世纪，转轮手枪已发展成为机构完善、功能齐全、结构紧凑、性能出众的一种军用手枪，并具有鲜明突出的实用性。主要表现为：普遍采用后装式装弹；转轮弹膛的转动和击锤的待击与击发实现联动；转轮弹膛采用了甩出式，可实现快速退壳和装弹；首发开火迅速，出现瞎火故障易于排除；转轮弹膛的余弹清晰可见；全枪尺寸缩小，质量减轻，更便于携行和操作使用。

美国、英国是当时世界上研制和生产转轮手枪的大国，其产品不仅装备本国军队，而且出口其他国家。这一时期典型的转轮手枪有美国0.44in史密斯-韦森“先驱者”联动转轮手枪(1902年)、美国0.44in史密斯-韦森“新世纪”联动转轮手枪(1907年)、美国0.45in M1909式柯尔特军用转轮手枪、英国0.455in韦伯利Ⅳ型军用转轮手枪(1899年)、俄国7.62mmM1895式纳甘转轮手枪等。

作为20世纪初最先进、最实用的步兵单兵战斗武器，转轮手枪被大量使用。当时欧美一些国家的军队均大量装备了转轮手枪。其总体性能水平为：口径一般在7.62～11.43mm之间，全枪质量为0.7～1.3kg，全枪长300mm左右，枪管长150mm左右，转轮弹膛容弹量一般为6发，枪管膛线为6条或7条，初速为250m／s左右。

推陈出新　自动手枪初露端倪

虽然转轮手枪在20世纪初一枝独秀，独领风骚，但它作为军用手枪也有先天不足之处：一是容弹量小，重新装填时间较长，火力持续性差，不能满足连续作战要求；二是尽管设计上改善了密闭火药燃气结构，但在转轮与枪管之间不可避免地存在间隙，不能完全密闭火药燃气，这是设计上无法解决的问题，在一定程度上影响了战斗使用，并给勤务保养带来不便；三是由于不能有效密闭火药燃气，且受结构限制，不能发射大威力的手枪弹，初速也较低，因此满足不了作战要求。然而，正是这些问题为一些有识之士提供了新的研究课题，奥地利人约瑟夫•劳曼便成为新手枪发明第一人。他于1892年发明了世界上第一支自动手枪，同年在法国获得发明专利，后又在英国获得发明专利。因为他在申请专利时，总是喜欢签上维也纳肖伯格兄弟公司的名字，因此人们将他设计发明

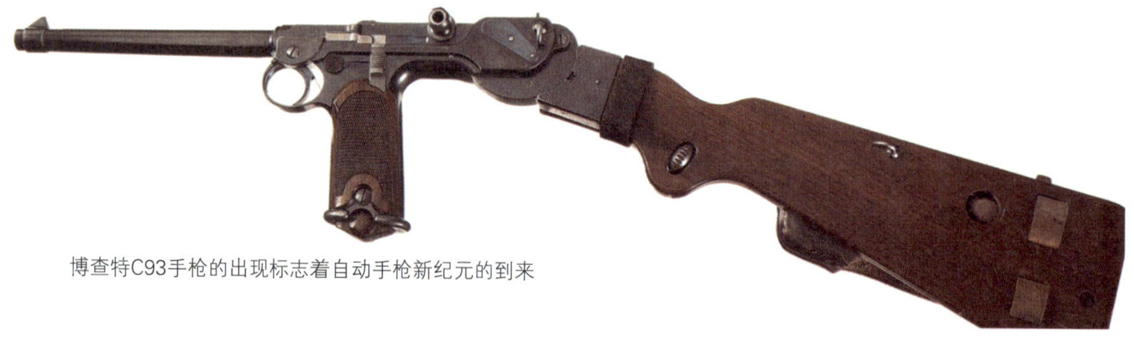
博查特C93手枪的出现标志着自动手枪新纪元的到来

的新手枪亲切地称为肖伯格手枪。这支手枪采用了独特的自动方式——底火驱动式，闭锁方式为刚性闭锁，采用弹夹供弹，口径为8mm，发射一种8mm凸缘式手枪弹。该枪在1894～1895年间奥地利军方举行的手枪选型试验中因表现平平而未被军方采用。但它的问世，为新手枪的出现带来了一丝曙光。

1893年，美籍德国人雨果•博查特发明了世界上第一支实用的自动手枪——7.65mm C93式博查特手枪。该枪于同年9月9日在德国获得发明专利，之后又在美国、英国等9个国家相继获得发明专利。同时，他还发明了一种瓶颈式带弹头壳的手枪弹——7.65mm C93式博查特手枪弹。博查特手枪采用枪管短后坐式的自动原理，肘节式闭锁机构，弹匣供弹，弹匣装在手枪握把里。这些结构原理与设计均是前所未有的，并为现代手枪的发展奠定了基础。该枪开锁、抛壳、待击、再装填、闭锁等动作均可由枪机的后坐和复进来完成，因此成为第一支实用的自动手枪。美国陆、海军都对此枪进行了试验，并给予很高的评价，但由于种种原因，美国未采用此枪。博查特只好回到德国老家，交由德国路维格•洛伊武器公司制造，后改由德国武器弹药制造公司制造。该枪在欧洲大陆受到欢迎，得到了广泛流行。后来，博查特的助手乔治•卢格对该枪进行改进，于1902年设计成功了著名的卢格自动手枪，由德国武器弹药制造公司制造。1900年9月12日，德国海军首先正式列装，命名为M1904式。1908年8月22日，德国陆军正式采用，命名为M1908式巴拉贝鲁姆手枪，简称P08式手枪。在美国，人们将卢格设计的手枪亲切地称为卢格手枪。自1908年到1938年，作为德军单兵自卫武器，它整整服役了30年。

1895年，世界上第一支真正的军用自动手枪诞生了，这就是7.65mm毛瑟自动手枪。它是由在德国毛瑟兵工厂供职的费德勒三兄弟发明的，而非毛瑟本人。设计工作始于1893年，1895年3月15日完成样枪设计，被命名为C96式毛瑟手枪。其主要结构及原理是：采用枪管短后坐式自动原理，闭锁方式为闭锁卡铁起落式，弹匣供弹，枪管内刻有6条右旋膛线，并首次采用了空仓挂机机构。这些结构原理的发明，使手枪的功能更趋完善，并在毛瑟兵工厂沿用了43年之久。此后，毛瑟兵工厂推出了7.63mm M96式毛瑟军用手枪，发射毛瑟兵工厂在C93式博查特手枪弹基础上改进的毛瑟手枪弹。1899年意大利海军首先列装此枪。进入20世纪，毛瑟兵工厂又成功推出了系列型号的毛瑟手枪。其中还有9mm口径的，发射9mm巴拉贝鲁姆手枪

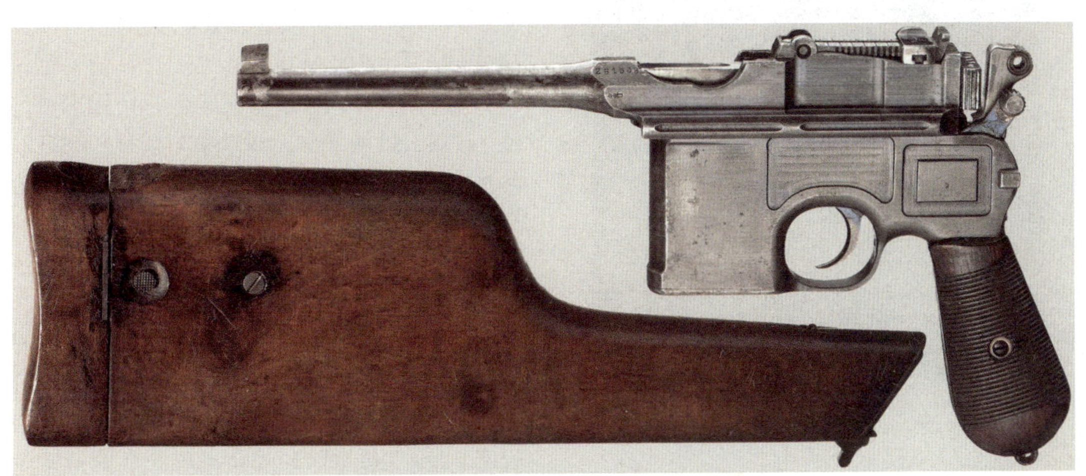

德国毛瑟M96系列手枪在中国几乎成为一个传奇

德国P08手枪奠定了9mm巴拉贝鲁姆手枪弹的霸主地位

弹；有的还可安装枪托(手枪套)。弹匣容弹量也分好几种。除德国外，意大利、土耳其、俄国等开始陆续装备毛瑟手枪，以取代转轮手枪。毛瑟手枪的问世及应用，标志着自动手枪在20世纪初已露端倪。

流派纷呈　自动手枪渐入佳境

自动手枪第一次实现了手枪射击过程中各种动作的自动化：装填、开锁、抛壳、待击、闭锁，这些动作依靠枪机等运动部件的后坐与复进完成。可以发射大威力手枪弹，可获得较高的初速，弹匣容弹量增加，射击速度提高，火力持续性增强。无论是威力还是火力，都比转轮手枪胜出一畴。这些突破性的进展，对手枪发展具有划时代的影响。

在20世纪的头10年中，世界各国的手枪制造公司均以极大的热情和大量的人力、物力、财力，投入到自动手枪的研制开发中，各种各样新的自动手枪如雨后春笋般破土而出，世界手枪得到了空前发展。

美国历来热衷于武器的发展。1900年，美国柯尔特专利武器制造公司就研制出了0.38in M1900式柯尔特-勃朗宁军用自动手枪，它是由世界著名枪械设计大师美国人约翰•M.勃朗宁发明的，发射0.38in半凸缘式柯尔特手枪弹，但未被军方采用。之后，该公司连续开发了0.38in M1902式柯尔特-勃朗宁军用自动手枪、0.32in M1903式柯尔特自动手枪、0.45in M1905式/M1909式/M1910式柯尔特-勃朗宁自动手枪。1911年3月3日，改进后的M1910式自动手枪参加了美军新一轮手枪选型试验，由于表现出色，同年3月29日，美国陆军部长批准采用，正式命名为M1911式，并于1912年4月开始列装部队。这是美军装备的第一支自动手枪，后来成为一种世界著名的军用手枪。

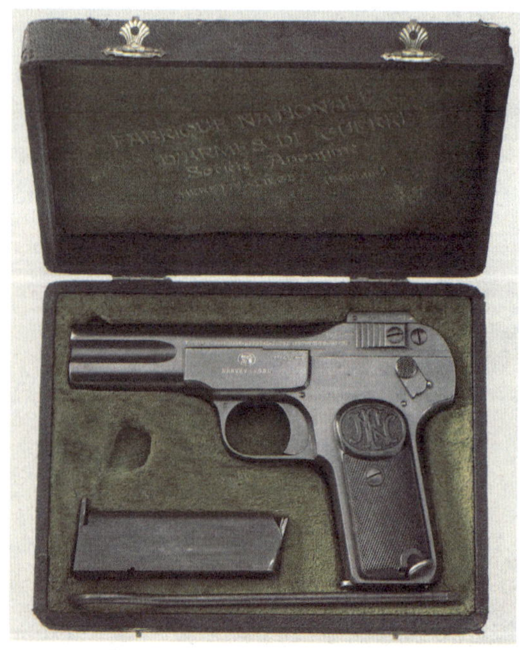
自由枪机式手枪的代表作——比利时FN M1900手枪

比利时是世界上武器制造业比较发达的国家。比利时的FN公司将世界著名的枪械设计大师勃朗宁从美国招至麾下。勃郎宁的到来，为比利时自动手枪的迅速发展打开了局面。1899年，FN公司生产出了第一支勃朗宁手枪，命名为M1899式，口径为7.65mm，发射由勃朗宁设计的7.65mm半凸缘式勃朗宁手枪弹。这是FN公司首次与勃朗宁合作的结晶。此枪经改进完善后，于1900年7月3日被比利时政府采用，配发给比利时军官，命名为M1900式。此后，FN公司与勃朗宁合作，相继推出了9mm M1903式、6.35mm M1906式、7.65mm M1910式FN-勃朗宁自动手枪。其中，9mm M1903式不仅成为比利时军队的制式手枪，也被俄国、瑞典、荷兰、捷克、土耳其及巴拉圭等国军队列装。

美国M1911系列手枪装备美军长达80多年，现在仍有大量在使用

其他国家也推出了各式自动手枪。在德国，除毛瑟手枪外，还有沃尔特兵工厂研制的6.35mm M1式沃尔特自动手枪、7.65mm M4式沃尔特自动手枪，V.C.希林兵工厂研制的9mm M1903伯格曼“火星”自动手枪以及9mm德莱塞自动手枪。奥匈帝国时代的奥地利也推出了几种自动手枪，如：8mm M1907式罗思-斯太尔自动手枪，由奥匈帝国的骑兵部队列装；7.65mm M1908式斯太尔自动手枪、7.65mm M1910式弗罗默自动手枪、8mm M1900式/7.63mm M1901式曼利夏自动手枪；1912年，奥匈帝国军队开始装备9mm M1912式斯太尔自动手枪。瑞士军队于1901年开始列装由德国武器弹药制造公司制造的瑞士7.65mm M1900式巴拉贝鲁姆军用自动手枪，之后又换装了瑞士7.65mm M1906式巴拉贝鲁姆军用自动手枪，并开始由瑞士伯尔内兵工厂制造。在意大利，一名陆军军官B.A.雷维尔发明了一种自动手枪，由意大利格利森蒂公司制造，意大利军队1910年正式列装，这就是9mm M1910式格利森蒂军用自动手枪。1915年，意大利军队开始列装由意大利伯莱塔公司于1914年研制的9mm M1915式伯莱塔自动手枪。英国韦伯利-斯考特武器制造公司也研制了几种自动手枪，但没有被采用。直到1912~1915年间，英国皇家海军和空军飞行员才开始列装0.455in M1912

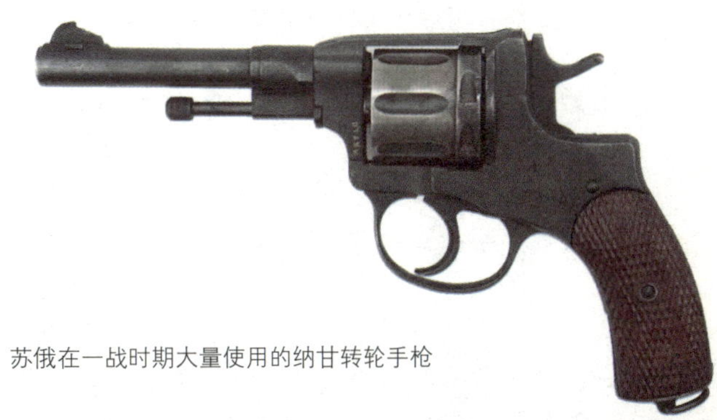
苏俄在一战时期大量使用的纳甘转轮手枪

奥地利斯太尔手枪

式Ⅰ型韦伯利－斯考特自动手枪。西班牙也很快拥有了自己研制的军用自动手枪，西班牙军队首先列装了9mm M1913式坎波－吉罗自动手枪，紧接着又换装了9mm M1913－16式坎波－吉罗自动手枪(M1913式改进型)。在亚洲，日本的一位上校军官南部纪次郎在1909年和1910年设计了8mm南部二型自动手枪和7mm南部袖珍自动手枪。

在这众多的自动手枪中，最具代表性的杰作，当属美国0.45inM1911式军用自动手枪、比利时9mm M1903式FN－勃朗宁自动手枪和德国7.63mm M96式毛瑟军用自动手枪。其经典的设计不仅成为当时令人叹为观止的妙笔之作，也成为流芳百世的佳品。

初经沙场　各式手枪尽展锋芒

1914年，爆发了举世瞩目的第一次世界大战。手枪，作为最基本的单兵自卫武器，当仁不让地披挂上阵，其中不仅有转轮手枪之风采，更有20世纪初才问世的自动手枪之英姿。参战的各国军队均大量装备了新研制的各种型号自动手枪，使自动手枪诞生不久便在枪林弹雨中尽展锋芒。

在同盟国集团中，德国军队装备的手枪量最大，型号最多，性能也最好。德国陆军装备有9mm M1908式巴拉贝鲁姆自动手枪、10发装7.63mm M96式毛瑟军用自动手枪、9mm M96式毛瑟军用手枪、7.65mm M4式沃尔特自动手枪、9mm德莱塞自动手枪等。像7.65mm M4式沃尔特自动手枪，德军一次就订购了2万支，可见其装备数量之大。德军炮兵还专门列装了9mm LP08式炮兵型巴拉贝鲁姆自动手枪，德军非一线战斗人员装备了7.65mm贝霍拉自动手枪和7.65mm兰根汉自动手枪。此外，为满足战场的需要，德国还大量仿制了比利时7.65mm M1900式、M1910式FN－勃朗宁自动手枪。奥匈帝国军队主要装备的是9mm M1912式斯太尔自动手枪，该枪也为罗马尼亚、智利等国军队所装备。奥匈帝国的骑兵部队则装备了8mm M1907式罗思－斯太尔自动手枪。意大利在第一次世界大战中，以装备9mm M1915式伯莱塔自动手枪为主。

在协约国集团中，以英、美、俄三国装备手枪量最大。英国主要以装备转轮手枪为主。大战爆发后，英军列装了0.455in韦伯利Ⅵ型军用转轮手枪，但因供应数量小，英国又紧急向美国史密斯－韦森公司订购了大量的可发射0.455in英国转轮手枪弹的史密斯－韦森转轮手枪。史密斯－韦森公司随即将“新世纪”联动转轮手枪口径改为0.455in，并进行了改进。到1918年大战结束时，史密斯－韦森公司向英国及英联邦附属国加拿大军队共提供了73650支转轮手枪。而英皇家海军和空军飞行员则别具一格地装备了0.455in M1912式Ⅰ型韦伯利－斯考特自动手枪。俄国在一次大战中，主要装备的是早期转轮手枪，最有名气的是7.62mm M1895式纳甘转轮手枪。大战爆发时，俄军已有纳甘转轮手枪2万支。如此数量的手枪仍不能满足俄军作战需求，因此俄国又从比利时购进了9mm M1903式FN－勃朗宁自动手枪，还装备了德国的9mm M96式毛瑟军用自动手枪和9mm M1912／14式毛瑟自动手枪等。一战后期，美国参加协约国对同盟国作战。美军参战装备的手枪是0，45in M1911式军用自动手枪，但该枪属于新定型的产品，其产量远远供不应求。因此，美国当局只得要求史密斯－韦森公司和柯尔特专利武器制造公司尽快生产能发射0.45in无凸缘柯尔特自动手枪弹的转轮手枪。两公司很快研制出了M1917式史密斯－韦森转轮手枪和M1917式柯尔特新军用转轮手枪。一战结束时，两公司已向军方提交了166732支M1917式转轮手枪。

风雨过后　现代手枪繁花似锦

在第一次世界大战中，自动手枪充分展示了转轮手枪无可比拟的优越性，令各国军方刮目相看，也充分认识到发展自动手枪势在必行，从此现代手枪的发展进入了一个崭新的时期。

美国在一战结束后，根据军方的使用意见，着手对0.45in M1911式军用自动手枪进行改进。1923年，柯尔特专利武器制造公司完成了对该枪的多处改进，威力保持不变，而使用性能更加优越。1926年6月20日，改进后的M1911式自动手枪被正式命名为0.45in M1911A1式军用自动手枪，1935年投入批量生产。德国在战后由沃尔特兵工厂相继推出了独具特色的7.65mm PP式和PPK式沃尔特自动手枪，这两种手枪有很多创新之处，被誉为革命性的设计，受到人们的关注和青睐。比利时FN公司在7.65mm M1910式FN－勃朗宁自动手枪基础上，经过改进，研制出了9mm M1910／22式FN－勃朗宁自动手枪，不仅为比利时军队所装备，也被荷兰、南斯拉夫、丹麦、瑞典等国军队所装备。意大利人以敏锐的目光，紧跟世界手枪发展潮流，在战后很短时间内，研制出了7.65mm M1915／19式伯莱塔自动手枪和9mm M1923式伯莱塔自动手枪，装备意大利陆海空及警察部队。法国在战后即着手新手枪的研制开发工作，1928年，法国弗朗塞斯兵工厂研制出了9mm M1928式弗朗塞斯军用自动手枪，虽未采用，但对于法国手枪的发展具有历史性的意义。西班牙于1921年推出了9mm M1921式阿斯特拉自动手枪，并装备西班牙军队。捷克在战后也有了自己研制的军用自动手枪，即9mm VZ22和VZ24，其中VZ22于1923年装备捷克军队。战后，苏俄也积极酝酿新的自动手枪，很快提出7.56mm 柯洛文自动手枪和7.65mm普里鲁茨基自动手枪，虽然没有得到采用，但对于后来苏联的手枪发展起到了推动作用。

第一次世界大战是世界手枪空前发展的催化剂。战后世界手枪的发展，可以说是一派繁荣景象。各国都在不遗余力地发展具有本国特色的手枪，各种新式手枪如雨后春笋，层出不穷。经历了战火洗礼、从硝烟弥漫的战场走来的世界手枪，正勃发生机，以崭新的姿态迎接新时代的到来。

英国韦伯利－斯考特手枪

捷克VZ22手枪

德国瓦尔特PP手枪

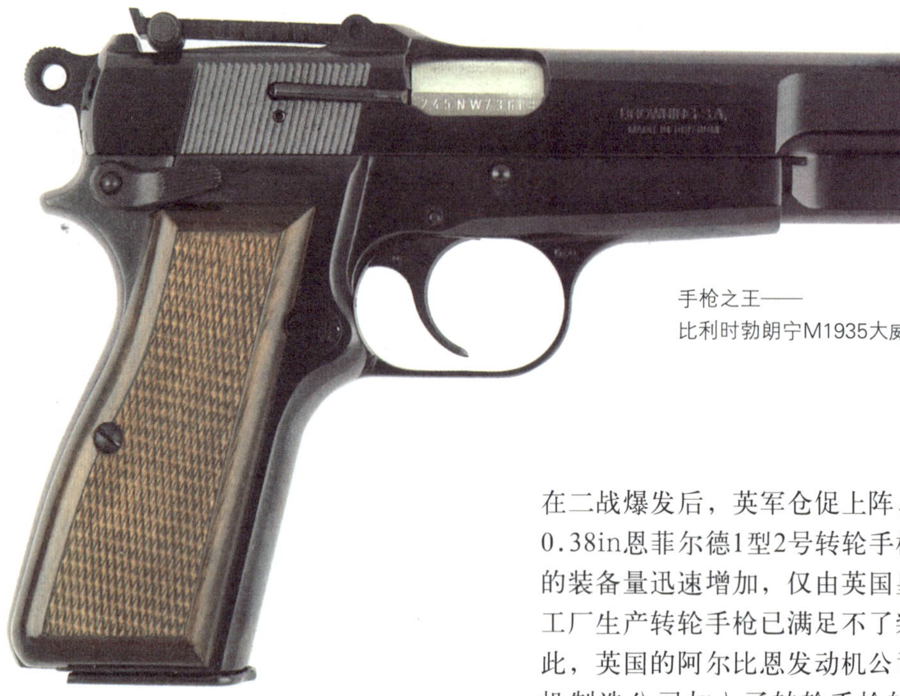

手枪之王——
比利时勃朗宁M1935大威力手枪

大战中 经风雨见世面

1939年，第二次世界大战（简称二战）全面爆发。在手枪装备上，德国是二战中手枪装备量最大、型号最繁杂的国家。战争伊始，德军主要装备的手枪是9mm P08式手枪。之后，随着9mm P38式沃尔特手枪的定型生产，德军开始装备新的军用手枪。由于德军四处出击，战线过长，投入的兵力众多，手枪的装备量急剧增加，在整个二战中，两种手枪的生产量达到了250万支。除此之外，德军还装备了7.65mm PP/PPK式沃尔特手枪、7.65mm HSc毛瑟手枪以及7.65mm M38H绍尔手枪。当比利时、荷兰、波兰、捷克、法国和挪威等国成为沦陷国后，这些国家的兵工厂或枪械公司被迫为德国生产各种手枪，以解德军手枪装备的燃眉之急。据有关资料介绍，从1939年1月到1945年2月间，德军装备各种手枪的数量高达373万多支。

在英国，由于对转轮手枪的喜好，因而在二战爆发后，英军仓促上阵，手枪装备以0.38in恩菲尔德1型2号转轮手枪为主。手枪的装备量迅速增加，仅由英国皇家轻武器兵工厂生产转轮手枪已满足不了装备需要。为此，英国的阿尔比恩发动机公司和辛格缝纫机制造公司加入了转轮手枪的生产行列。1941～1943年间，两公司共生产了2.4万多支转轮手枪，有力地保障了英军的手枪装备。此外，英军还得到了一定数量的0.38in韦伯利Ⅳ型转轮手枪，英联邦加拿大英格利斯公司也为英军战时仿制了比利时9mm M1935式FN－勃朗宁大威力手枪，这些手枪主要装备于英军的突击队员和伞兵。美国的史密斯－韦森公司为英国提供了大量的0.38in标准史密斯－韦森军用转轮手枪的变型枪——0.38/200型转轮手枪。手枪在二战中对英军的启示尤为深刻，特别是在1940年希特勒发动的所谓“闪电”进攻中，英军的皇家近卫队携带手枪等武器从容不迫地与之展开了运动作战，取得了较为满意的战果。

苏联红军在第二次世界大战中装备的手枪是由托卡列夫设计、图拉兵工厂制造的7.62mm TT－33式托卡列夫手枪。从1941年到1945年，图拉兵工厂为苏联红军生产了数百万支托卡列夫手枪和纳甘转轮手枪。此外，图拉兵工厂还专门生产了配备给高级军官及党政要员的6.35mm图拉－柯洛文袖珍手枪。到二战后期，由于冲锋枪在战场上大量应用，使得军用手枪在苏联红军中的作用减小。

1941年冬，美国正式参加第二次世界大战。大战中，美军装备的军用手枪主要是M1911A1式柯尔特手枪，这是该枪正式列装后首次经受战火的考验和洗礼。据有关资料统计，到二战结束时，柯尔特公司和伊萨卡枪械公司各生产了约40万支该枪，联邦开关与信号公司生产了5万多支，而雷明顿－兰德公司一家就生产了90多万支。其生产总数达到了180多万支，充分满足了美军在战争中的需要。除此之外，美国军事谍报机关(OSS)在二战中还指示美国通用汽车公司专门研制了一种非自动手枪——0.45in M1942式“解放者”手枪，主要提供给第二次世界大战中欧洲大陆抵抗组织使用。

其他国家在二战中装备的手枪主要有：意大利军队装备的是9mm M1934式伯莱塔手枪。西班牙军队大量装备了9mm M1921式阿斯特拉手枪和7.63mm M1922式斯塔手枪。瑞典军队在二战中的手枪装备则是一波三折。战争爆发，以部队现役的老式M07式手枪仓促上阵。随后，瑞典军方又有意转向比利时的9mm M1935式FN－勃朗宁大威力手枪，但不幸的是比利时失陷，换装此枪也就化为泡影。后来，瑞典军方决定购买芬兰的9mm L－35式拉蒂手枪作为应急装备。在使用中瑞典又对该枪进行了仿制，并加以改进，形成了自己的制式手枪，命名为M40式，1942年，瑞典军队开始大量装备。法国军队在二战中使用的是法国7.65mm M1935A式SACM手枪以及一部分7.65mm长枪管尤尼恩手枪。日本在二战中大量装备了8mm 14式南部手枪和8mm 94式手枪。8mm 14式南部手枪在我国战争年代到处可见，人们俗称它为“王八盒子”。

在二战中，手枪是参战各国不可缺少的武器装备。正如英国著名枪械评论家约翰•巴切勒和约翰•瓦尔特在《世界手枪》一书中所阐述的那样：“手枪在第二次世界大战中的故事可能没有多大实际意义，但并不等于说没有令人感兴趣的事情发生。”

大战后 又是一个艳阳天

第二次世界大战，不仅检验了各国武器装备的实力和水平，也大大促进了武器装备的发展。手枪，作为单兵自卫武器，尽管在大战中不引人注目，但也经受了战火的考验，在大战中经风雨见世面，发挥了应有的作用，并涌现出很多种结构新颖、性能优良的自动手枪。自动手枪已成为世界手枪发展的主流。其主要表现在以下几个方面：一是自动手枪的结构原理已趋成熟，设计更加完善。自动原理以枪管短后坐式和自由枪机式为代表；在枪管短后坐式自动原理中，闭锁方式主要采用的是枪管偏移式原理。在结构设计上又可分为3个流派：以比利时9mm M1935式FN－勃朗宁大威力手枪为代表的凸耳式；以美国0.45inM1911A1式柯尔特手枪和苏联7.62mm TT－33式托卡列夫手枪等为代表的铰链式；以德国9mm P38式沃尔特手枪为代表的卡铁摆动式。二是手枪的口径基本上有3种：9mm、7.62～7.65mm、0.45in(11.43mm)。在这3种口径中，又以9mm口径独领风骚。三是自动手枪的优越性能越来越为人们所认同，影响越来越大。在参加第二次世界大战的各国中，除英国外基本上都装备了现代自动手枪，转轮手枪已风光不在。这一切对现代手枪的发展起到了深远的影响。

到20世纪40年代末，虽然各国都在手枪发展上跃跃欲试，但新型手枪问世不多。瑞士的SIG公司于1946年研制了一种新的自动手枪即9mm P210SIG手枪，1949年为瑞士军队所采用，命名为M49式。此外，丹麦军队也采用此枪作为制式手枪。该枪共有5个型号：P210-1型为军用手枪，P210-2型和P210-4型为警用手枪，P210-5型和P210-6型为运动比赛手枪。从二战结束到20世纪40年代末，各国都在积极研究和酝酿新型军用手枪，以期改善手枪的装备水平，提高作战能力，这为世界手枪进入20世纪50年代的发展打下了一个良好的基础。

卢格P08炮兵型手枪

第一章　自卫型手枪

手枪是指以单手握持发射为主要发射方式的枪械。现代手枪按使用对象分为军用手枪、警用手枪、特种手枪及运动比赛手枪等；按结构分为转轮手枪、自动手枪和气手枪等；按作战用途分为自卫型手枪、战斗型手枪和特种用途手枪（如信号枪）等。

与其他枪械相比，手枪的主要特征是：全枪质量一般在1kg以内，枪长200mm以内；自动方式主要是枪管短后坐式和自由/半自由枪机式；有效射程一般在50m以内，口径多在5.45～11.43mm之间，9mm口径应用最广；供弹方式主要为弹匣供弹，一般为5～20发。

就作战用途而言，自卫型手枪与战斗型手枪在杀伤对象、杀伤效果、结构形式、使用方式等方面都有一定差别。从枪械结构来看，自卫型手枪更为短小轻便、安全可靠、隐蔽性好，射程较近。战斗型手枪更强调实际杀伤效果，通常口径较大，容弹量也大，且多为外露击锤式击发。

从杀伤效果看，自卫型手枪多为非致命性枪械，主要用于自卫和抑制犯罪行为，战斗型手枪多为致命性枪械，用于对付武力攻击、暴乱等危险行为，要求手枪有足够的停止作用。

德国瓦尔特PPK自卫手枪

最早的德林杰手枪

优雅、传奇的美国德林杰手枪

每年的4月14日是每个西方人都特别关注的日子，这一天是耶稣的殉难日。

1865年 4 月14日的晚上8点半，刚工作完的林肯和夫人一同去戏院看戏。戏演到一半，负责总统安全的卫兵因在包厢的过道里看不到精彩的演出，便私自下楼找了一个座位。然而他没有想到的是，他的一举一动全被躲在阴暗处窥探时机的刺客蒲斯看到了。蒲斯乘机悄悄地溜到楼上，拉开总统包厢的门，溜进了包厢。他右手紧握着一支大口径手枪，左手拿着一把匕首。

在距离林肯总统1.5m远的地方，蒲斯举起手中的枪，对准林肯的头部，扣动了扳机，罪恶的子弹从林肯的左耳上方射入脑颅。只见林肯身子稍向前倾了一下，便仰面倒下。

凶手行刺林肯总统的枪是一支11.8mm口径的德林杰手枪。

最早的德林杰手枪

这支杀死美国总统的手枪是由美国著名的枪械设计师亨利·德林杰（Henry Deringer）在1825年研制的前装击发式单管袖珍手枪，这种枪一直限量生产到1868年德林杰逝世。不过，由于凶手用这种枪杀死了美国人民爱戴的林肯总统，所以美国海陆军一直拒绝使用这种手枪。

亨利·德林杰自己拥有一家手枪制造公司，后期由他的女婿管理经营。随着南北战争的到来，整装金属枪弹开始大量使用，从而使得众多前装击发式的个人武器迅速走下坡路，但是德林杰手枪却奇迹般地摆脱了这次毁灭性灾难。在其全盛时期，那些常年在外奔波的人们都希望能够拥有一支威力大且操作简单的德林杰手枪。为了适应不同需求，德林杰手枪的种类很多，口径从0.33in到0.51in，枪管长度从不足1in到超过4in，并且其使用和维护都十分方便，它的点火件在市场上就可以买到。正宗的德林杰手枪都采用由熟铁加工而成的带膛线的枪管，在锁板和枪尾上都刻有“德林杰·费城”的标志。虽然最早的德林杰手枪上没有刻有连续的顺序编号，但在很多零部件上都标有点火件的号码或字母。

雷明顿德林杰手枪

1865年12月12日，雷明顿公司获得了生产德林杰手枪的专利，研制出著名的0.41in口径的雷明顿双管德林杰手枪。从1866年开始销售第一支以来，雷明顿公司实际生产销售的德林杰手枪已经超过了15万支。

值得注意的是，雷明顿的“德林杰”是“derringer”，而亨利·德林杰的“德林杰”是“deringer”，尽管前者仅比后者多了一个字母“r”，但两者的意义截然不同。然而随着日月流逝，在人们的记忆中已经淡忘了这个不同，只留下“德林杰”—— 一种短管、大口径小手枪的代名词。

雷明顿双管德林杰手枪枪管长76mm，质量312g，1864年由威廉·艾里奥特设计。这种手枪的外观和早期的德林杰手枪有些相似，但是艾里奥特采用的双管整体式上下配置的后装枪管结构和边缘发火枪弹在当时来说是手枪发展历程中的一大进步。该枪使用0.41in边缘发火枪弹，采用8.4g的钝头铅弹头，装0.648g黑火药，威力相当大。

雷明顿双管德林杰手枪的标志一直用大写字母打在枪管上方，早期的标志为“E．雷明顿父子，伊林，纽约，艾里奥特的专利12月12

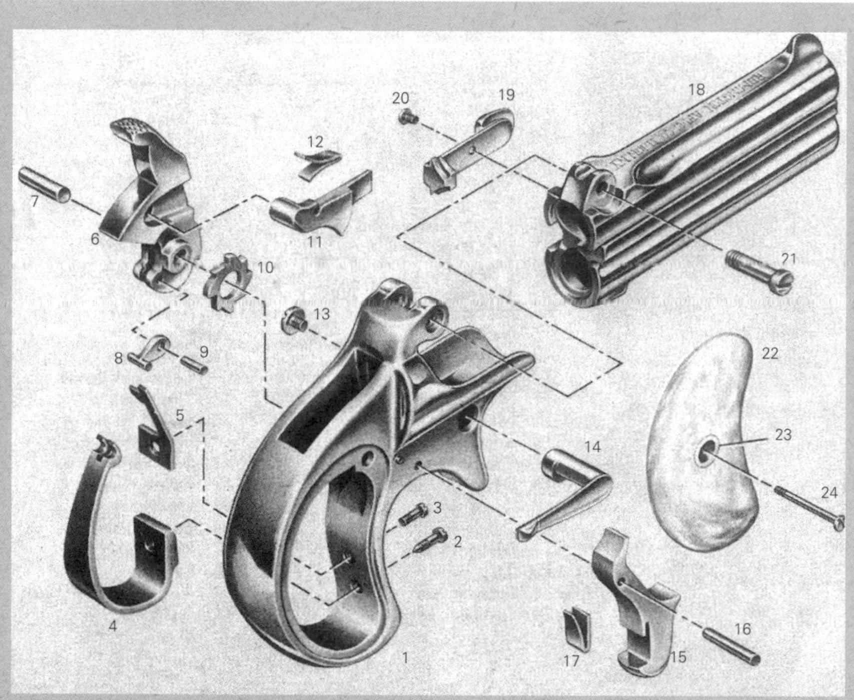

1—枪座；2—击锤簧固定螺钉；3—击针棘轮簧固定螺钉；4—击锤簧；5—击针棘轮簧；6—击锤；7—击锤轴；8—击锤支耳；9—击锤支耳销；10—击针棘轮；11—击针；12—击针簧；13—枪管卡笋固定螺钉；14—枪管卡笋；15—扳机；16—扳机轴；17—扳机簧；18—枪管；19—退壳器；20—退壳器螺钉；21—枪管铰接螺钉；22—握把护盖；23—孔眼罩；24—握把护盖连接螺钉

雷明顿双管德林杰手枪分解图

雷明顿双管德林杰手枪

日，1865年”，后期的标志为“雷明顿武器公司，伊林，纽约”，或“雷明顿武器公司—美国联邦金属枪弹公司，伊林，纽约”。

1935年雷明顿公司停止了双管德林杰手枪的生产，但是由于它样式漂亮、种类繁多，并且都经过了精饰处理，所以一直受到武器收藏家们的青睐。

柯尔特德林杰手枪

位于美国康涅狄格州哈特弗德的柯尔特专利武器制造公司（简称柯尔特公司）于1830年创立，主要以生产各式各样的转轮手枪而闻名于世，而它的德林杰手枪也曾经显赫一时。

柯尔特公司是在1870年7月获得专利号为105388的许可证

摩尔1号手枪（右）和柯尔特德林杰2号、3号手枪（左）的枪管与枪身都以黄铜枢轴连接，在装填和退壳时，枪管绕枢轴旋转使枪尾打开

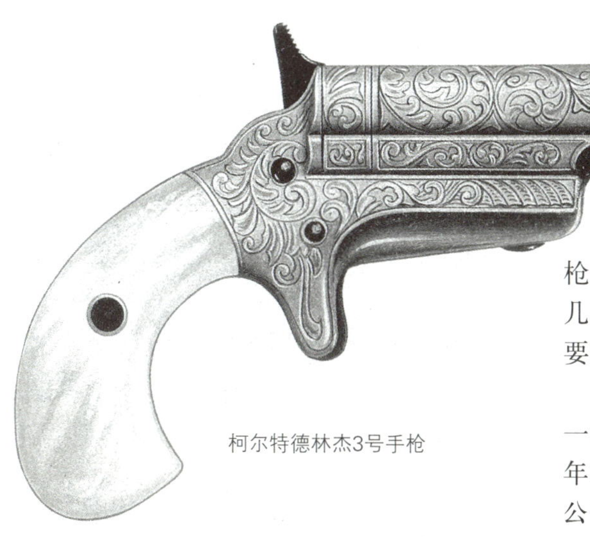
柯尔特德林杰3号手枪

的，公司生产的德林杰手枪是由该公司的雇员F.亚历山大·瑟尔设计，发射0.41in边缘发火枪弹，其特点是采用枪管左右摆动的方式退壳和装填，并可自动退壳，即在打开枪尾后不必手工退壳。因此在1872年柯尔特公司的广告上就有这么一句话："不用手指就可退出弹壳。"该枪质量只有184g，有枪身镀银、枪管发蓝的，也有枪身、枪管都镀银的；握把可由胡桃木、青龙木、象牙等制成。这种枪一直延续生产到1912年，枪管上的标志以及击锤、枪身的形状有少许变化，但枪身用青铜材料制成，其他零件用铁制成则一直没有改变。1959年以后，柯尔特公司为发射0.22in短弹推出了柯尔特德林杰4号手枪，其枪身、枪管用锌合金制造，其他部分几乎都是早期瑟尔·德林杰手枪的翻版，主要卖给那些对德林杰手枪有兴趣的收藏者。

大约在1872年，柯尔特公司又生产了另一种德林杰手枪。该枪由丹尼·摩尔在1861年2月19日获得专利，先由摩尔专利武器制造公司生产，以后转给国际武器制造公司，最后，柯尔特公司收购了国际武器制造公司的产权及其专利，开始生产摩尔德林杰手枪，该枪有金属和木质两种握把，发射0.41in边缘发火枪弹。

高标准德林杰手枪

位于美国康涅狄格州哈姆登的高标准制造公司于1962年开始生产德林杰手枪，其中最著名的就是高标准D-100型双管德林杰手枪。

该枪的两根枪管采用整体式上下配置结构，发射0.22in边缘发火步枪长弹，采用无击锤式发射机构，退壳、装填时需要向下折转枪管。退壳靠镫形板和退弹器完成，形状像马镫的镫形板铰接在枪管后上方；叉形的退弹器装

秘密书型保险箱中的德林杰手枪。德林杰手枪可放在这种隐蔽的保险箱内。保险箱外形尺寸是一本标准尺寸大小的书，但书里面隐藏着一个夹壁间，除了可存放德林杰手枪外，还可保存其他贵重物品。

在枪管后方中间的槽里，并且可以在槽里前后活动。提起镫形板，向下折转枪管，即可打开枪尾，并通过向上抬起镫形板，使镫形板的下臂向后运动推退弹器，如果动作利索，枪管中的枪弹或弹壳可一下清除出弹膛。装填时，要先折转枪管使枪尾打开，然后压倒镫形板，退弹器会自动缩回，这时就可以将枪弹装入弹膛了；装填后，向上合上枪管，此时镫形板后部套在发射机座尾部的突起上，并由装在枪管尾端的镫形板柱塞将枪管固定。

该枪只用于近距离射击，与此相似的还有DM-101型德林杰手枪，发射0.22in温彻斯特·马格努姆边缘发火枪弹。

女士德林杰手枪

美国德林杰公司的德林杰手枪

现在仍有不少公司以德林杰或其他名称生产很多类似的非常漂亮的小手枪，最出名的当数美国德林杰公司。

美国德林杰公司是1980年由罗伯特·A.桑德斯一手创办的。桑德斯从小就喜欢各种枪，他清楚地记得小时候的枪在使用之后，如果不彻底擦干净很快就会生锈。因此，他的愿望就是要制造出高品质的永不生锈的手枪，这就是他创办美国德林杰公司的根本动力。

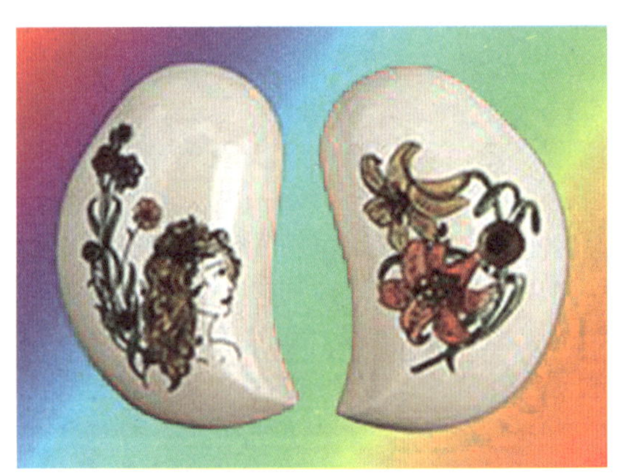

个性化握把

桑德斯的祖父是一位枪匠，在他屋里的墙角经常堆放着很多枪械零部件。桑德斯在七八岁的时候就开始学着装枪。长大以后桑德斯在位于圣安东尼奥的美国空军射击学校担任排长时，仍不断提升自己在枪械方面的技艺。此后，桑德斯也在一家枪械公司作过销售工作。

桑德斯曾经表示他要把一生献给他所热爱的枪械及其制造事业，事实上他也是这样做的。他希望自己也能像柯尔特和史密斯·韦森一样，有一个理想的市场。但是创业初期的桑德斯市场并不很景气，正如他自己曾经说过的，“史密斯·韦森一天生产的枪支比我们一年生产的还要多。”

为纪念早期袖珍手枪而为女士设计的皮带扣

美国德林杰手枪的单动、双管上下配置的设计灵感来源于0.41in口径的雷明顿双管德林杰手枪，在此基础上，桑德斯不断改进，生产了60多种口径的不锈钢的德林杰手枪，包括0.38in特种口径、0.357in、0.45in、0.22inLR以及马格努姆等口径。桑德斯建立了他的枪械制造产业并且成功地进行了商业运作，到1986年，美国德林杰公司的销售额增长率进入美国公司前500名之列。

也正是在这一年，桑德斯的妻子伊丽莎白·桑德斯进入美国德林杰公司，她留意到女士有佩带武器的需求，于是想到了美国德林杰公司应该满足这些女士的需求。

1989年，伊丽莎白提出的女士德林杰手枪的想法得到了桑德斯的批准，当年便开始刊登了女士德林杰手枪的广告，伊丽莎白·桑德斯作为女士德林杰手枪的广告代言人，打出了“女士德林杰”的口号。这种行销策略不但减轻了美国治安队伍的压力，而且使伊丽莎白成为了明星，1990年在美国就放映了一部关于她的故事的电影，并在全世界范围的电视屏幕上出现了800多次。1991年，伊丽莎白以“女士德林杰”的身份在一部电影中担任主角，虽然由于种种原因最后未能上演，但在这期间美国德林杰手枪的销售量超过了前几期，其中有一批订货几乎是一年的生产量。

美国德林杰公司的经营理念是满足个人防护的需要。在这一思想指导下，女士德林杰手枪不仅实用而且漂亮、简洁。因为伊丽莎白深知，大多数女士没有兴趣，也没有多余的时间去应付复杂的事物。这就是为什么美国德林杰手枪无论是单动的还是双动的都很安全，而且用起来也非常简单的原因。

1993年，罗伯特·桑德斯不幸逝世，美国德林杰公司的所有权转让给了伊丽莎白·桑德斯。她在保持桑德斯的发展理念的同时，也意识到必须让“专业的”德林杰手枪成为艺术作品和收藏家的珍藏品。在她的带领下，所有高品质的德林杰手枪均在得克萨斯州的韦科生产，采用美国材料制造，所有手工工艺都由专业人员精心制作。

1998年6月15日出版的福布斯《财富》杂志上，刊登了一篇介绍美国德林杰公司、伊丽莎白及德林杰手枪的文章。这在当时是一件很哄动的事情，因为在一个主流出版物上，刊登一篇肯定一家轻武器公司的文章是极为少有的事情。这篇文章对伊丽莎白和她的美国德林杰公司是一个强有力的支持，同时使得更多的女士进入到枪械领域。

盈盈一握
——法国高卢袖珍手枪

生性浪漫的法国人总是能迸发出一些精灵古怪的念头，但这些想法又常常独特而美妙，就比如本文所要讲述的这支没有扳机的高卢袖珍手枪——射击时只要把它握在手掌心里，使劲将后方的框架压进机匣即可。这种标新立异的结构，大概也只有法国人才能想得出来。

“高卢”（GAULOIS）一词在法语中既是一个民族的名称（高卢族），也是传说中一位英雄的名字，因此在法国利用率极高，例如其国内最畅销的香烟就叫“高卢”牌香烟。

高卢袖珍手枪出自法国早年间著名的圣－艾蒂安兵工厂，是专为近距离自卫而设计的，由设计师皮耶洛姆与艾蒂安·米莫尔合作研制，于1891年11月3日获得发明专利，1893～1913年进行批量生产。最初取名为“袖珍手枪”，4年后更名为“高卢No.1”，此后生产的型号依次称为“高卢No.2”……直至“高卢No.6”。这些不同型号的枪的结构和性能完全一致，不同的只是表面的纹饰。比如“高卢No.2”只有机匣刻花，“高卢No.3”的枪管和机匣都有刻花，而“高卢No.6”的装饰最为华丽。这些枪出厂时包装在硬纸与皮革制成的盒子里，而在日常使用中则推荐使用细毛毡或皮革制成的与该枪外形相称的枪套。

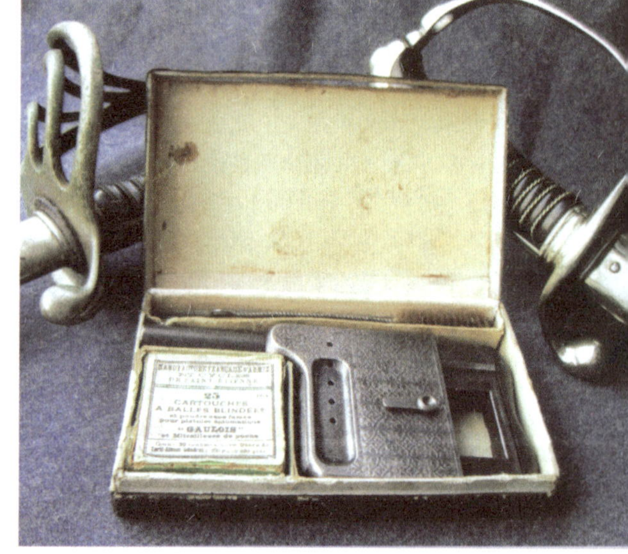

高卢袖珍手枪出厂时装在硬纸与皮革制成的盒子里

下面以“高卢No.2”手枪为例介绍这种手枪的结构。

该枪枪管外廓为圆柱形，内膛制有膛线，口径8mm，全枪长135mm，枪管长42mm。枪管顶部有一个窄而短的板条，其上刻有枪名“GAULOIS”以及由十字交叉图案、箭头及字母“M”和“F”组成的印戳（此印戳为圣－艾蒂安兵工厂的标志），枪管下方刻有生产批号。

机匣呈扁平的盒状，四边平直。其上方有一个活动盖板，用于遮蔽抛壳窗，盖板上标有弹药口径“Cal.8mm”。盖板后方刻有一个圆形的标志，“MANUFACTURE FRANCAISE * SAINT-ETIENNE”（意为法国圣艾蒂安兵工厂）字样沿圆周排列，圆心分3排刻着“ARMES ET CYCLES”(译为武器与目标)。弹匣位于机匣前部，为单排结构，可装5发弹。机匣两侧各有一个长椭圆形的凹坑。在机匣左侧设有一排4个小孔，用于观察弹匣内剩余弹量。在同一侧还有保险手柄，共有3档位置：拨向“S”为保险状态；拨向“F”为射击状态；拨向“D”即可实施分解，此时可取下用卡锁固定的机匣右侧盖板。机匣表面纹饰模仿植物花纹，并采用蚀刻加工。抛壳窗盖板上刻有网格状防滑纹，前端刻有“No.2”标志。机匣后方是击发框架，框架尾端有硬橡胶镶边。

该枪为非自动手枪，握住枪身将击发框架压入机匣内时推弹上膛，击发机构待击，随后击发框架在弹簧簧力作用下回位，到达后方位置时击针解脱，打击底火实施击发。射击后必须推开抛壳窗上的活动盖板，将射击后的弹壳取出。

高卢手枪轻灵小巧，盈盈一握，是真正的袖珍型手枪，对当时民间需要自卫的用户来说颇具吸引力。只不过在它诞生后不久，其他国家研发的半自动手枪就开始风行起来，高卢手枪的销量日渐衰退，最终在20世纪初停产。高卢手枪共生产了20年的时间，生产数量按说应该不小，但目前在古董枪市场上确实难得一见，更不用说连出厂时的包装盒都保持完整的枪了。本书展示的这支枪出自国外一位收藏家，故而使得我们有幸目睹这支诞生于一个多世纪前的袖珍手枪之盈盈一握的风采。

机匣右侧盖板与机匣采用卡锁固定，将保险手柄扳到拆卸位置即可将之卸下

机匣顶部、抛壳窗后方刻有圣–艾蒂安兵工厂的铭文

横空出世 天下第一枪

——关于FN M1900“枪牌撸子”的美丽传说

M1900半自动手枪握把上的图案是FN字母的组合，机匣左侧刻有使用勃朗宁专利制造的铭文，铭文的上方是FN公司内部及比利时枪械局的质检印

横空出世 天下第一枪

世界上第一次将自由枪机式后坐原理运用在半自动手枪上并进行大量生产的武器是FN M1900 7.65mm半自动手枪，该枪由比利时的FN（Fabrique Nationale Herstal）公司，即赫斯塔尔国家兵工厂生产。1900年，该公司将该枪冠以M1900的名称在市场上进行销售。

因该枪由美国著名枪械设计师及发明家约翰·摩西·勃朗宁发明设计，所以也称作FN勃朗宁半自动手枪，许多人也习惯称之为勃朗宁M1900。该枪在中国战争年代曾有大量进口和仿制，俗称“枪牌撸子”（其枪身或握把护板上刻有独特的手枪旗标图案，故得其名）。“枪牌撸子”在“一枪、二马、三花口”中名列头牌，又冠以“天下第一枪”的美名。

M1900手枪虽然已是100多年前开发的产品，但它的问世，宣告了非自动手枪时代的终结，同时也宣告了现代自动手枪时代的兴起。现今世界上有许多款式新颖的中小型半自动手枪的设计理念仍然采用勃朗宁100多年前所提出的自由枪机式后坐原理，并且使用的7.65mm×17mm（0.32inACP）枪弹也正是M1900手枪所配用的。该枪弹与同一时期设计的9mm×17mm（0.38inACP）枪弹在中小型口径标准枪弹中占据着不可动摇的地位。

借东风之力 扶摇直上

1855年1月23日，勃朗宁出生在美国犹他州一个名为奥格登的小镇上，他的父亲在当地经营着一家枪铺。当时，枪对美国人来说就像每天穿的衣服一样，是生活必需品，绝对是“枪不离身”，因此专门为人修理枪械的枪铺也就成了人们常去的地方。

勃朗宁童年的乐趣就是到父亲的枪铺里看父亲修理各种枪械，这也成了他每天必修的

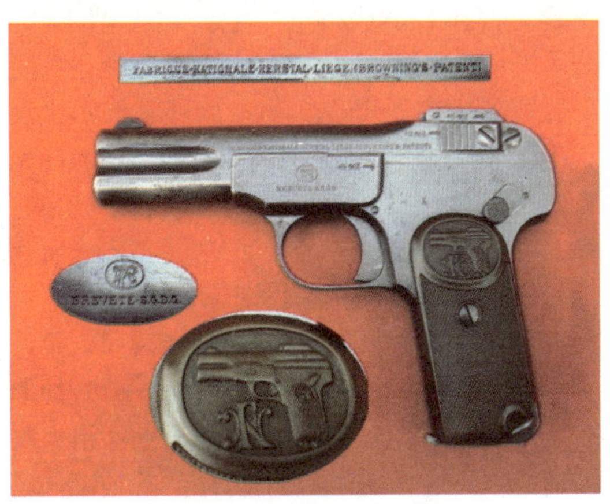

这是后期生产的马牌撸子,除左侧枪管座刻有旗标外,握把护板上也有旗标

功课。10岁那年，他亲手制作出生平第一支猎枪，此时他在枪械设计方面的天赋开始显露出来。13岁时，有人将一支枪管弯曲的击发式步枪交给他，并承诺如果他能修好，就将这支枪送给他。勃朗宁跑到枪铺里忙了一大阵子，最后竟然把这支枪修好了。这次经历给了勃朗宁很大的自信。几个月后，为了送给弟弟一个礼物，他又亲手制作了一支步枪。父亲将这一切看在眼里，他非常欣赏儿子对枪械所具有的才能和技术，决定将枪铺交给勃朗宁打理。

1878年，接手了父亲枪铺的勃朗宁同他的4个兄弟一起开设了一家公司——J.M.勃朗宁枪支制造厂，由勃朗宁担任产品的开发设计工作。公司开办后的第二年，勃朗宁就设计出一支利用扳机护圈作为拉机柄的后装式单发步枪，并获得了专利，开始批量生产和销售。由于该枪设计牢固，操作简单，可以快速射击，在安全性和可靠性上也有出色表现，所以好评如潮，订单如雪片般飞来。但属于家族式经营模式的J.M.勃朗宁枪支制造厂的规模太小，无法大量生产。

天无绝人之路。当时美国东部最大的枪械供应商温彻斯特公司的一名销售人员购买了一支勃朗宁后装式单发步枪，并把它送到总部进行评估。该公司副总裁本奈特立刻被这支枪的优异性能所吸引。本奈特对在一个小镇上居然能制造出如此优秀的步枪感到非常吃惊，于是决定立即动身去见勃朗宁。当时，从温彻斯特公司所在的康涅狄格州到中西部的犹他州需要6天的长途跋涉。但是，本奈特还是毫不犹豫地出发了，当然，这是因为本奈特被枪的优异性能所吸引，但还有一点不可否认，那就是他被开发这支枪的人——勃朗宁的非凡才能所感动。会面后，温彻斯特公司同J.M.勃朗宁枪支制造厂达成一项协议，即温彻斯特公司取得这支后装式单发步枪的独家生产权，而J.M.勃朗宁枪支制造厂则成了在美国中西部地区销售温彻斯特公司生产的枪支和体育用品的独家代理商。制造厂的其他合伙人认为这个交易价值不大，但勃朗宁却从另一个角度去考虑，他认为同美国知名的枪械制造商合作，虽然可能牺牲一些眼前的利益，但却可以在美国武器界迅速打开自己的知名度，甚至还可以将影响扩大到海外。

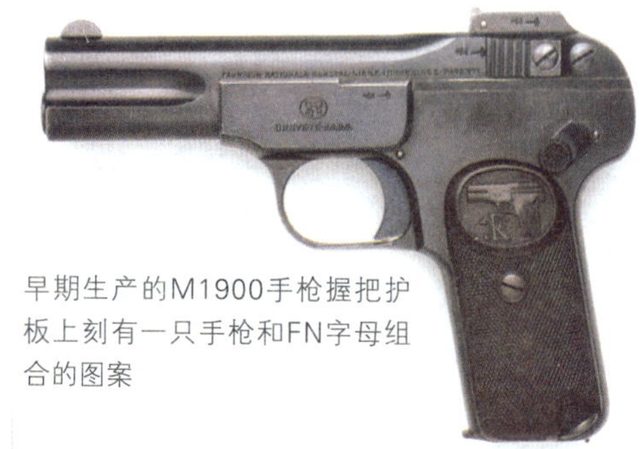

早期生产的M1900手枪握把护板上刻有一只手枪和FN字母组合的图案

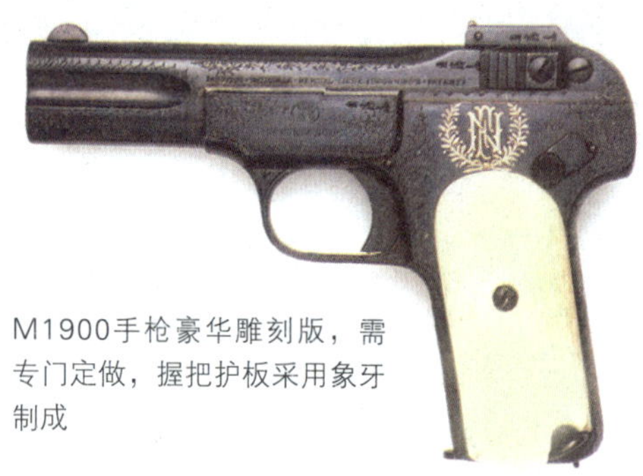

M1900手枪豪华雕刻版，需专门定做，握把护板采用象牙制成

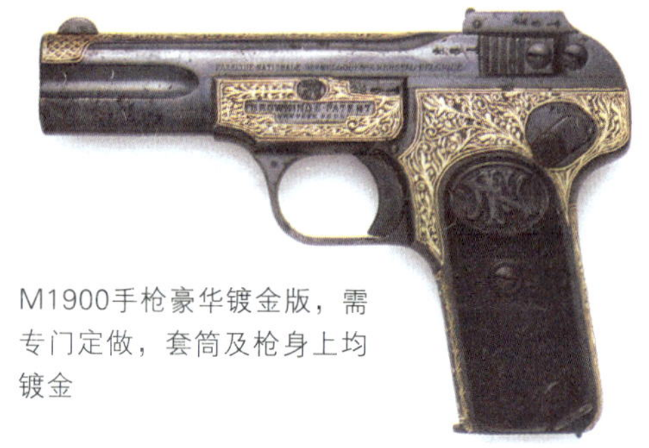

M1900手枪豪华镀金版，需专门定做，套筒及枪身上均镀金

自从与温彻斯特公司签订了合约之后，勃朗宁每年到东部出差两次，并由此掌握了枪械界的潮流和动向。J.M.勃朗宁枪支制造厂同温彻斯特公司的合约到1902年为止，在此期间勃朗宁开发了近20件专利产品，全部卖给了温

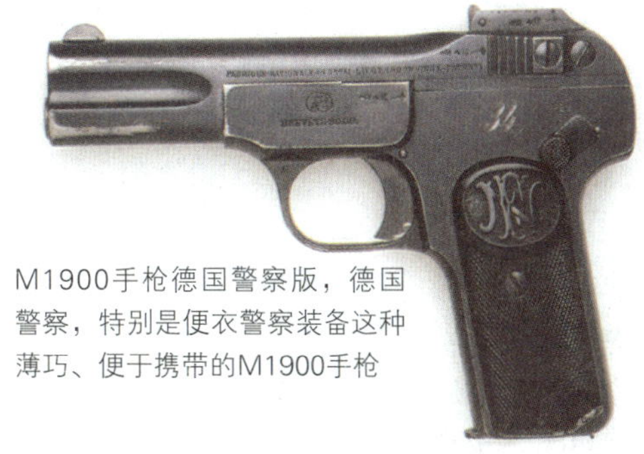
M1900手枪德国警察版，德国警察，特别是便衣警察装备这种薄巧、便于携带的M1900手枪

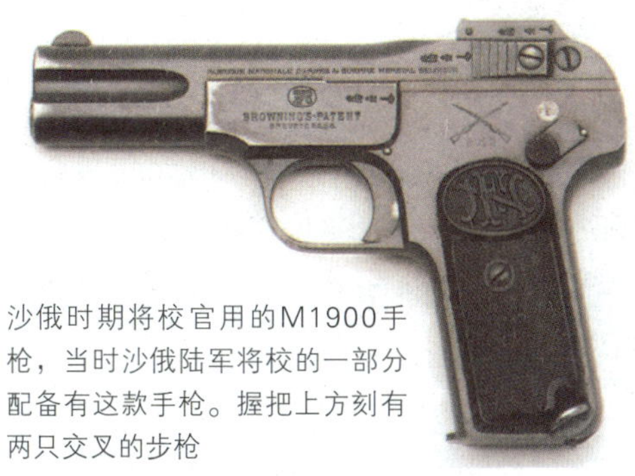
沙俄时期将校官用的M1900手枪，当时沙俄陆军将校的一部分配备有这款手枪。握把上方刻有两只交叉的步枪

英国进口的早期型M1900手枪握把护板上没有任何文字及图案，仅带有单纯的格状防滑纹

彻斯特公司，并全部实现了产品化。其中最具代表性的就是M1884杠杆式步枪。其实，温彻斯特公司在与勃朗宁合作之前就已经生产了一种利用杠杆原理退壳并上膛的步枪，但是该枪不适合发射大威力枪弹。1884年，勃朗宁给温彻斯特杠杆式步枪换上了全新的枪机，设计出M1884杠杆式步枪。温彻斯特公司认同了这个型号，并进行批量生产，由于产量很大，所以该枪也成为美国早期西部影片中步枪的典型代表。

灵机一动　雏形初显

到东部武器制造地进行考察使得勃朗宁的眼界开阔不少，其间所得到的信息是他在奥格登小镇所得不到的，此时勃朗宁已经意识到应该开发一种自动枪械以适应枪械市场的发展。

1889年，勃朗宁对M1884杠杆式步枪进行改造，并想以此设计一支靠复进簧来使杠杆动作的自动步枪，但是没有成功。勃朗宁苦思冥想，他注意到步枪发射时，会从枪口喷出一些火药燃气，于是便想到要利用火药燃气，经过无数次试验终于取得成功。1890年，他申请了利用火药燃气压力来工作的自动步枪专利，两年后，勃朗宁得到了该专利。这支利用火药燃气压力工作的自动步枪，几经改良，最终由柯尔特公司改装成机枪，并定型为M1905机枪，进行了批量生产。

完成机枪的定型后，勃朗宁又开始把注意力放在了如何使结构小型化上，以便开发一种可以自动上膛的手枪。1894年，勃朗宁将他所设计的自动步枪的结构进行了小型化，并用在自动手枪上，但是由于结构过于复杂，最终不得不放弃。

1896年，勃朗宁想出了一个最简单的构造，即将有 定重量的套筒布设在枪管周围，同时靠复进簧向前的压力完成枪机闭锁动作。枪弹发射后，套筒由于自身的重量、弹簧的压力及摩擦力等原因并不会立刻后坐，直到枪弹从枪口射出后，膛内火药燃气压力达到预计的安全值时，套筒才开始后坐。这就是自由枪机式原理，其实也是最简单的动作方式。这种自动方式同发射枪弹时的火药燃气有着不可分割的关系，所以勃朗宁开始思考枪弹和手枪之间更深层次的联系。勃朗宁最终选定的枪弹是威力不算大的0.32inACP弹，使用这种枪弹才可以减轻套筒质量，从而设计出小型化的半自动手枪。1897年4月20日，该枪获得了专利，专利号为580926。以该专利生产的试验样枪与以后的M1900半自动手枪相比，显得粗大一点，但二者的基本结构几乎一样。

一般说来，新开发的武器在试验阶段同后来的定型产品相比，中间几经改动，都会有较大的出入。但是，勃朗宁的这支试验枪同后来的定型枪却极其接近，这只能说明一点，那就是开发者敏锐的灵感十分准确地捕捉到了预期的目标。该枪又经过一些细微的改良，1899年3月21日，改进后的手枪又取得了621747号美国专利。621747号专利枪除了弹匣卡笋位置、扳机护圈形状不同，以及没有设置待发指示杆外，其他特征同以后生产的M1900手枪没有太大区别。

恰机缘巧合　成品现市

1899年，一次偶然的机会使勃朗宁的621747号专利枪在比利时变成了现实的产品。事情还得从1897年春天，勃朗宁到柯尔特公司访问时说起。在那里他偶然被安排与比利时FN公司的销售主管伯格住在一起。伯格了解了勃朗宁开发的小型、轻量且结构简单的半自动手枪后，就向勃朗宁借了一支，带回到FN公司进行评估。

当时欧洲的许多武器设计师都在竞相开发半自动手枪，同美国相比，欧洲对半自动手枪的热情更高。FN公司对半自动手枪的制造也怀有极大的兴趣，这又为勃朗宁打开了一扇幸运之门。1897年，勃朗宁同FN公司签订了一份合约，主要内容是FN公司以2000美元买断勃朗宁开发的半自动手枪在欧洲大陆的生产权。虽然名为M1900手枪，其实该枪在1899年就已经开始生产了。FN公司在1899年共生产了3900支M1900手枪。

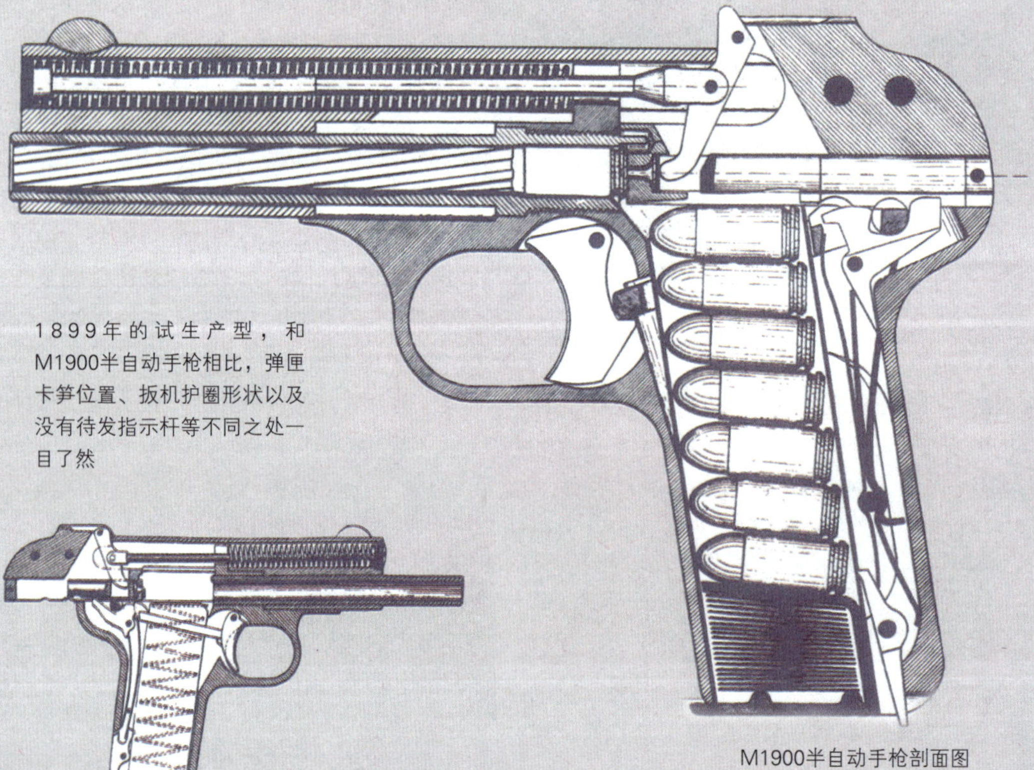

1899年的试生产型，和M1900半自动手枪相比，弹匣卡笋位置、扳机护圈形状以及没有待发指示杆等不同之处一目了然

M1900半自动手枪剖面图

枪管位于复进簧的下方，图为击发状态。待击时，复进簧导杆回缩，从前方看,很像该枪有两根枪管

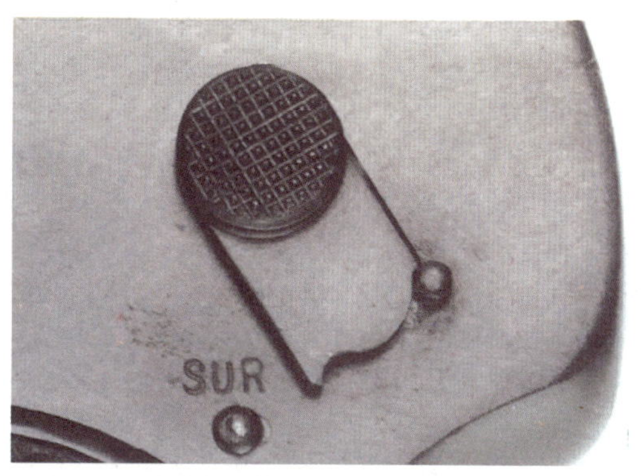

握把左侧后部的手动保险，图示为保险位置。SUR是“不可射击（保险）”的意思

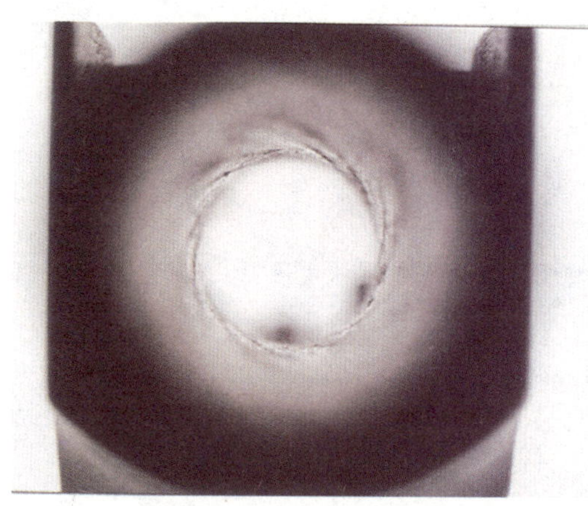

枪管内部设有6条右旋膛线

由于M1900手枪具有体积小、质量轻、体形薄且便于携带等优点，使得该枪迅速成为当时的畅销产品，一度风靡欧洲大陆。而且由于隐蔽性好、可以连续射击等特点，竟也成了一些暴力集团和犯罪组织的首选枪支，同时也是一些政治暗杀者的常用武器。例如朝鲜的独立主义者安重根袭击日本的伊藤博文时，就使用了2支M1900手枪，所以该枪又有“暗杀特使”的绰号。

另一方面，欧洲各国的警察也十分看好M1900手枪，由于其具有良好的携带性和可靠性，成为了许多欧洲警察的制式配枪。1910年，改进型M1910半自动手枪开始生产，M1900手枪也就随之停产。十年间，M1900手枪共生产了724490支，可见其受欢迎之程度。

M1910手枪开始生产后，勃朗宁把主要精力集中在新产品的开发上，不断为FN公司提供各种不同的半自动手枪和全自动机枪的设计，同时勃朗宁也为美国的柯尔特公司提供半自动手枪、自动步枪及机枪的设计，其中许多产品都被批量生产，如著名的柯尔特政府型手枪（即通常所说的M1911手枪）、M1918自动步枪以及M1917、M1919机枪等被美军定为制式装备。

在与FN公司合作期间，勃朗宁对FN公司进行了频繁的访问，虽然1914年曾因第一次世界大战的爆发而中断，但第一次世界大战结束后马上又恢复正常。1922年11月26日，勃朗宁在FN公司总部大楼的楼梯上感到心脏跳动异常，当即被抬到了会议室，但已无济于事，枪械界的一代天才就这样撒手人寰了。

经典结构剖析

“枪牌撸子”在结构布局上，与众不同

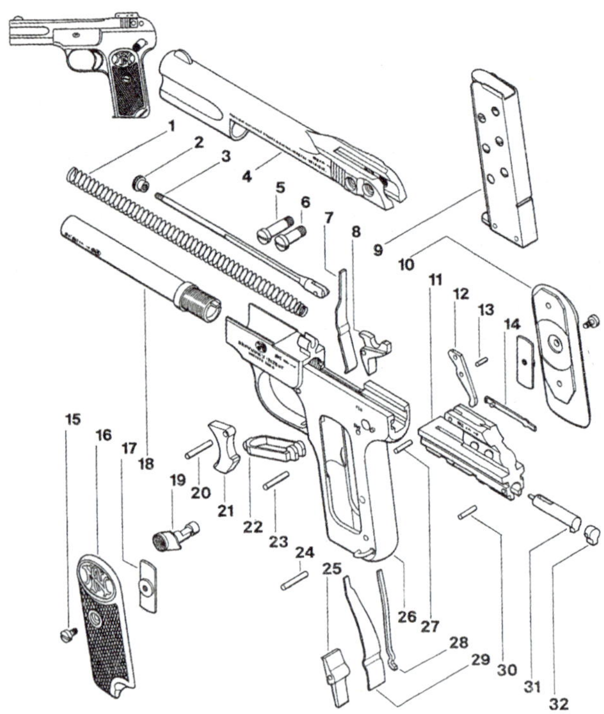

1—复进簧；2—复进簧导杆帽；3—复进簧导杆；4—套筒；5—套筒、枪机结合螺杆(长)；6—套筒、枪机结合螺杆(短)；7—阻铁簧；8—阻铁；9—弹匣；10—握把护板(右)；11—枪机；12—拨杆；13—复进簧导杆销；14—抽壳钩；15—握把护板螺钉(左)；16—握把护板(左)；17—握把护板定位片(左)；18—枪管；19—保险；20—扳机销；21—扳机；22—扳机连杆；23—阻铁销；24—弹匣扣销；25—弹匣扣；26—套筒座；27.拨杆销；28—保险簧；29—扳机簧；30—枪机堵头销；31—击针；32—枪机堵头

M1900手枪结构

击发状态下的待发指示杆是翘起的

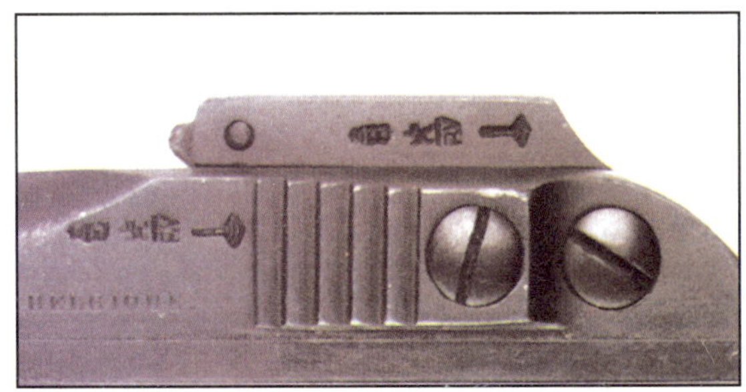

待发状态下的待发指示杆是放倒的

弹匣卡笋设在握把底部，这种设计早年在欧洲非常流行

击针处于待发状态。击针没有专用弹簧，而是靠拨杆将复进簧的压力传递给击针。同时，该拨杆上端也是显示击针状态的指示杆,也叫待发指示杆

地采用了复进簧上置而枪管下置的布局。这种布局的最大优点，是使枪管轴线最大限度地降低到几乎与射手持枪手的虎口同高，射击时，后坐冲量几乎平正地作用在持枪手的虎口上。再加上该手枪的枪机质量相对较大，质心在虎口正上方，与套筒的共同作用，基本抵消了射击时的枪口上跳，手枪几乎是指哪打哪。人们通常把手枪这种以人的本能动作获得的射击精度，称为手枪的基础精度，也叫做指向性。这种极为良好的指向性，对于手枪特别是自卫手枪是极为重要和难能可贵的。

"枪牌撸子"主要由枪管、套筒、枪机组件以及套筒座组件构成。枪管整体外形为圆柱状，造型极为简单。弹膛外面车有螺纹，用来与套筒座上的枪管座旋接。弹膛口的上部有一凸起，用以与枪机正确定位。弹膛口部右侧有一个抽壳钩缺口。足见勃朗宁在设计时充分考虑了加工的方便性。

"枪牌撸子"的套筒呈"┌"状，造型与结构极为简单。其上部是复进簧槽，下部是枪管槽，结合时，通过枪管实现套筒的前导引，而后部通过与枪机的结合，实现枪机的全导引。复进簧也在复进簧槽的包裹和规正下，平稳轻捷地工作。套筒的上面（即枪面）呈前圆后平造型，极大地增进了概略快速瞄准指向的

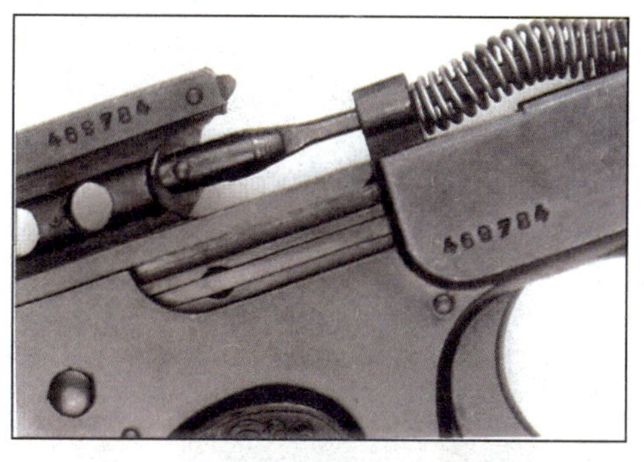

由于复进簧位于枪管上方，所以抛壳窗的位置被设得非常低

人机工效，实为设计上绝妙的一笔。难怪该枪准星缺口虽不可调校，却比较容易打得准。

"枪牌撸子"的枪机上方，有带"V"形缺口和纵向照准槽的照门座。其下方有与套筒复进簧槽相配合的导棱，并有2个直径为6mm的套筒驻螺孔。拨杆是一个具有击锤、弹膛有弹指示以及复进机（复进簧与复进簧导杆的统称——编者注）连杆三重作用的杠杆，上部用销轴连接在照门座前端中间的豁槽内，中间则用销轴与复进簧导杆相连接。拨杆的下端，插入击针中间的长方形槽中，当枪机向后运动时，复进簧被压缩，击针带动拨杆一起向后，击发阻铁扣住击针，此时拨杆的上端

套筒上部前圆后平，极大地增进了概略快速瞄准的人机工效

拨杆上抬，挡住照准槽，提示手枪处于击发状态

下落，埋进照门座前端中间的豁槽内，让开纵向照准槽以便于瞄准，同时提示枪处于待击状态；扣压扳机时，击发阻铁下降释放击针，拨杆借复进簧张力向前击打击针，击针打击枪弹底火，完成击发动作，此时拨杆的上端上抬，挡住纵向照准槽不能瞄准，同时提示枪处于击发状态。在枪机中、下部的左右两侧均有凸肋，用以与套筒座中的导槽相配合，构成枪机的后导引。枪机的底部有击针室纵槽，便于击发阻铁能挂住击针待击；此外，枪机底部还由后向前依次排列有保险凹槽、扳机连杆让位凹槽以及挂机凹槽（此枪没有空仓挂机功能，此处的“挂机”是在不拆枪的情况下擦拭枪管等内部零件——编者注）等半圆凹槽各一个。在枪机右侧的下面凸肋上，装有抽壳钩。枪机组件是勃朗宁设计上简洁而巧妙的点睛之笔。

“枪牌撸子”的套筒座是一个结构和加工都十分简单的整体机加件。套筒座的顶面有凸出的复进簧驻栓，前下方有枪管座和带螺纹的枪管安装孔，其右侧后正对弹匣仓处有抛壳窗，弹匣仓后壁中极小的空间装有片状击发阻铁簧、保险簧、扳机簧和弹匣扣。其扳机簧的作用既可使扳机向前回位，又可使扳机连杆向上回位；保险簧则既可使保险机确实定位，又可使弹匣扣确实定位。此外，套筒座后下角左侧，有保险带环。此处同样体现了勃朗宁在设计上整体周到、局部细腻的绝妙。

在枪管座的左侧外平面上刻有该枪的“枪牌”旗标，其下方的铭文为“BREVETE′ –S.G.D.G.”。“枪牌撸子”的手动保险，也设在套筒座左侧靠后的地方，当右手握枪时，拇指可以非常方便而平滑地拨动保险。当保险处于下方位置时，其上方露出“FEU”字样，表示解除保险，此时可以拉动套筒，推弹上膛并扣动扳机发射；当保险被拨向上方位置时，其下方露出“SUF”字样，表示手枪处于保险状态，此时不能拉动套筒也扣不动扳机。

手枪的战斗使用特点是：不用则已，用则异常紧迫。一支手枪要想为人所青睐，必须具备一个最根本的条件，那就是“战时好用”。而“枪牌撸子”“战时好用”的特性常为人赞叹。对手枪的战斗使用效果，即“好用”的要求有三：一是打得响，二是打得准，三是打得住。这三条丝毫不能含糊。其中“打得响”靠的是结构简单，动作可靠；“打得准”则要靠手枪的基础精度和人的训练水平。在紧迫仓促间战斗射击，射手大多以本能动作处之，此时手枪的基础精度高与低，概略瞄准指向性好与否，对能否“打得准”就显得更为重要。手枪的基础精度越高（或指向性越好）越容易打得

待击状态（左）、击发状态（右）枪管口部特写。待击时，复进簧导杆回缩，从前方看,很像该枪有两根枪管

中，越能充分发挥训练水平；反之则越难以打中和越发抵消训练水平。同理，基础精度越高的手枪，越容易训练和掌握；反之则训练和掌握的难度就会大得多。战斗中的手枪打得响、打得准，是制胜的先决条件，否则无从谈胜算。至于“打得住”，即迫使敌人停止反抗以至死亡的能力（枪械的“停止作用”），对作为自卫手枪的“枪牌撸子”来说，也是完全可以信赖的。尽管客观上在“打得住”的性能方面对自卫手枪的要求比对战斗手枪的要求要低。

“枪牌撸子”这把枪林之星，纯属“实力派”，而决非“偶像派”。它是在各种尖锐复杂的武装斗争环境中经受考验，逐步脱颖而出，为人所识的。严酷的斗争现实，拒绝好看不中用的东西。“枪牌撸子”的可靠性极高，几乎没有关于它的不良记载，其中一个很大的原因，是它的极为简单的结构。“枪牌撸子”在工厂装配前，全枪的全部零件数为39个，其中复进簧是全枪唯一的钢丝螺旋弹簧。就是这根唯一的弹簧，还同时担负着击针簧（为击针击发枪弹提供能量）的功能。由于用复进簧来作击针簧，因此击发能量特别足，而且很稳定，弹壳底火上的击针坑，个个都打得确实，不像有的手枪，连续打几枪以后，击针簧或击锤簧簧力便有所下降，造成打不响的故障。由于“枪牌撸子”可靠性很高，所以大多在重要场合被选用。例如，当年列宁、捷尔任斯基等苏共领袖及他们的保卫人员，大多使用“枪牌撸子”。无独有偶，当年刺杀列宁的凶手女特务卡普兰，使用的也是“枪牌撸子”。我党早期的秘密工作者执行重要任务时，“枪牌撸子”当然也是最佳选择。民主革命时期我党和我军领导人使用“枪牌撸子”作为贴身自卫武器的也不在少数。

精美、小巧、轻便也是手枪为人青睐的一个重要因素。“枪牌撸子”的横向尺寸，大概要算是世界上同类手枪中最小的了，甚至与大多数6.35mm口径的微型手枪相差无几。挎在腰际，外面衣服一遮挡，显得平平坦坦，很难看得出携带了枪支。仅仅这一点，凡使用过“枪牌撸子”的老军人无不津津乐道，赞叹不已。

“枪牌撸子”在枪弹上膛呈待击状态后，复进簧导杆回缩进套筒内，从正面看给人以两根枪管的印象，这一点在战争年代是颇具威慑力的。这当然也是这把“实力派”枪的“实力”所在，以致于在一些老“追星族”们中，常常流传着用一把没有枪弹的“枪牌撸子”空枪待发，只身抓了俘虏缴了枪的美谈。

M1900在中国“枪牌撸子”的传说

FN M1900在中国俗称“枪牌撸子”，之所以被公推为“天下第一枪”，是因为其确实非常优秀。从外形上看，其最大特点是外形扁薄平整、坚实紧凑、简洁明快、大小适中。在结构性能方面，“枪牌撸子”结构简单、动作可靠、保险确实，特别是在战斗使用方便与安全可靠性方面的考虑甚为周到。例如：分解结合操作只有“一条路”，令使用者发生误动的概率为零，这在几乎所有的同类型手枪中都堪称第一。

“枪牌撸子”在我国为数不多，比其他种类的手枪少很多。不过，在“枪牌撸子”的数量上，还有两个现象值得一提。一个现象是“枪牌撸子”自1900年开始在比利时FN兵工厂批量生产，至1912年停止生产，总计生产达1000000支，实在可以说是不少的，但由于它是一支具有划时代意义的优秀品牌手枪，受到各国各界的喜爱，其散布在世界各地，在某一地域也就显得不那么多了。另一个现象是“枪牌撸子”在中国的正品不多见，于是仿制与“克隆”者也就风起云涌。其中尤其以旧中国金陵兵工厂和上海兵工厂仿造得最多，而且在国内流行颇广。在这些仿制品中，有的还刻上外国文字，以假乱真。无奈造假者终留破绽，精品怎几个外国字充得？一看便能轻辨真伪。这些仿制品中，有的还把枪管加长到140mm，握把与弹匣也相应加长，甚至有的还像驳壳枪那样配上木质枪套，必要时结合在一起作肩托使用，真是无奇不有。真正比利时造的“枪牌撸子”，加工工艺非常工整，一看就能识别。

正是由于“枪牌撸子”的诸多优点，使它在过去100年间始终保持着很高的声誉。新中国成立以后，为了解决我军高级指挥员的佩枪问题，也曾经仿制过“枪牌撸子”，只是比原品的尺寸略短小一点，并以我军建军纪念日命名，称为“八一”式，足见“枪牌撸子”在我军军旅文化中的地位。

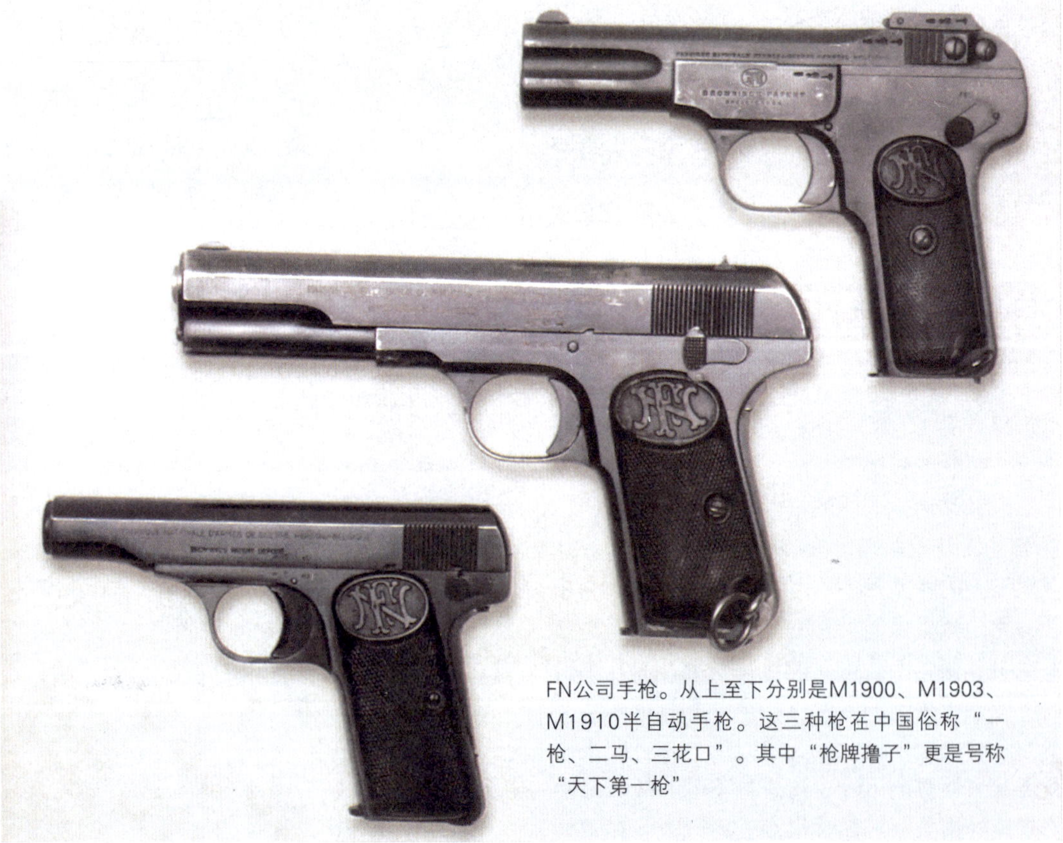

FN公司手枪。从上至下分别是M1900、M1903、M1910半自动手枪。这三种枪在中国俗称“一枪、二马、三花口”。其中“枪牌撸子”更是号称“天下第一枪”

FN M1900 7.65mm手枪的日常分解结合

分解：
①卸下弹匣。右手握枪，左手食指扣于弹匣底板前缘，拇指向前按压弹匣扣，向下从握把中抽出弹匣；
②验枪。左手拉套筒向后，确认膛内无弹，送回枪机并空枪击发，释放击针；
③卸下套筒。用起子拧下套筒与枪机结合的两个螺杆后，向前卸下套筒；
④卸下枪机组件。向上抬复进簧及导杆，使其从驻栓缺口中脱出，然后向后卸下枪机。

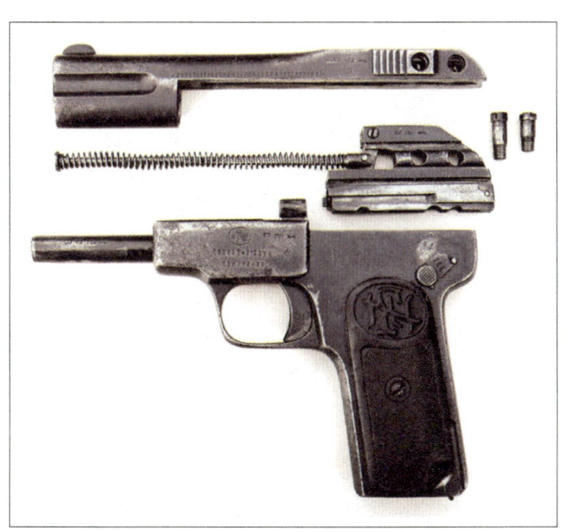

结合：
按分解的相反顺序进行，但应注意以下几点：
①装上枪机的过程中，应同时扣压板机，使击发阻铁不挂击针，以便使枪机轻松地推向前并定位；
②左手食指与拇指握复进簧后端并向前拉，使之让出导杆后端，并顺势将导杆放入驻栓缺口，然后进行各结合动作。

朗朗乾坤 千里走单骑

——关于柯尔特M1903“马牌撸子”的美丽传说

1903年，勃朗宁大师又推出了新的力作——勃朗宁M1903 7.65mm/9mm手枪。作为美国人，他不能把所有的设计都放在欧洲生产。因此，在比利时FN公司生产M1903标准型手枪的同时，从“一碗水端平”的想法出发，勃朗宁也使美国的柯尔特（COLT）公司获得了M1903手枪的生产权，尽管他远赴欧洲发展的原因是其在美国曾与温彻斯特公司有过节。美国生产的M1903手枪比FN公司生产的手枪枪管短32mm，全枪长自然也短32mm。在美国生产的M1903勃朗宁手枪，自然铭刻上了柯尔特公司的旗标。尽管当时在大多数中国人中，对“COLT”这几个洋文识者甚少，但是那匹“嘴里含着长矛的小马”，却是很多人都认识的。于是乎，“马牌撸子”这个词，也就“约定俗成”地上了中国枪械文化的“大辞典”。

说到中国枪械文化，不能不提及一种现象，在此权且称之为“勃朗宁现象”。长期以来，特别是战争年代，每当人们聊起枪来，往往都要在枪名的前面冠以制造国的名称，诸如“德国造”、“美国造”、“英国造”等。而每当人们一提起勃朗宁手枪来，则往往不论何国制造，一律称之为“勃朗宁手枪”。这也许就是知道“马牌撸子”的人多，但知道其制造国的人少的原因之一吧。尽管在美国柯尔特公司生产的勃朗宁M1903 7.65mm/9mm手枪与比利时FN公司生产的勃朗宁M1903手枪同宗同族，而且许多部件都是一样的，但由于后者的全枪长达205mm，已远远不在“撸子”的范围，因此所谓“马牌撸子”一般是专指“美国（COLT）造”的。

早期生产的“马牌撸子”，只有7.65mm口径一种，使用7.65×17mm柯尔特自动手枪弹（通用7.65×17mm勃朗宁自动手枪弹）。1908年以后，又开始生产使用9×17mm柯尔特（或9×17mm勃朗宁）自动手枪弹的“马牌撸子”。两种“马牌撸子”的区别，除了口径不同外，主要不同点在于，前者的套筒与枪口套是两个分开的零件，后者则将枪口套与套筒简化为一个整件，其他部分几乎完全一样，以至于许多部件可以互换。

“马牌撸子”能够在那么多“撸子”中勇夺银牌，名居第二，何许原因？是靠它与枪械大师的“关系”，还是靠它那与同宗共有的平平外表？都不完全是。那么，就让我们由表及里地来探个究竟吧！

M1903手枪，因枪上有“小马”图案，被称为“马牌撸子”

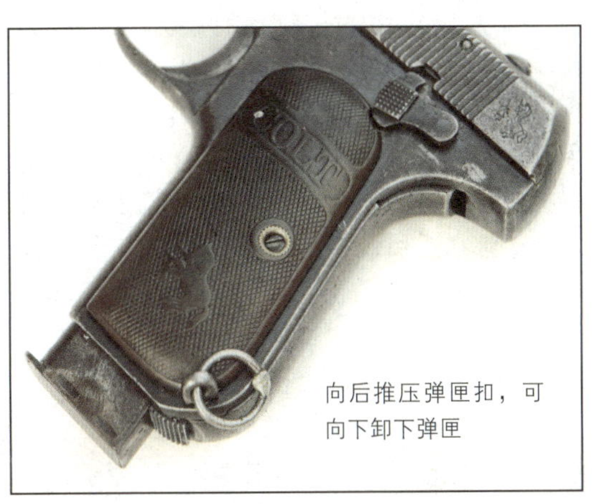

向后推压弹匣扣，可向下卸下弹匣

世间无论何物，给人以感官印象的首先是它的外表。“马牌撸子”的外表，有以下几个特点。其一，加工制作比较精良。从“马牌撸子”的做工可以看出，20世纪初，美国的机械工业水平已经有了很大的进步。当你拿着一支“马牌撸子”，你就可以看到它加工得平正工整，横平竖直，线条流畅。枪上的铭文刻在套筒两侧，右面为“COLT AUTOMATIC”；左面除了铭文外，还刻有柯尔特旗标。字迹工整清晰。当时特别是旧中国的众多仿制品与之相比，的确相形见绌，天壤之别。即使在今天看来，与现在的许多枪相比，“马牌撸子”的机械加工工艺也不逊色。其二，“马牌撸子”的体积质量，虽比“枪牌撸子”显得厚重肥大，但总的来说仍不失短小精干，大小适中，握着或别着均令人感到舒适协调。其三，“马牌撸子”外观造型简洁明快，不失质朴大方。其枪身为铁黑色，抛壳窗为白色（枪管镀铬），塑料握把护板为咖啡色，其上的圆形COLT“小马”旗标又是银色的，这一切的确是刚中有柔，十分诱人，比当时其他一些国家的“撸子”明显要好。

好的外表，固然可喜，但空有其表，则难以而立。“马牌撸子”夺得银冠，最主要的是得力于其内在结构简单，动作可靠。战争，使人们可以拥有枪，也使人们都喜欢玩枪。然而，人们也常常把那些结构复杂，难以操作的枪视若烫手山芋，敬而远之。因此，人们更倾向于结构简单，加工精良，动作可靠的枪。“马牌撸子”虽被认为稍逊于“枪牌撸子”，但使用起来也令人备感得心应手。

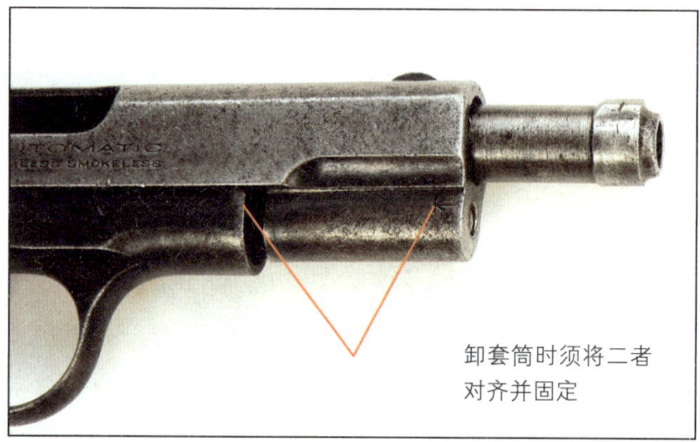

将套筒前端右侧箭头竖线与套筒座前缘对齐并固定在此位置，用另一只手将枪管顺时针转动90°，可向前取下套筒及枪管

“马牌撸子”保持了勃朗宁一贯的创新、简单、实用的传统设计思想和结构特点，全枪只有37个零件。在总体结构布局上，“马牌撸子”采用了复进簧下置方案，因此成为世界手枪的世纪经典之作。这种布局方式，几乎所有的现代手枪特别是现代战斗手枪都在采用，真正是影响了世界手枪100年！在结构创新方面，“马牌撸子”最典型的是采用了内置式击锤的发射机构。这种结构有两个优点。第一是击发能量稳定，机构动作可靠。它是通过击发阻铁解脱击锤来打击击针发火，比平移式击针击发机构要可靠得多。因为击锤通过击锤簧获得的击发能量，要比击针靠击针簧张力进行平移运动击发的能量大得多、确实得多，也稳定得多。第二是内置式击锤的结构布局，满足了当时人们对小型自卫手枪外部总体造型布局的需要。因为当时外置式击锤结构布局，大多都运用在较大的战斗手枪和转轮手枪上。小型自卫手枪采用外置式击锤结构布局，当时习惯上认为不符合对“撸子”外观紧凑小巧、简洁明快、干净利索的审美要求。“马牌撸子”同时具备击锤的可靠性和“撸子”的外观协调性两条，“鱼与熊掌兼得”，受到赞赏当在情理之中。此外，“马牌撸子”在使用安全可靠性方面，除设置手动保险、不到位保险外，还增加了握把保险和无弹匣保险。其中手动保险动作基本与“枪牌撸子”一样，拨向上为保险位置，限制套筒不能移动，同时不使阻铁与击锤

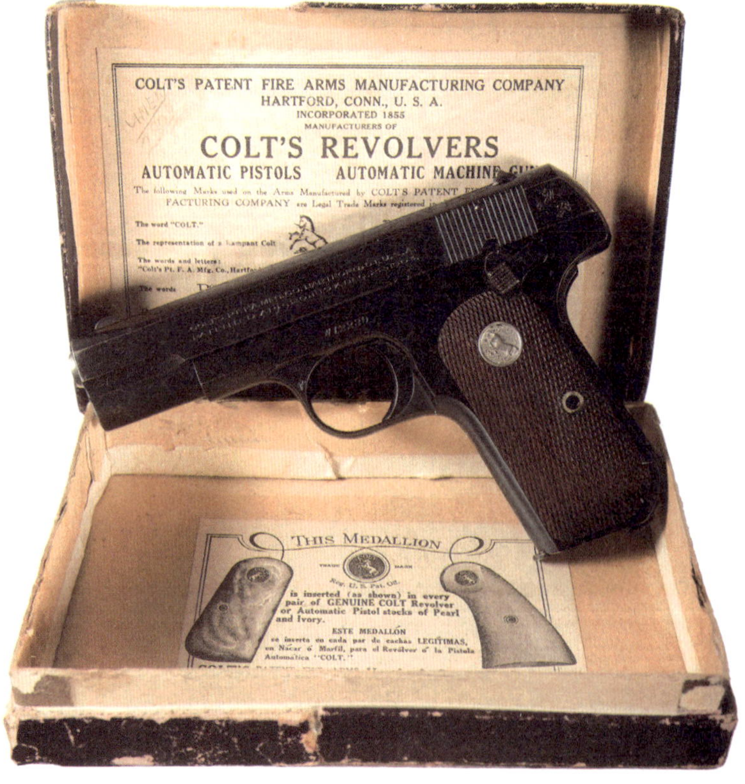

分离。握把保险压杆安装在握把正后方，其外缘造型与握把的外缘造型一致，平时借握把保险簧的抗力略凸出于握把后缘，此时其保险突笋抵住击发阻铁，致扳机与击发阻铁不能动作，达成保险，使用者如果没有确实握住、握稳手枪，即使膛里有弹也扣不动扳机；当握住枪后，握把保险杆被压进握把，保险突笋让开击发阻铁，解除保险，即可扣动扳机正常发射。通过这个正对虎口的握把保险，或紧握，或松握，以此在瞬间迅速实现射击与保险状态的转换，实际上提高了手枪在战斗中的战术灵活性和控制安全性。握把保险结构后来被多型手枪和冲锋枪采用，其中最典型的就是美国柯尔特M1911/1911A1 0.45in(11.43mm)手枪、以色列“乌齐”冲锋枪和意大利PM12S冲锋枪。无弹匣保险的作用，是在手枪上未装弹匣或卸下弹匣时，使击发机构处于保险状态。此时，若膛内有弹，也不会发生“走火”。无弹匣保险可确保在战斗射击间隙给枪上弹匣补充枪弹或在膛内有弹的情况下更换弹匣的安全性。无弹匣保险最典型的是被勃朗宁用在了他的收山之作勃朗宁M1935大威力手枪上。从“马牌撸子”保险机构的设计上看，勃朗宁的设计思想上了一个新的台阶。

其实“马牌撸子”在美国也算是“高级货”了。第二次世界大战时期，美军将官的标准佩枪就是“马牌撸子”。例如大家熟悉的巴顿、布莱德利等许多将军，虽然他们在外界亮相时，常常挎着转轮手枪甚至拿着步枪、卡宾枪，然而他们贴身的“家伙”仍是“马牌撸子”。

“马牌撸子” 如此好用，夺银不足为怪。当然权衡优劣，“马牌撸子”居于第二，还有当时的环境因素。“马牌撸子” 在开始投产后的50余年间，共生产了572215支。在战争时期，通过各种渠道进入旧中国的“马牌撸子”到底有多少支已极难考证，但被我军缴获的确实不少。因此“马牌撸子”比及“枪牌撸子”要普遍许多。东西多了，也就不那么稀罕了，其珍贵的程度就次于了“枪牌撸子”。不过在战争时期，我军军、师（也有团）一级指挥员，将缴获的“马牌撸子”作为佩枪，也不失为一件乐得了不得的事情。如果缴获的是支新品，再加上枪弹也挺多，那就是一件更加了不得的事情了。

20世纪30年代，原英租界上海市工部局警察局，曾专门向美国柯尔特公司定制了3000支9mm（0.38ACP）口径的“马牌撸子”。建国以后，这些“马牌撸了”为我人民公安所用，直到20世纪70年代才逐渐退役。说到这里，还有一个现象值得注意，那就是旧中国没有正规地仿制过“马牌撸子”。分析其原因，可能是由于“马牌撸子”既不如“枪牌撸子”那样稀少珍贵，又不像驳壳枪那样如同“大白菜”流传广泛，

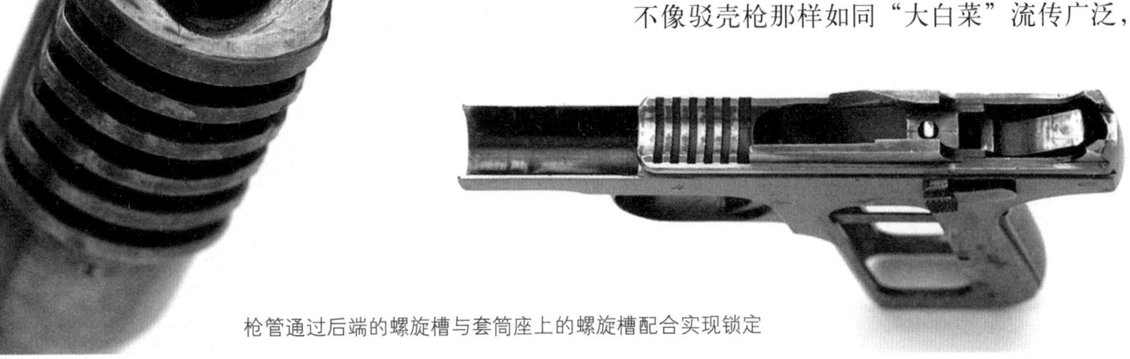

枪管通过后端的螺旋槽与套筒座上的螺旋槽配合实现锁定

握把底部取消了保险带环设计的M1903手枪

加上当时找几发7.65mm的“撸子”枪弹并非易事，找9mm(0.38ACP)弹更为不易。再就是还有那么多各种类型的“撸子”从各种渠道来到中国，也不必非“马牌撸子”不可。

由美国柯尔特公司生产的“马牌撸子”，去掉了勃朗宁原设计中的保险带环（本文所配图片中，“马牌撸子”有保险带环，这可能是后期生产的，也可能是其他国家仿制的——编者注）。这一疏漏，可能是出于小型自卫手枪不需要系保险带的考虑，美国生产的各种中小型自卫手枪，大多没有保险带环。但去掉了保险带环，使用安全就打了折扣，这一点显然有些失妥。

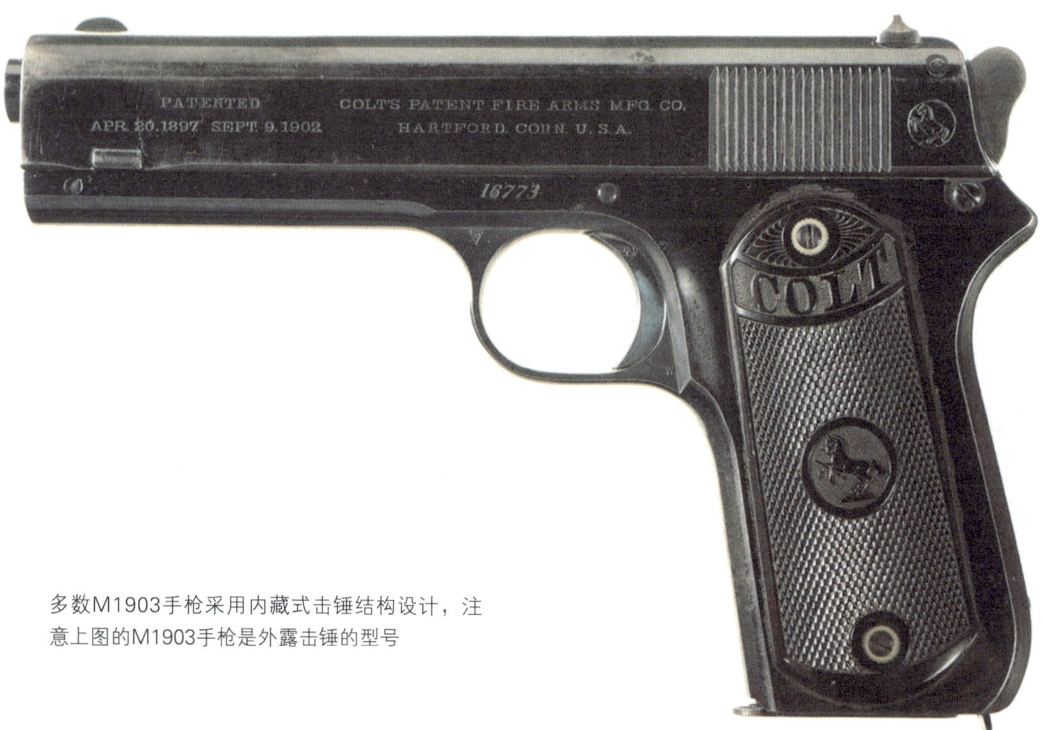

多数M1903手枪采用内藏式击锤结构设计，注意上图的M1903手枪是外露击锤的型号

美国柯尔特M1903自卫手枪

孙中山先生的贴身“卫士”
——比利时勃朗宁M1906袖珍手枪

走进地处瑞金南路518号的上海公安博物馆，仿佛走进了历史的长廊。馆中展出的2000多件文物和大量资料，不仅反映了上海公安成长和建设的历程，更是一个多世纪以来上海乃至整个中国近现代历史的缩影。

在馆中陈列的众多枪械中，有一支外形小巧、貌不惊人的手枪，静静地安放在展柜中，它就是博物馆的“镇馆之宝”——中国资产阶级民主革命的先行者孙中山先生使用过的一支比利时造6.35mm自卫手枪。实际上，它不仅是见证孙中山先生革命生涯的重要历史文物，其自身在枪械史上也占有重要的地位——它是著名枪械设计大师勃朗宁设计的世界上第一支自动装填的袖珍手枪。

约翰·摩西·勃朗宁(1855—1926年)是世界自动武器发展史上里程碑式的人物，也是美国有史以来成果最为丰富的枪械设计师，一生佳作有35项之多，在自动手枪方面的建树更是前无古人，后无来者。他所设计的M1911 0.45in手枪和M1935 9mm大威力手枪，皆是人们耳熟能详的世界名枪，许多现代军用手枪都或多或少有它们的影子。可能是这两种枪管短后坐式手枪影响太大，以至于掩盖了勃朗宁在另一种自动方式，即自由枪机式自动手枪上取得的成就，实际上后者的产量、使用和影响范围与前者相比，有过之而无不及。

1897年，勃朗宁设计出了第一支采用自由枪机式原理的自动手枪及其使用的7.65×17mm枪弹，可当时并没有美国厂商愿意采用，于是勃朗宁转向欧洲寻求支持。比利时国家兵工厂(Fabrique National，简称FN)在欧洲武器展览会上发现他的设计后，慧眼识英才，将他从美国招至麾下。两年后，FN与勃朗宁首次合作的结晶——M1899手枪诞生了，并在1900年7月3日被比利时政府正式采用，定名为M1900，该枪10年内生产了72万多支。继M1900之后，FN与勃朗宁合作推出了更加成功的M1903手枪，发射9mm勃朗宁手枪长弹，仍为自由枪机式自动方式，发射机构带有控制连杆，以防止偶发。该枪设计简单可靠，不仅成为比利时军用制式手枪，还被俄国、瑞典、荷兰、土耳其及巴拉圭等国装备使用。

勃朗宁以他独特而敏锐的眼光，看中了民用自动手枪的潜在市场。1904年，他以M1903的成功设计为基础，将尺寸缩小，开发出了第一支袖珍型(Pocket Model)自动手枪——M1906，发射同样是他设计的6.35×15.5mm半底缘自动手枪弹(0.25inACP)，并于1906年正式投产。

该枪仍然采用自由枪机式自动方式，惯性闭锁机构，结构简单，只有33个零件，可迅速不完全分解为套筒、枪管、复进簧及其导杆、击针和击针簧组件、套筒座、弹匣、连接销等7个部分。它延续并改进了在M1903上应用的一种新型结构，即在枪管下方设计了3个肋状闭锁凸笋，从而有效地与套筒座相扣合，使得分解非常容易——将套筒向后拉到位，使手动保险卡入套筒左侧前部缺口，然后将枪管向抛壳窗方向旋转90°，使凸笋释放，左手握住套筒并拔下保险，将套筒向前取下，再将枪管转回原位，使其尾部向下脱离抱弹槽，即可向后抽出枪管。此外，击针兼有抛壳挺的作用，击发后，套筒后坐到一定位置时，击针先停止运动，并与抽壳钩配合，将弹壳向右后方抛出。

该枪尺寸较小，全枪长仅114mm，比成年男性的手掌要短得多，即使握在手中也不引人注目，故解放前在我国被称为“四寸勃朗宁小手枪”或“掌心雷”，也有称其为“对面笑”的，取其隐蔽性好，可以攻敌不备之意。枪身宽约25mm，体积只比一包香烟略大，紧急情况下在衣袋内即可直接射击。该枪质量较轻，空枪质量350g，带一个实弹匣质量仅400g，因此还颇受上流社会淑女的青睐。

该枪在细节设计上独具匠心。全枪外形比较平滑，没有凸出的棱角，固定式缺口和准星全部隐藏在套筒顶端长槽内，扳机也采用平板状，不会因钩住衣袋衬里而影响出枪速度。该枪的另一特点是非常重视安全性，设有三重保险，在膛内有弹的情况下携行也十分安全：一是弹匣保险，未装弹匣时可锁住扳机，不能击发；二是在套筒座左侧后部有手动保险，将其拨入套筒后方缺口内即为保险状态；另外还设有握把保险，只有在正确握持并挤压到位后，扣动板机才能释放击针。此外，弹匣扣不是像通常一样设在枪身侧面，而是设在握把底部后方，向后推动即可将弹匣取出，可避免操作时弹匣意外脱

雕工精美的比利时FN公司产M1906改进型“BABY”工艺手枪，深受市场喜爱

美国柯尔特公司生产的M1906手枪

落。

在M1906之前的袖珍手枪绝大多数是各种微型转轮和德林杰式击发枪，弹匣容弹量为2～5发，多发射0.22in边缘发火枪弹，裸铅弹头初速低、威力小。而M1906发射初速较高的0.25inACP弹，镍铜合金被甲弹头打在人体上不像裸铅弹头那样容易变形，具有更强的侵彻力，在30m内拥有足够的自卫能力，其6发的弹匣容弹量使得它的火力持续性超过以往任何一种微型手枪。种种优点，使M1906推出后在欧洲受到广泛欢迎，其成功设计也使之成为后来大多数袖珍自动手枪的“典范”和“模板”。

M1906的出现引起了民用枪械市场的一次革命，越来越多的设计师和生产商开始涉足这一类型手枪，使得自动袖珍手枪不断发展、演变，至今已形成一个庞大的家族。

该枪出色的设计，引得众多厂家竞相模仿，据统计，仅西班牙、德国、捷克等国的仿制品就多达670余种，其中以西班牙最多。这些仿制品可以通过外形以及枪身、握把上的标记来区分。M1906本身也有许多不同型号，包括加长枪管、取消手动保险的型号。为迎合客户需要，还有专门加工的礼品型，枪身表面刻有精致花纹并镀有贵金属，握把护板采用象牙、玳瑁、珍珠母等材料取代通常的胶木，其华美程度与其说是武器，不如说是工艺品。有趣的是，为表彰勃朗宁的功绩，1914年1月3日，比利时国王阿尔伯特一世在授予他十字骑士勋章的同时，还送给他一支镶金的M1906礼品手枪。

1908年和1940年，M1906的设计被两度改进，到1954年，一种全新的改进型M1906由比利时FN公司投入生产，被称为勃朗宁“宝贝”(Baby)微型手枪。与原型枪相比，它进一步简化了部件，缩短了全枪长，减轻了质量，固定瞄具改为外露式，并取消了握把保险，手动保险也移到更方便操作的扳机护圈附近。20世纪50年代后期，FN公司以及加拿大K.B.I公司制造的“宝贝”微型手枪开始进入美国市场，与它的前辈一样受到了好评，其生产一直持续到1969年，后续产品至今仍在源源不断地供应着全球民用枪械市场。这些由M1906发展而来的产品不仅是欧美各国包括女性在内的普通民众可靠的自卫武器，还广泛地被警察和特工人员用来执行特殊任务，甚至还是一些国家特警的专用装备之一。

除比利时外，M1906手枪的主要产地还有美国。由于勃朗宁将他的手枪生产权还转让给了美国柯尔特公司，因此该公司也大量生产勃朗宁手枪，称为“柯尔特-勃朗宁”，而比利时生产的手枪相应称为“FN勃朗宁”。柯尔特公司的产品在套筒左侧标有公司名称，握把护板上方有“COLT''字样，另外，护板和套筒左侧末端印有“立马”图案；而比利时原产枪握把上端是组合在一起的“FN”两个大写花体字母，套筒左侧刻有两行字，上行为赫斯塔尔国家兵工厂的法文全称，下行为英文“Browing’S Patent Depose”，意为勃朗宁专利所有。

孙中山

孙中山先生使用的这支自卫手枪是比利时FN公司的产品。该枪尽管历经沧桑，但只是套筒前端略有磨损，外观仍相当完好，表明原使用者和保存者都对它爱护有加。至于它是何时何地购入，已无从查证。因为20世纪初的中国正是内忧外患之时，国内政局混乱，战事频仍，包括勃朗宁手枪在内的大量外国枪械通过日本的转口贸易向中国市场倾销，即使在1919～1929年长达10年之久的对华军火禁运期间也未停止，仅1927年，每月至少向中国转入1500～2000支勃朗宁手枪，数量仅次于毛瑟，其中相当一部分是M1906。旧中国军政要员和达官显贵都以拥有这种小巧可靠的自卫手枪为荣，以至该枪供不应求。当时该枪售价在20美元左右，比毛瑟手枪还高。在这种情况下，身处错综复杂的斗争环境中的孙中山先生随身携带此枪以备不测也就不足为奇了。在民国时期，M1906手枪使用相当广泛，1997年1月与中山舰一同出水的就有30年代海军使用的德制该型手枪及6.35mm手枪弹，我军在孟良崮战役中也缴获过国民党高级军官配用的这种手枪。解放后，缴获的大量M1906手枪及仿制品仍然装备我公安部门，或由党政军高级领导人使用，有的一直延用到80年代初，后因国内不生产6.35mm枪弹而陆续撤装。时至今日，许多老同志仍然能够回忆起当年所使用被他们爱称为“五蜂”(因其外观和自卫用途类似蜜蜂，且为保持簧力一般只压装5发枪弹而得名)的M1906手枪。

一支名人用过的手枪，其背后必然有一段凝固的历史。而这支手枪的查证确认，更有一番曲折过程。

1999年9月，上海公安博物馆在报纸上刊登了征集藏品的启事，许多老同志纷纷提供线索，其中一条“孙中山先生使用过的手枪”引起了高度重视。在市档案局的大力协助下，终于查到了当年绍兴路18弄2号居民萧

上海博物馆的“镇馆之宝”——中国资产阶级民主革命的先行者孙中山先生使用过的一支比利时造6.35mm自卫手枪

绍芬要求将其父萧萱保存的手枪转交孙中山纪念馆或公安局的档案，确认该枪已根据人民政府枪支管理规定，由萧先生子女于1956年上交公安机关。

萧萱(1885—1955年)，又名肖任秋，湖北均县人。国民党元老之一，早年参。加同盟会，长期追随孙中山先生并担任其秘书，深得信任，做过北上和谈特使，1918年，孙先生曾手书横幅“致虚守静”相赠。后任众议院议员、湖北省建设厅厅长、湖北省主席、国策顾问等职，上海解放后被聘为文物管理委员会特约顾问。据卢湾公安分局有关资料记载，1956年2月8日，萧先生子女将其父病故后留下的两支M1906手枪及108发弹上交给绍兴路派出所，并说明此枪为孙中山先生和中华革命党所使用过的，萧先生生前特意将其击针与复进簧弄坏，仅留作纪念。

两支同样的手枪中哪一支是孙中山先生生前用过的呢?据卢联康、钱柏椿等经手过此事的老同志回忆，当时萧绍芬上交的两支枪击针确实已坏，并且收枪后还制作了卡片与枪支一起保存在仓库中。2000年10月18日，在卢湾分局枪支档案中找到了当时出具给萧家的上交枪支收据，其中清楚地记录着两支枪的枪号，一为327702，一为464550，另外一张“中华革命党本部用笺”上有萧萱生前亲笔所写的两支枪的保存说明，从而彻底解开了这个谜团。

在这份说明中，萧先生叙述了此枪的来龙去脉，原来这支手枪还涉及到民国历史上一起著名的政治谋杀事件。1916年5月8日，陈其美(字英士，曾任沪军政府都督，同盟会和中华革命党领袖之一)因反对袁世凯复辟，在上海萨坡赛(今淡水路)14号寓所内被袁派人暗杀。当时正在隔壁房间内的萧萱闻声出来察看，凶手夺门而逃，并向他开枪射击，幸未击中。萧萱立即赶到他和孙中山先生当时所住的环龙路(今南昌路)4号寓所向孙先生报告。孙先生听说陈其美“有弹贯入头额及颊内，不可救矣”后，“默默有间，即披衣言自径视英士”，在场众人担心外面有其他刺客，劝他不宜轻出，而此时孙先生则体现出了一个资产阶级革命领袖的大无畏气概，言道：“贼欲甘心者为英士，英士已不幸，凶人必鸟兽散，吾何畏乎”，令相从，并从自己衣袋内取出了这支手枪，亲手交给萧萱，枪号即为“464550”。事后孙先生将此枪交给萧萱以作长久纪念，“共毋相忘英士之殉党国也”。萧萱在此后近40年时间里，一直将此枪带在身边，以寄托对总理和战友的深切怀念。

此份极其珍贵的材料为考证做出了最终判定。一支珍贵名枪，一件见证重要事件的文物，一段血雨腥风的民国史，一次艰难曲折的考证，将这支手枪推向特殊的历史地位，从而使这件“镇馆之宝”具有巨大的历史价值。

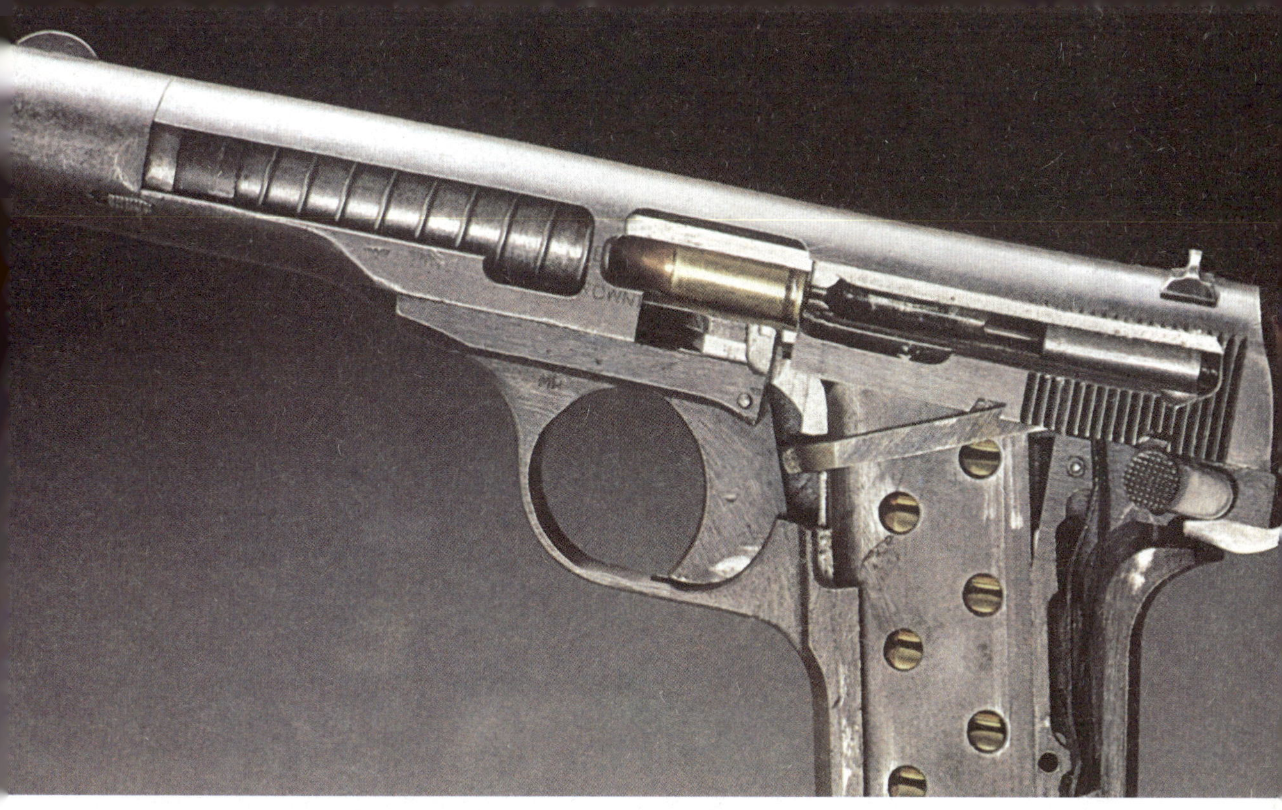

点燃第一次世界大战的导火索
——关于FN M1910“花口撸子”的美丽传说

一举成名

时间追溯到1914年，当时的欧洲正处于动荡不安之中。第二次巴尔干战争刚刚结束，但巴尔干半岛敌对的各方之间依然剑拔弩张，“欧洲火药桶”的上空战云密布。对巴尔干半岛素有野心的奥匈帝国此时已与德国结成了联盟。奥匈帝国认为受到俄国支持的塞尔维亚是其在半岛地区扩张的主要障碍。为了对塞尔维亚进行军事恫吓，奥匈帝国在边境陈列重兵，并决定于1914年6月28日在其控制下的波斯尼亚首府萨拉热窝进行针对塞国的军事演习，奥匈帝国皇储弗兰兹·斐迪南大公将亲临萨拉热窝检阅演习部队。

斐迪南大公在奥匈军队中有相当影响，他积极主张对塞尔维亚发动战争，因而被视为奥匈军国主义者的代表，而且演习的当天又是塞尔维亚被土耳其征服的“国耻日”，所有这些都极大地伤害了当地塞尔维亚人的感情。塞尔维亚人将此次军事演习视为严重挑衅，民族情绪空前高涨。因此该消息一经传出，塞尔维亚黑手党（塞尔维亚民族主义组织之一）便决定刺杀斐迪南。他们挑选了6名波斯尼亚青年担当行刺任务，其中之一是来自贝尔格莱德的塞尔维亚学生加夫里若·普林奇普（Gavrilo Princip）。经过准备，6名青年于5月携带武器分头潜入萨拉热窝。

6月28日是一个阳光灿烂的星期日。斐迪南大公携夫人索菲娅上午10时抵达萨拉热窝，而刺客们已按事先的安排提前埋伏在路旁。当车队经过时，暗杀者之一的查卜林诺维奇突然掷出一枚炸弹，但并没有击中大公的座车。查卜林诺维奇随即被捕，其他几名成员逃离了现场，只有普林奇普仍留在原地，耐心等待时机。大公夫妇仍按原计划

参与刺杀事件的塞尔维亚民族主义者在奥匈帝国的法庭上。白圈中者为普林奇普，他是唯一始终未对刺杀行为表示认罪的被告

普林奇普（白圈中者）在刺杀现场被警察当场抓住时的情景

到市政厅出席欢迎仪式，随后乘车返回下榻处。车行至弗兰兹约瑟街拐角处时，由于司机事先没有得到改变行车路线的通知，拐错了方向，不得不将车倒回。在此等待多时的普林奇普立刻拔出手枪，走上前去，冷静地向近在咫尺的大公夫妇开枪射击。一位目击者事后回忆说："只听到'劈啪'响了两声，枪声很小，好像是在发射空包弹一样。"在被宪兵和警卫制服之前，这个瘦弱的青年射出了两枪，其中一枪射入大公的颈部并打断了其颈静脉，另一枪则穿透了索菲娅的腹部，几分钟之后大公夫妇双双身亡。

对欧洲来说，刺杀事件犹如一声惊雷。塞尔维亚拒绝了奥匈帝国的最后通牒。7月28日奥匈帝国向塞尔维亚宣战，8月初德、法、英等国也先后参战，第一次世界大战（简称一战）最终爆发。这场人类历史上空前的悲剧持续了4年，先后有30多个国家和地区、15亿人口卷入其中，造成860万军人和650万平民死亡。到1918年底战争结束时，欧洲的大部分文明成果和整整一代人类精英几乎损失殆尽。而这一切，都是起源于普林奇普手中的那一支勃朗宁M1910手枪。

集大成者

伟大的科学家之所以伟大，就在于他不断地创造、不断地进取，永不停止。在"枪牌撸子"和"马牌撸子"风靡欧美，甚至几乎占领世界现代小型自卫自动手枪市场的情况下，勃朗宁于1910年又将一幅全新设计的手枪图纸，交给了与他相濡以沫、密切合作的比利时FN兵工厂。

在这支更加富于现代气息的手枪上，充分体现了勃朗宁继承与创新有机结合的思想特色和力求完美的职守特色。在创新方面，勃朗宁M1910 7.65mm自动手枪比"她"的两个"兄长"大大地迈进了一步：在刻意追求手枪结构紧凑和外形小巧的思想指导之下，勃朗宁一反常规地采取了复进簧中置的布局，把复进簧直接套在枪管上，使枪管兼具发射枪弹和复进簧导杆两种用途，从而在枪的整体造型结构布局上，省去了一个复进簧直径的高度。做到这一点实实在在不简单！我们知道，手枪作为枪械中的"袖珍一族"，也是一个完整的武器系统，正所谓"麻雀虽小，五脏俱全"。手枪在结构布局上的一个非常大的难题，就是空间狭窄，回旋余地小。小型自卫手枪此点尤甚，往往毫厘欲夺。设计上的功力之差，往往也就在毫厘之间。复进簧中置布局的新颖设计，为这

一小型自卫手枪奠定了“苗条”的骨架，其套筒口部的横截面也从传统的“8”字形变为“O”字形，套筒口部的枪口套，相应地变为一个正圆形环套，并且还在枪口套的前缘上加工了一圈“滚花”。这样一来，不仅在分解和结合中，旋转枪口套时手不至于打滑，而且还增添了枪的美观性。正是由于枪口套上的这一圈漂亮的“滚花”，使得这支新型小手枪，在外观上有了非常鲜明而典型的特征。在中国丰厚的枪械文化以及丰富的语言的共同作俑之下，勃朗宁FN M1910 7.65mm自动手枪被“约定俗成”地称为了“花口撸子”。

勃朗宁打造的这把“花口撸子”，堪称世纪之作，为后来的小型自卫手枪结构设计又开辟了一条“高速公路”。我们从“花口撸子”身上，既能看到前所未有的结构创新，又能看到传统结构在优化组合方面的创新，还能看到传统与创新有机结合的再创新：“花口撸子”充分地继承了“勃氏血统”的精华，在瞄准装置的设计上，直接在套筒顶部开了一道前后贯通的纵向凹槽，在凹槽内的前端，设置了一个小巧且埋头的片状准星。这一凹槽实际上是把照门的缺口拉长为照准槽，起到了引导射手构成瞄准线的作用，对提高手枪快速瞄准的指向性极为有利。同时，由于没有凸出的准星和照

勃朗宁FN M1910手枪的枪口帽上有一圈放射状的防滑纹，因此该枪被称为“花口撸子”

M1910手枪的套筒座与枪管。从图中可看出枪管在套筒座上的固定方式

M1910手枪套筒顶部压制有便于快速瞄准的照准槽

门，完全避免了从枪套中拔枪时可能发生的钩刮，特别是对将枪直接放在衣裤兜中时的快速拔枪极为便利。再加上勃朗宁充分地集中了以往各型手枪特别是“枪牌”和“马牌”的优点，使得“花口撸子”整体结构更趋全面优化。例如，在“花口撸子”上采用了类似“枪牌撸子”的扳机及扳机连杆和击发阻铁结构，而握把保险、手动保险、不到位保险和枪上无弹匣保险机构，以及用枪管断隔突笋达成机构结合的构造，则借鉴了类似“马牌撸子”的特点。“花口撸子”全枪整体造型玲珑清秀，体积轻捷小巧，构造简单，保险确实，动作可靠，因此格外受到青睐。“她”一出世，就以咄咄逼人之势，赢得举世关注，丝毫对“两个哥哥”没有谦让之意。

到此，有人可能会问，这支集众多新靓于一身的枪林之“花”，却屈居第三位，该不是家族排行所致兼或“重男轻女”吧？要回答这个问题，还真得从枪的共性说起。枪，是一种特殊的用品。人们，特别是使用者对枪的评价，首先是从枪的共同特性出发，往往：偏重总体而轻局部；偏重效能而轻技术；偏重使用而轻理念。他们不仅仅单纯地看它的内在结构、性能，以至是否新结构、新技术，而且还要看它的外在造型。使用者的评语，往往会比工程师的评语更实用，更感性，更客观。评价的标准当然也更宽泛，更尖锐，更挑剔。从

照门特写

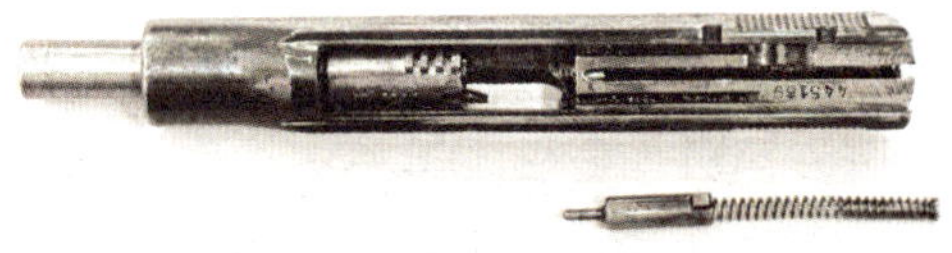

勃朗宁M1910手枪采用击针平移式击发原理，其击针、击针簧、击针簧堵头与M1906手枪非常相似

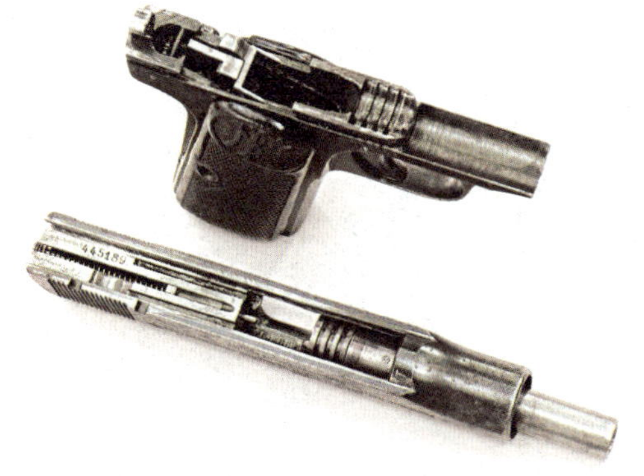

M1910手枪的枪管下方有4个肋状闭锁突笋，与套筒座上的凹槽相配合，分解结合非常方便

“花口撸子”的内在结构特点和使用性能来看，在当时世界枪林中，应该说是居于领先地位的，在这一点上，比起“枪牌撸子”、“马牌撸子”，毫不逊色。问题就出在外观造型上。武器的外观造型有2个方面：一是它的外表工艺，包括机加工水平以及表面颜色的品位。这一点，往往是枪械工程师非常关注的热点。因为外表工艺一方面可以体现设计制造者的匠心，另一方面当然也可以取悦使用者，所以在设计制造的各个环节，也常常倾心尽力，颇费工夫。对手枪特别是对“撸子”之类的小型手枪下的工夫往往更大。外表工艺是否精美，大多取决于“手上功夫”，因而从某种意义上讲，相对比较容易实现。二是它的几何造型（包括枪的整体造型布局）。我们说世界上手枪近千种，为什么广泛受到使用者好评的却仅有那么几种呢？除了内在结构性能以及外观精美与否的差异外，关键在于枪的整体布局和几何造型上的差别，而这一点往往又是设计制

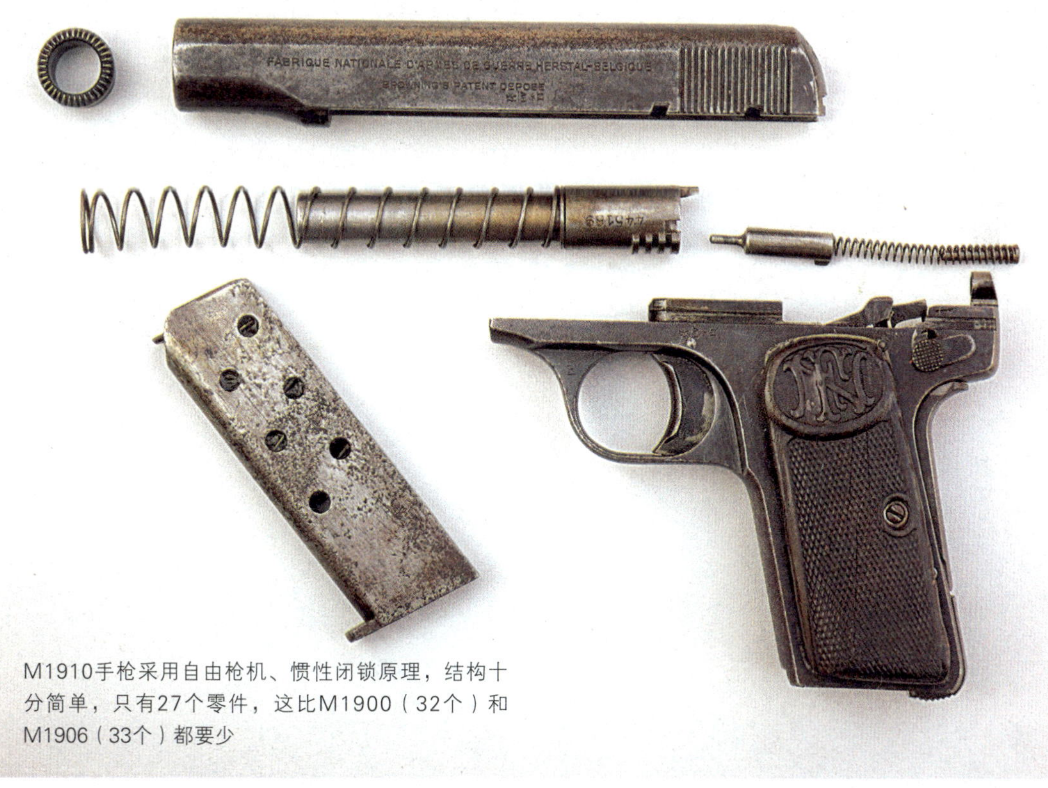

M1910手枪采用自由枪机、惯性闭锁原理，结构十分简单，只有27个零件，这比M1900（32个）和M1906（33个）都要少

纪念版的M1910工艺手枪

造者常常忽略、着力不够的地方。枪的整体造型布局的确会受到结构性能的制约，设计制造者在权衡结构与造型的关系时，常常是造型让位于结构。几何造型的优化，大多取决于“脑中功夫”，因而从某种意义上讲，相对比较难实现。枪的几何造型包括人机工效需要和结构性能需要两大方面，前者又包含方便操作的使用工效和视觉威慑的观感工效，两者相辅相成。如外观造型差一点，同样会使人降低对这支枪的评价。

“花口撸子”就是一个典型的例子。综合评价分析，“花口撸子”就是在视觉威慑的观感上差了那么一点，显得过于秀气，使人看了不怕，觉得没威力。按照那些从战火中走过来的老军人的说法，“花口撸子”给人的整体感觉就是“好玩不中用”。在战争年代，再“好玩”的枪，当它的主人在“玩”得尽兴之时，如若心头总是时不时地泛起那么点不踏实的阴影，显然有碍心境。事实上，“花口撸子”使用起来并不比“她”的两个兄长逊色。可见设计制造者在枪械几何造型方面所需要的军械社会文化修养，同样不能小视。无论如何，枪只有经过战争的综合检验，才能真正地立于世界枪林之中，流芳百世。“花口撸子”虽秀柔有余，阳刚不足，却也颇受那些军中柔秀们以至达官贵人、商贾名流的欢迎，当时的警务、特工人员也多有使用。这也是当初勃朗宁设计“花口撸子”的市场指向。

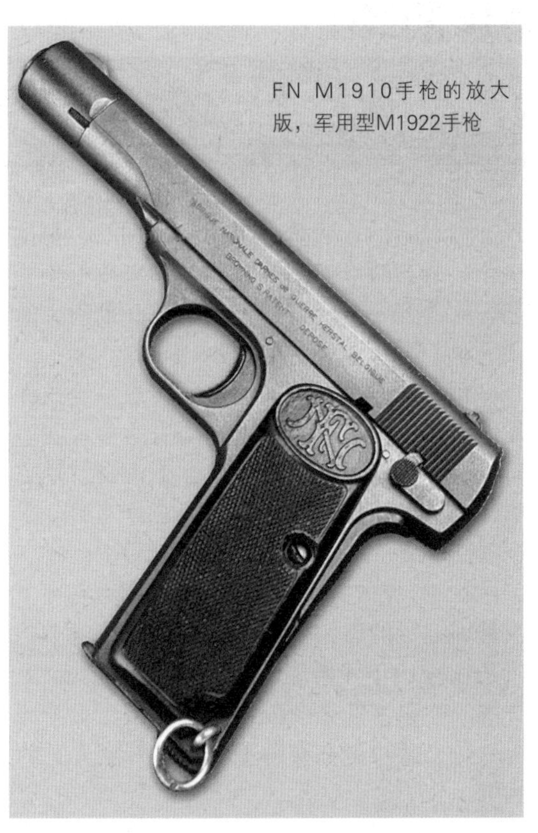
FN M1910手枪的放大版，军用型M1922手枪

针对“花口撸子”体型过小，不能完全满足军队的需要，勃朗宁又推出了FN M1922自动手枪。该型手枪有7.65mm和9mm两种口径，分别使用7.65×17mm勃朗宁自动手枪弹和9×17mm勃朗宁自动手枪弹。FN M1922自动手枪实际上是“花口撸子”的变型枪。其结构基本相同，绝大部分零件也都一样，只是加长了枪管和握把，弹匣容弹量有所增加。为了适应军方的需求，有的FN M1922自动手枪还在握把的左后侧下角加上了保险带环。FN M1922自动手枪的准星与可调方向照门也传统地凸起在枪面之上。因此，这支大“花口撸子”很快就被荷兰、比利时、南斯拉夫、丹麦、法国等欧洲国家列为军用制式手枪。革命战争中，我军从敌人手中也缴获不少，因此师、团级干部使用FN M1922自动手枪的也不少。

“花口撸子”自问世以来，累计生产了近百万支之多。出于一种对“花口撸子”难舍的情结，二战结束后，一些欧美国家仍然少量地生产它。为了一些轻武器爱好者的需求，除了有7.65mm口径的外，也有使用9mm勃朗宁自动手枪弹的“花口撸子”。

战争时期，通过各种渠道进入旧中国的“花口撸子”很多，在革命战争中被我军缴获的也非常多，因此使用也很广泛。很多人所说的“勃朗宁手枪”，往往也多是专指“花口撸子”而言。与“她”的“马牌”哥哥一样，由于“花口撸子”数量很多，仿制与克隆的也就没有了。因此，我们所能见到的几乎都是“原装”的。

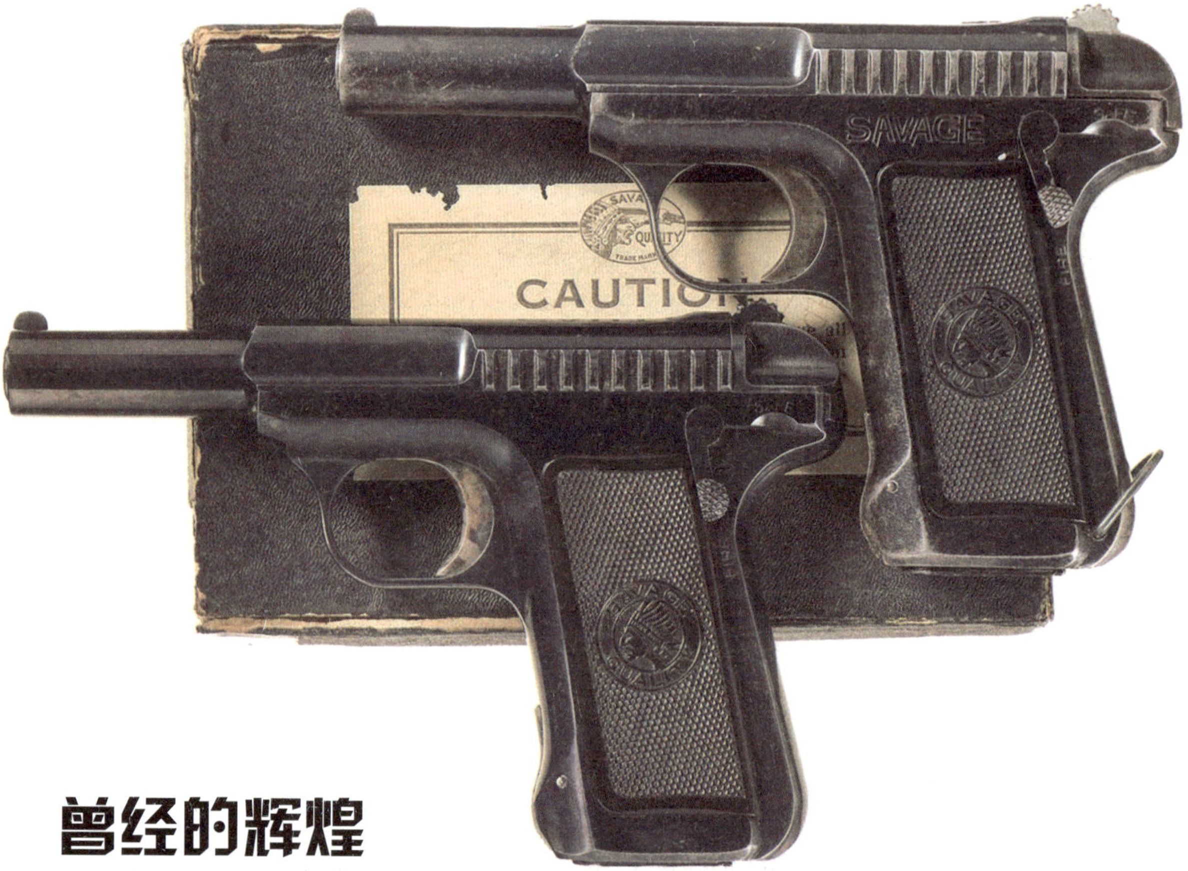

曾经的辉煌
——美国萨维奇M1907手枪

它曾经与著名的柯尔特政府型M1911手枪比肩竞选美军制式手枪，它在结构上的确有领先于时代的设计表现……

百年老店萨维奇

美国萨维奇武器公司是一家创建于1894年的百年老店。其创始人亚瑟·威廉·萨维奇于1857年出生在牙买加康斯顿的一个富裕家庭。萨维奇的一生充满传奇色彩，早年被送往英国学习艺术，学业结束后远渡重洋，只身来到澳大利亚，开始了搜寻澳洲黑色欧泊（产于澳洲的一种名贵宝石）的寻宝冒险。不幸的是，萨维奇在深入澳洲内陆时被澳洲土著俘获，直至一年后才得以逃脱。回到文明社会后，萨维奇定居澳大利亚，娶妻生子，经营牧场。34岁时，他举家重返牙买加，并经营一家咖啡种植园。在此期间，他还供职于铁路公司，从事技术工作。

后来，萨维奇开始涉足军火业，这或许是因为在澳大利亚蛮荒之地的冒险旅程使他对枪械产生的兴趣。1894年，萨维奇前往美国，在纽约的乌迪卡（Utica）创建了萨维奇连珠武器公司。

公司以家族之姓萨维奇命名，商标是一个头戴羽毛冠的印第安人头像。据说，这个头像是在1919年开始使用的，这或许也与萨维奇本人一年多的土著经历不无关系，更为巧合的是，萨维奇在英语里即是“野蛮人”的意思。

公司创建后不久，萨维奇发明了一种杠杆枪机式步枪，并推出了基于该结构的萨维奇M99步枪，广受好评，随后又推出了一系列0.22in口径的步枪和霰弹枪。20世纪初，美国陆军决定寻找一种半自动手枪取代原有的转轮手枪作为制式武器。为了获得陆军订单，萨维奇购买了枪械设计师厄伯特·西尔勒的专利，开始生产0.45in口径的政府型半自动手枪。1912年，萨维奇公司迁往加利福尼亚州的圣迭戈。此时，陆军的制式手枪竞标已经结束，柯尔特政府型手枪最终胜出——这就是著名的M1911手枪，而萨维奇公司提交的萨维奇0.45in口径M1907政府型手枪虽然败北，但却是与柯尔特公司角逐到最后的竞争者。

一战期间，萨维奇公司迅速发展壮大。公司收购了德里格斯·西贝里军火公司，并更名为萨维奇武器公司，开始生产刘易斯机枪。1920年之后，通过一系列的兼并，萨维奇公司在二战前成为了美国第一大轻武器制造商，主要以生产长枪为主。

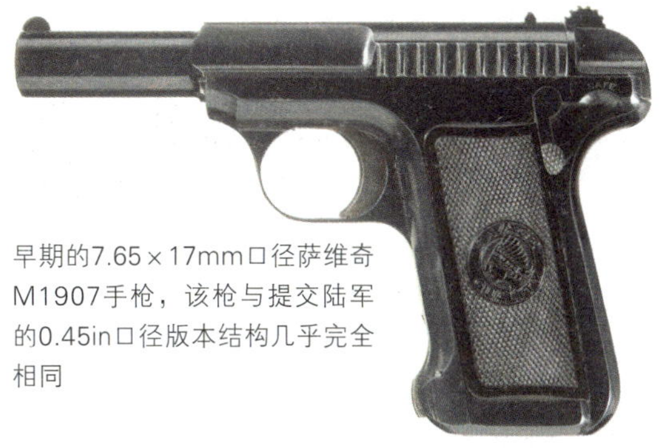

早期的7.65×17mm口径萨维奇M1907手枪，该枪与提交陆军的0.45in口径版本结构几乎完全相同

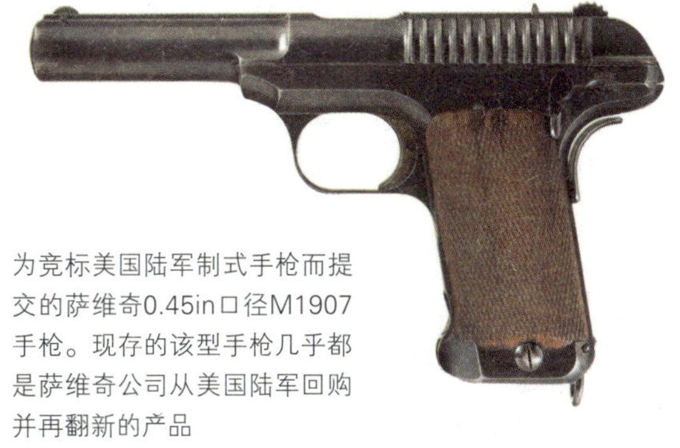

为竞标美国陆军制式手枪而提交的萨维奇0.45in口径M1907手枪。现存的该型手枪几乎都是萨维奇公司从美国陆军回购并再翻新的产品

套筒上刻有公司名称及武器口径等铭文

萨维奇M1907半自动手枪及其衍生型

如前所述，萨维奇M1907半自动手枪原型的研发者不是萨维奇本人，而是枪械设计师厄伯特·西尔勒。当年，为竞标美国陆军制式手枪的选型，萨维奇公司确定了0.45in大口径半自动手枪的研制路线。由于美国陆军的制式手枪选型试验定在1907年1月，匆忙之下，萨维奇几乎完全采用了西尔勒的原始设计方案。试制成功后，该枪被命名为萨维奇0.45in口径M1907政府型半自动手枪。1907年4月25日，萨维奇公司为该枪申请了专利，该枪共计生产230支，主要用于选型测试。

在准备竞标陆军制式手枪的同时，萨维奇公司还以西尔勒的专利设计为基础，推出面向民用市场的7.65×17mm口径和9×17mm口径的半自动手枪。样枪很快被设计出来，但公司此前并无生产半自动手枪的经验，生产线也未筹备妥当，因此这些面向民用市场的中口径手枪直到1908年才投入量产。最先投入量产的是7.65×17mm口径的版本，由于该枪与提交陆军的萨维奇0.45in口径M1907政府型手枪的结构几乎完全相同，可以看作是后者的缩微版本，因此被称为萨维奇M1907半自动手枪。1907～1917年的10年间，萨维奇公司生产的M1907半自动手枪在外观上改变不大。对于其中的微小改动，一般是在名称后面加上改动年份来命名，如M1907-08和M1907-09分别对应1908年和1909年所作的微

9×17mm口径的萨维奇M1915手枪，采用击锤内置设计，有握把保险

小改动的产品。

1912年，萨维奇公司开始生产9×17mm口径版本的M1907手枪，并于1913年开始推向市场，因此一般被称作0.380in萨维奇M1907-13手枪或萨维奇M1913手枪。该型手枪比7.65×17mm口径版本的尺寸稍大。

1915年，萨维奇公司还在M1907手枪的基础上推出了新设计的击锤内置式手枪，即萨维奇M1915手枪。与M1907手枪相比，M1915手枪在内部结构上没有大的改动，只是将原来外露的击锤组件改为隐藏式，同时在握把后部加装了保险机构。M1915手枪同时推出了7.65×17mm和9×17mm两个口径版本。不过，这种击锤内藏的手枪推出后销量一直欠佳，到1917年就终止了生产。期间，7.65×17mm口径的版本约生产6500支，9×17mm口径的版本约生产3900支。

1917年，萨维奇公司在之前的基础上推出了外观焕然一新的萨维奇M1917手枪。其该枪人与M1907手枪相比较，改动主要在于：一是加大了握把下缘，提高了握持舒适性；二是将原来的钝圆状击锤改成了更易操作的马刺状。M1917手枪的生产一直持续至1928年，最终由于获利过低而终止生产。

除了0.45in口径、7.65×17mm口径和9×17mm口径的型号外，萨维奇公司还试制了6.35×16mmSR（0.25in ACP）口径的M1907手枪，被称作“萨维奇口袋手枪”。这种小型手枪的研制从1912年开始，一直持续至1919年。该型号一改以往手枪采用的半自由枪机式自动方式，转而采用结构简单、适合小威力枪弹的自由枪机式自动方式，并且略掉了击锤组件。但由于并未进行大量生产，故该枪目前留存下来的极为稀少。

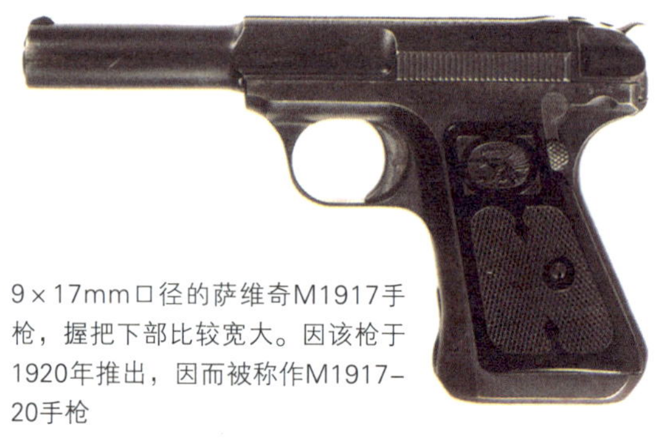

9×17mm口径的萨维奇M1917手枪，握把下部比较宽大。因该枪于1920年推出，因而被称作M1917-20手枪

海外市场受青睐

虽然军用版的萨维奇0.45in口径M1907政府型手枪在美国军用市场未受青睐，但民用版的萨维奇M1907手枪却获得了其他国家军队的认可。购买数量最多的要数葡萄牙军队。葡萄牙陆军和海军分别采购了7.65×17mm口径的萨维奇M1907手枪和9×17mm口径的萨维奇M1913手枪，用作军官配枪。不过手枪握把上原刻印的印第安人头像换成了葡萄牙国徽，葡萄牙海军军官配备的萨维奇M1913手枪的枪身上还印有铁锚的标志。

购入数量仅次于葡萄牙的是法国。一战中，法国为弥补手枪数量的不足，向萨维奇公司订购了27500支7.65×17mm口径的萨维奇M1907手枪。此外，哥伦比亚军队购买了9×17mm口径的萨维奇M1913手枪作为制式军官配枪；波多黎各政府订购了500支萨维奇M1913手枪作为警官配枪。

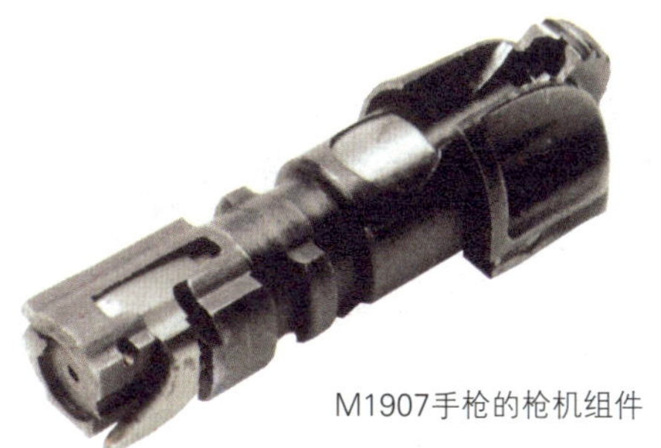

M1907手枪的枪机组件

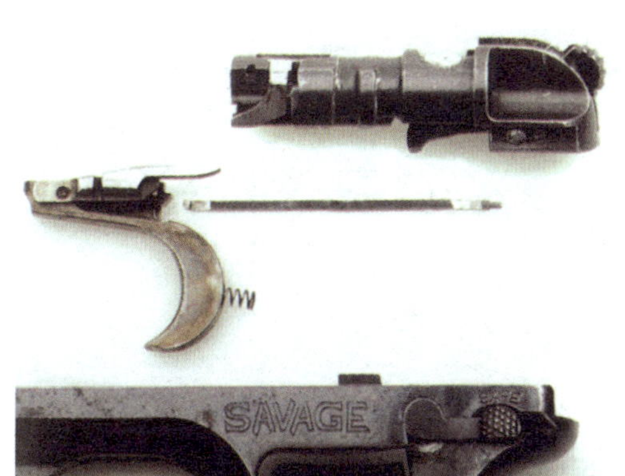

M1907枪机组件、扳机和保险连杆特写

M1907枪身左侧的手动保险，其形状和位置使得打开或关闭保险不是很顺手

品位结构设计

萨维奇M1907半自动手枪采用半自由枪机式自动方式，枪管回转式闭锁机构。作为款诞生于20世纪早期的产品，该枪在当时确实有许多引人注目的特性。

其特点之一就是采用特别的枪管旋转闭锁机构。该枪在枪管后端设置有两个闭锁凸耳，闭锁凸耳与套筒上的闭锁槽啮合。枪弹击发后，火药燃气推套筒后坐，在套筒后坐的瞬间，便带动枪管旋转。当枪管上的闭锁凸耳未完全从套筒上的闭锁槽滑出时，套筒后坐较慢，这个过程相当于延迟了套筒后坐，降低了套筒后坐速度，对提高射击精度有利。另外，由于这种闭锁机构占用的空间较小，则手枪的枪管轴线位置较低，同样有利于提高射击精度。

M1907手枪空仓挂机状态

萨维奇M1907手枪的第二个特点是击锤与

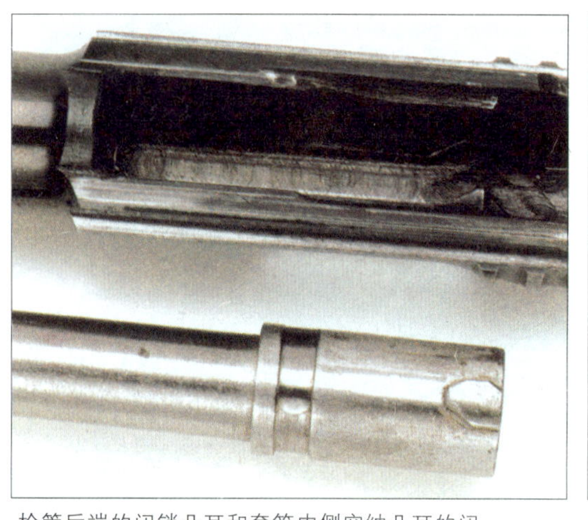
枪管后端的闭锁凸耳和套筒内侧容纳凸耳的闭锁槽特写

M1907手枪的弹匣采用现代手枪常见的双排结构

击针铰接在一起，且套筒后部设有枪机，击针、击锤均安装在枪机内，这种结构与现代手枪完全不同。拉套筒向后到位并松开，当套筒复进到位时，阻铁扣住击针，同时击锤也停留在后方位置。扣动扳机，阻铁解脱击针，便可击发枪弹。如果出现击发故障，可直接向后扳动击锤，使击针待击，再次扣扳机即可。因此，严格来说，这里的“击锤”并不起到击打击针的作用，说它是“待击杆”更合适些。

萨维奇M1907手枪的第三个特点是其特殊的阻铁组件。与一般手枪将阻铁设置在击发机座中不同，萨维奇M1907手枪的阻铁也设计在枪机中。这样做的好处是通过使其直接与击针相连而使结构更加精密。在高速运动的套筒内，由于阻铁与击针被设计组合在一起，还能更好地防止击针意外从阻铁中滑出而走火。这种设计虽然增加了制造难度，但在不完全分解过程中却能很容易地将枪机组件拆下维护，这也是该枪的一个独特之处。

萨维奇M1907手枪的先进特点还体现在率先采用了类似现代手枪的双排弹匣。虽然其双排弹匣的空间利用率还未达到现代手枪弹匣的水平，不过，能在那个年代做出这样的设计，不得不为萨维奇公司的巧妙构思而赞叹。

当然，作为早期的半自动手枪，M1907也少不了欠妥之处。其最大的缺点就是在设计中对人机工效考虑欠周，如将弹匣卡笋设在了握把前侧面，而且按压部位位于凹陷处，单手难以更换弹匣；而设在枪身左侧后上部的手动保险过于贴紧枪身，一旦戴上手套就难以操作。

让位于主打产品

在当时的年代，萨维奇M1907手枪是一款外观性能出色的产品，销量也还不错。但为何萨维奇公司会终止这款手枪的生产呢？其实最主要的原因是与公司的主打产品步枪和霰弹枪相比，手枪的市场需求相对较小，利润也不高。此外，从枪械设计上看，萨维奇M1907手枪毕竟在结构和操作使用上较为复杂。如果萨维奇公司在改进过程中不断改善结构，压缩生产成本，从而提高利润，或许M1907手枪会在萨维奇公司的产品目录中保持得更为长久。

难觅之品

——德国绍尔M1913袖珍型手枪

早在一战时期，袖珍型半自动手枪就被作为自卫武器而广泛使用，其中最著名的有毛瑟M1914手枪、勃朗宁M1906手枪以及瓦尔特M4手枪等。当时，德国绍尔父子公司也生产了一款袖珍型半自动手枪——绍尔M1913袖珍型手枪，其名气虽比不上前几支枪，但也有自己的独特之处。

历史久远　以小见长

1811年，德国绍尔父子公司第一次获得了当时莱茵联邦政府军的一项步枪生产合同，随后，于1879年又成功设计出M79转轮手枪，被当时的德意志帝国军队采用，在一战中使用。

1913年，公司成功设计、生产出一款半自动手枪——绍尔M1913袖珍型半自动手枪，并作为德国军官用手枪参加了一战。由于德国在一战中战败，因此绍尔M1913袖珍半自动手枪于1918年暂停生产，直到4年以后才开始继续生产，1935年完全停产。后来绍尔公司根据设计M1913袖珍手枪的丰富经验，设计出二战中很有名的一款半自动手枪——绍尔38H半自动手枪。

绍尔M1913袖珍手枪全枪长146mm，枪管长74mm，全枪质量595g，弹匣容弹量7发，6条右旋膛线。作为袖珍型手枪，全枪长146mm的绍尔M1913手枪虽然比全枪长114mm的勃朗宁M1906手枪显得稍大了一些，但对于身材魁梧的欧洲人来讲，这支还不如一个普通人手大的“小玩意儿”绝对称得上是袖珍型手枪了。

绍尔M1913袖珍手枪有两种口径，6.35mm(0.25inACP)口径和7.65mm(0.32inACP)口径，一般在枪身右侧刻有口径的铭文。其中7.65mm口径的绍尔M1913袖珍手枪的生产数量比较多，共生产了175000支，而6.35mm口径的绍尔M1913袖珍手枪则相当少见。

绍尔M1913袖珍手枪分为两种款式：一种是表面经过发蓝处理的黑色普通型；另一种是表面经过抛光处理的银色型。在当时来讲，该枪设计优秀、做工上乘，这也是它得

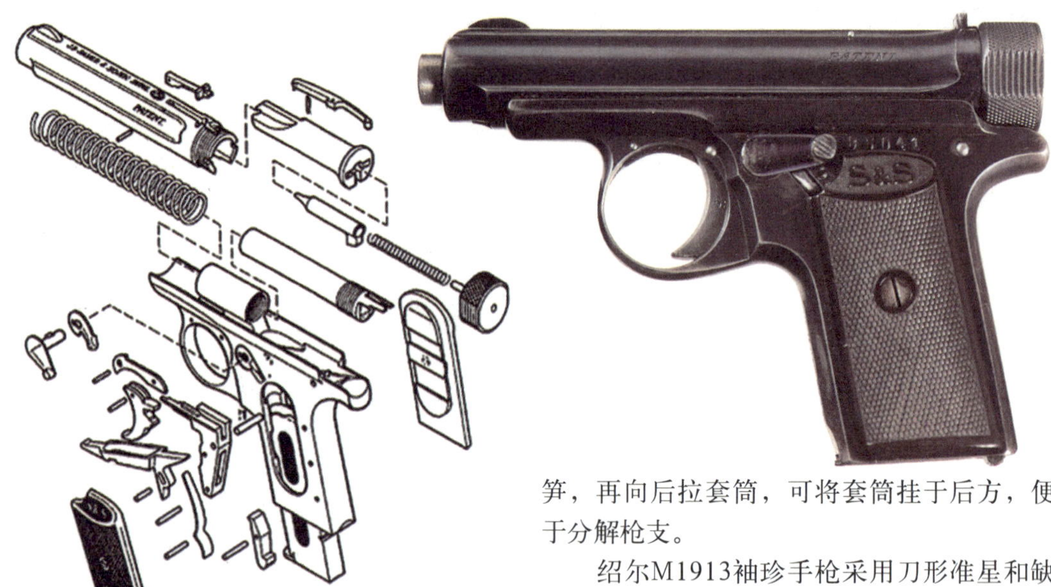

绍尔M1913袖珍手枪完全分解图

到协约国和同盟国双方军官共同喜爱的原因之一。

设计巧妙　特点突显

绍尔M1913袖珍手枪采用自由枪机式自动原理，惯性闭锁机构。全枪结构十分简单，只有30个零件。

作为一支袖珍型手枪，该枪没有设计击锤部件，而是采用击针式击发方式，枪弹进膛后，扣压扳机，阻铁释放击针，击针在击针簧的驱动下击发枪弹。这种设计能使使用者放心地将枪放入口袋而不必担心击锤勾挂衣物。

绍尔M1913袖珍手枪还有两个极具特色的设计：一是套筒后部设有一个套筒底盖，形状与小手电筒的后盖类似，主要作用是将枪机固定在套筒中，且底盖内侧设计有一段长度适中的细杆，兼作击针簧杆。比起同时代的毛瑟M1896手枪、卢格P08手枪，这种套筒底盖的设计使得枪支拆卸更加简便。二是在扳机上面有一个套筒卡笋，向上推套筒卡笋，再向后拉套筒，可将套筒挂于后方，便于分解枪支。

绍尔M1913袖珍手枪采用刀形准星和缺口式照门。准星固定在套筒上。照门为长条形，前端由销子固定在套筒上。照门后部则是一个卡笋，可以卡住套筒底盖，使其不能自由转动，以防止使用时产生套筒底盖松动现象的发生，这也是绍尔M1913袖珍手枪的特点之一。套筒底盖上刻有防滑槽和菱形防滑图案，前者是在拉动套筒时起到防手滑作用，而后者则是在分解枪支、旋转套筒底盖时起防滑作用。

握把左侧刻有枪号。手动保险位于套筒座左侧、扳机后方，方便操作。保险杆向上为保险状态，此时可阻止扳机后移，扳机无法扣动，向下则是射击状态。

绍尔M1913袖珍手枪的握把采用橡胶制成，其上刻有防滑的菱形图案。握把两侧上方都有“S&S”的商标。爪勾式弹匣卡笋位于枪身底部，这种弹匣卡笋也是当时欧洲手枪的一贯设计，需要双手操作才能卸下弹匣，不便于快速更换弹匣，现代手枪已不再采用这种弹匣卡笋。随后的绍尔38H手枪就改变了这一设计，把弹匣卡笋放到了左侧保险的下面，这样拇指就可以很方便地按到弹匣卡笋了。

弹匣上带有两个长圆形余弹观察孔，容弹量为7发——这样的容弹量对于袖珍型自卫手枪来说已经足够了。

绍尔M30袖珍手枪改进了手动保险设计，可锁定套筒，增强了安全性

改进型号：M1914与M30

绍尔M1914袖珍手枪是在绍尔M1913袖珍手枪得基础上改进而来，最主要的改进是手动保险。在手动保险上增加一个凸起，当向上扳到保险位置后，凸起卡进套筒的凹槽，限制套筒的往复运动，进而使手枪更加安全。该枪还把商标由并排的“S&S”改成了椭圆形的重叠双“S”。

之后又推出另一款改进型绍尔M30袖珍手枪，该枪除保留了M1914的手动保险以外，又在扳机上加了保险装置，压下扳机保险后才能按下扳机，与现代格洛克手枪的扳机保险有些近似。其他改进方面是把刀形准星改成了点状准星，并且再次改变了商标——把椭圆形双“S”改成了圆形双“S”，并把商标位置从握把上方移动到了握把底部。

改进的手动保险特写

多国传播　成为珍品

绍尔M1913袖珍手枪在一战中除了装备德国军队外，还大量出口到英格兰、荷兰、美国、俄罗斯和法国等国。它除了装备各国军队，也装备了多国的警察队伍，包括最富有传奇色彩的魏玛共和国（希特勒上台前的德国政府）的警察部队。一战后，绍尔M1913袖珍手枪继续装备德国警察。二战爆发后，有些德国军官仍在使用该枪，直到二战结束。

绍尔M30袖珍手枪在扳机上加了保险装置，压下扳机保险后才能按下扳机

该枪是一款结构简单、体积小巧的自卫武器，射击时后坐力很小。但由于其采用的是0.32inACP弹和0.25inACP弹，杀伤力不足，且需要经常维护保养，不利于长期在野外使用和佩带，对于潮湿泥泞的环境更不适宜。诸多原因使其在历史上并不像其他著名半自动袖珍手枪那样被广大读者所熟悉。

该枪由于生产量不大，流传到现在的已很少了，现在已经成为众多武器收藏家眼里的稀罕物品。

德国毛瑟M1914袖珍手枪

“小”中蕴威的利器
——德国毛瑟袖珍手枪

在手枪中，袖珍手枪可单独算为一类。由于其结构紧凑、携带隐蔽、使用方便，而且口径一般较小，后坐力和噪声也相对较小，因此特别受到特工人员的青睐。

在对老式袖珍手枪的涉猎中，毛瑟公司的袖珍手枪最为典型，其以结构简单紧凑、外观漂亮、性能可靠、制造工艺精湛而著称，如今已是收藏家追捧的对象。

毛瑟袖珍手枪主要有4种型式：M1910、M1914（及其改进型M1934）、M1918和HSc式手枪。

0.25in ACP口径的M1914手枪

毛瑟M1910袖珍手枪

1900年前后，位于德国南部奥本多夫市的毛瑟兵工厂一直致力于毛瑟M1896“扫帚把”手枪的研发与生产，相继推出了M1896系列手枪：M1898、M1912、M1930和M1932，尽管口径有7.63mm与9mm之别，但均采用枪管短后坐式工作原理、枪管偏移式闭锁机构，枪管偏长，握把呈“扫帚把”形状。正当毛瑟兵工厂致力于毛瑟M1896手枪研发之时，采用自由枪机式工作原理的勃朗宁自动手枪取得了极大的成功，并成功引领自动装填手枪发展的时代潮流。自由枪机式原理的结构简单，更适于威力较小的袖珍手枪。受其影响，毛瑟手枪也开始转为采用自由枪机式工作原理，最初生产的是0.25inACP口径的M1910袖珍手枪，由于口径较小，加工精良，从外观上看，全枪显得非常精致美观。

当时，毛瑟M1910袖珍手枪价格比美国市场上的其他自动手枪便宜得多。由于这一原因，该手枪被美国大量进口，其中很多作为军用，流行甚广，甚至一度成为第一次世界大战时期美军的制式武器。这种手枪有两种口径：一种是6.35mm（0.25in ACP）口径，另一种是7.65mm（0.32in ACP）口径。0.25inACP口径的M1910袖珍手枪的枪管长和全枪长都比同时代其他袖珍手枪略长，这主要是因为这样可获得更高的可靠性及射击精度。该枪制造技艺精湛，具有较大的弹匣容弹量。早期手枪采用硬橡胶握把，存在抽壳钩强度不足的问题。后来抽壳钩进行了重新设计，并以胡桃木握把代替了硬橡胶握把。该枪套筒座的左侧有一个侧板，向上推就可取下侧板，此时不用卸下套筒就可以拆卸扳机/阻铁组件、扳机连杆和扳机簧等零部件。

M1910袖珍手枪在欧洲、北美及其他地

毛瑟M1910 0.32in（7.65mm）口径手枪

M1914（上）与M1910袖珍手枪对比，0.25inACP口径的毛瑟M1910袖珍手枪是M1914的前身

区一经推出就大获成功。毛瑟公司公布的销售数字为：1911年销售11012支，1912年销售30291支，1913年销售18856支，这样的业绩在当时是很难得的。

1914年，毛瑟公司对该枪枪管定位方式进行了改进设计，因此，1914年以后的产品和早期产品的枪管不能互换。另外，还有许多改进设计，如对击针、阻铁、复进簧、握把螺钉和弹匣等均作了改进，所以前后期的枪零件很少能互换。 1914年7月，毛瑟公司宣布第二型袖珍手枪投入生产，即将M1910的0.25in ACP口径以按比例扩大的型式改为7.65mm口径，这种型号又称作新式M1910。新式M1910不再采用侧板以及枪管拆卸（定位）杆结构，而是采用套筒座前下方的一个弹簧卡笋来固定枪管。1934年，毛瑟公司又对新式M1910作了一些修改，将内部的机加件改为冲压件，握把带棱角的部位改为圆弧形，给人一种握持舒适的感觉。

虽然M1910毛瑟袖珍手枪是隐蔽携带使用的武器，但其射击精度却异乎寻常地高，而且射击容易控制。这其中的一个主要原因就是该枪枪管轴线与握持位置的距离较近，一般人均能很好地控制握把。

射完最后一发枪弹后，空仓挂机机构将套筒阻于后方，这时如果插入新弹匣，套筒会自动复进，并将弹匣里的第一发枪弹送入弹膛；如果在空弹匣时释放套筒，首先要把弹匣退出12mm左右，然后再把弹匣推上去，套筒会脱离空仓挂机的约束，自动复进到位。

该枪还有一些其他特性，例如，当击针

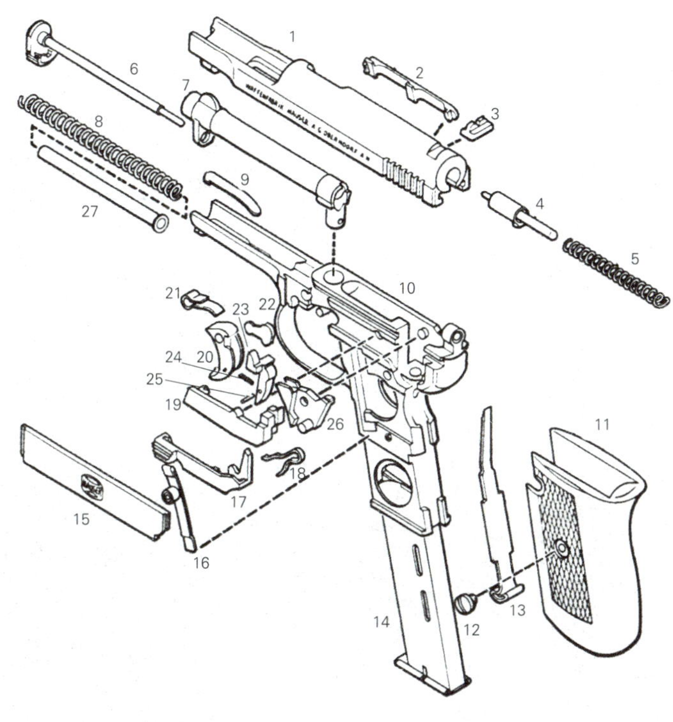

1—套筒；2—抽壳钩；3—照门；4—击针；5—击针簧；6—枪管拆卸杆；7—枪管；8—复进簧；9—拆卸杆卡片；10—套筒座；11—握把；12—握把固定螺钉；13—弹匣扣；14—弹匣；15—侧板；16—保险解脱钮；17—保险扳钮；18—扳机连杆簧；19—扳机连杆；20—扳机；21—扳机簧；22—解脱子；23—阻铁；24—阻铁簧；25—阻铁轴；26—抛壳挺和空仓挂机；27—复进簧导杆

毛瑟M1910袖珍手枪分解图

处于待击状态时，击针尾端突出于套筒后端，白天可以看到，夜晚可以触摸到。另一个就是解脱子，它起到无弹匣保险的作用，当枪未装弹匣时，则不能击发。保险解脱钮的工作方式也很特别，它可锁住套筒，以避免从口袋里掏出手枪时，套筒意外移动而发生“走火”的危险。保险解脱钮的操作很方便，只需要向下推就可使套筒处于保险状态。如果需要解脱保险，按一下保险解脱钮，就会恢复到待击状态。

毛瑟手枪在结构设计上也存在一些缺点，如扳机连杆簧和扳机簧都采用片簧，拆装时，很容易折断。另外，粗壮的弹匣卡笋太硬，插弹匣时容易在弹匣上造成划痕，容易损坏弹匣底板。

毛瑟M1914/M1934袖珍手枪

在毛瑟公司推出第二型M1910袖珍手枪的同时，还推出了M1910的改进型M1914袖珍手枪。M1914袖珍手枪外观上与M1910袖珍手枪很相似，因此，常常会有人将两者混淆。但在外观尺寸上，改进型比原型体积略大。M1914袖珍手枪全枪长155mm，全枪高114mm；而M1910袖珍手枪全枪长139mm，全枪高101mm。

毛瑟M1914袖珍手枪有两个突出特点。第一个突出特点是快速装弹机构。当弹匣内的枪弹全部发射完时，套筒在弹匣托弹板的作用下停留在后方，呈空仓挂机状态。就一般手枪而言，此时拔出弹匣，套筒会向前复进。但该枪拔出弹匣的同时，空仓挂机（此件兼作抛壳挺）仍起作用，使套筒保持不动。倘若再插入弹匣，空仓挂机被解脱，套筒向前复进。这种情况与弹匣内是否有弹无关。也就是说，倘若弹匣有弹，第一发就会立即被送入弹膛。这种机构有利于弹匣更换后的快速射击，后来被毛瑟HSc手枪沿用。但该机构在常年使用之后，与空仓挂机接触的弹匣送弹口（右侧后方部位）会出现损坏现象。

M1914枪尾特写。该枪装有击针待击指示器，待击时指示杆在套筒座后端面突出，用眼看或手触均可感觉到

M1910枪尾特写。该枪的照门是V形缺口，而M1914的为U形。此外，套筒上的防滑纹大小也与M1914的不同

第二个突出特点是拇指保险杆的操作与众不同。从扳机后方可看到拇指保险杆，用拇指按压该杆时保险打开。但保险的解除不是单纯操纵拇指保险杆上下动作，而是按压该杆下方的按钮。这种设计颇新颖，尽管会有不小心解除保险之虑。

据资料记载，M1914袖珍手枪除了作为警用手枪之外，还在一战中装备德意志帝国军队，装备量达10万支以上。战后，德国及斯堪的纳维亚半岛（包括挪威和瑞典）的大部分警察均装备了该枪。在M1914袖珍手枪的基础上，毛瑟公司继续推出了M1934袖珍手枪，二者都有6.35mm和7.65mm两种口径。M1934的结构与M1914基本一样，该枪一直持续生产到1939年，约生产了2.5万支。

毛瑟M1918 0.25in ACP袖珍手枪

这款手枪又被称作WTP袖珍手枪。WTP是德文“男人背心小口袋里的手枪”的缩写。毛瑟WTP袖珍手枪于1918年获得专利，是为适应袖珍手枪市场，于1921年推出的新产品，口径仅6.35mm一种。WTP手枪有WTP Ⅰ型和WTP Ⅱ型两种型式。WTP Ⅱ型在1938年开始生产，外形更小，并且改进了握把，重新设计了保险和膛内有弹指示器。其膛内有弹指示器和大多数毛瑟手枪的相似，从套筒后面伸出来，射手可看到或触摸到。初期的握把采用黑色硬橡胶制作，1938年以后改用棕色的塑料握把。WTP Ⅰ型手枪在套筒座和套筒的侧面有“W.T.P.-6.35-D.R.G.”的铭文；WTP Ⅱ型手枪的铭文是“T.-6.35”。20世纪20年代，所有的德国枪械公司都小批量生产袖珍手枪。当时德国的袖珍手枪尺寸都较小，销售价格也相对低廉。毛瑟的WTP袖珍手枪在当时不是最小的，因此并没有成为最流行的产品。WTP Ⅰ型大约生产了5万支，1926年时以36德国马克

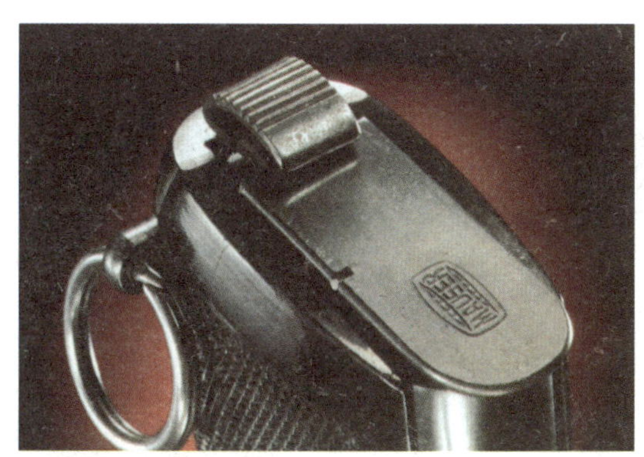
弹匣卡笋设在底部

M1914的准星为半月形。枪管下方的四方形部件是连接套筒座与枪管的拆卸杆（锁杆）

的价格销售；而 WTP II型作为民用产品生产到1940年，以后作为军用产品生产，生产量远远低于WTP I型。

尽管WTP不是最小的袖珍手枪，然而它的结构很紧凑，使用性能安全可靠。保险钮操作方便，可以锁住阻铁和套筒。握把是方形的，外覆硬橡胶，握起来很舒服。1938年改进设计时，套筒座改为精密锻造，握把改成了在侧面用螺钉固定的常规握把片式。WTP设有无弹匣保险，可以避免卸弹匣时走火。击针簧导杆从套筒后面伸出，被击针定位栓锁住，可作为膛内有弹指示器，当手枪处于待击状态时，不能向内按压它。该枪与M1910袖珍手枪一样，设有空仓挂机机构。

毛瑟WTP袖珍手枪

毛瑟HSc式袖珍手枪

为促进销售，1934年，毛瑟公司又对M1910袖珍手枪进行了改进，但结果并不令人满意——它竞争不过新式的瓦尔特双动系列手枪。于是，毛瑟公司研制出双动的HSc式袖珍手枪。毛瑟HSc式袖珍手枪正式公开是在1939年，毛瑟公司至少持续生产到1946年，此后20世纪50年代在法国及其他国家特许生产。毛瑟HSc式袖珍手枪不是过去袖珍手枪的改进型，而是一个全新的设计，流线型的外观使其具有强大的视觉冲击感。尽管它的外形并不小、质量也比较大，然而它采用了7.65mm口径，威力大，因此受到高度评价。

早期生产的大约有4000支商用型HSc枪上带有鹰图案标记，制造非常精美，表面发蓝处理。随后生产的军用型大约有3.1万支，带有鹰图案和“135 Waffenamt”标记。战时为军用生产的HSc枪虽然性能可靠，但制造工艺稍显逊色，在样品手枪中可以见到发蓝处理前的机械加工痕迹。

HSc军用手枪与早期复杂而精致的军用武器有很大差别。该手枪内部的零件尽可能采用了冲压加工件，又用琴用钢丝弹簧代替了较昂贵的机械加工弹簧，从而成为一支简洁而粗犷的手枪，不仅适合大批量生产，而且销售价格颇具竞争力。应该说，HSc式袖珍手枪是一支真正的袖珍手枪，从口袋中快速出枪时不会发生勾挂现象。该枪的握把握持很舒适，扳机力适中。巧妙的设计是毛瑟手枪的长项，既可保证武器具有最少量的零件，而且不降低其功能。HSc式袖珍手枪的设计就很巧妙，很多活动件都具备两个或两个以上功能，例如无弹匣保险也可起到空仓挂机和抛壳挺的作用。另一个巧妙的设计是保险，当关上保险时，保险机将击针尾部上抬而锁定于套筒内。HSc式袖珍手枪有和M1910袖珍手枪同样的空仓挂机机构和释放套筒的方法，但HSc式袖珍手枪有一点设计不足，就是手大的人使用不方便，如果紧握手枪慌忙地开火，击锤有可能伤及人手的虎口部位皮肤。

德国毛瑟HSc袖珍型手枪

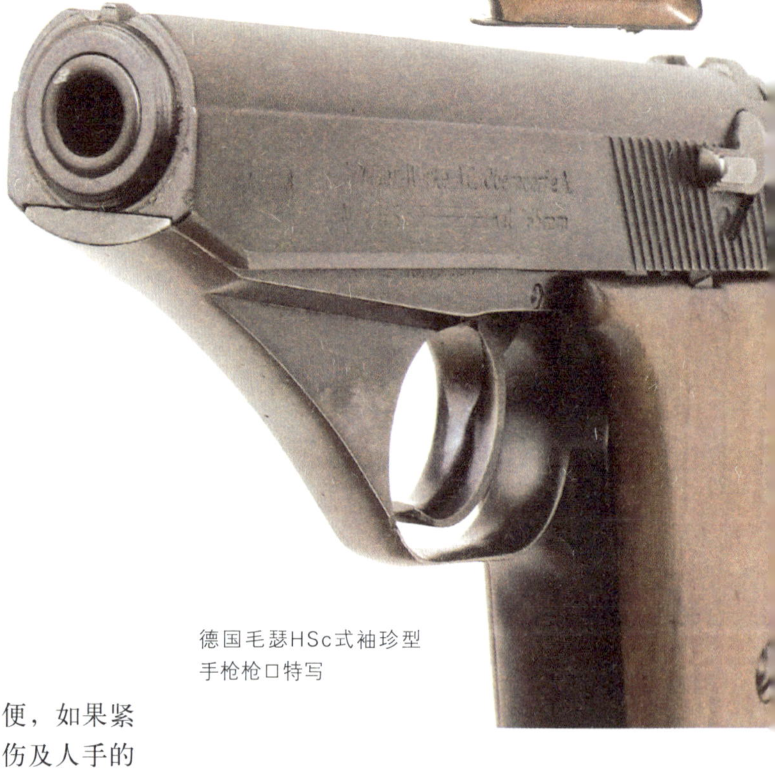

德国毛瑟HSc式袖珍型手枪枪口特写

毛瑟袖珍手枪的价格

1912年毛瑟公司刊印的步枪和手枪小册子上公布的产品价格显示，早期的M1910袖珍手枪最初在北美每支只卖到13.5美元。也有资料表明，一支极好的M1910 6.35mm袖珍手枪在1914年以后可以卖到150～450美元，而M1914/M1934和HSc式袖珍手枪的价格略有提高。早期的M1910袖珍手枪现在已经是稀缺枪械了，因此，现在出售的毛瑟袖珍手枪可以卖到很高的价钱。毛瑟生产的所有手枪中，M1910和M1914袖珍手枪的制造加工最精美，而且，大多数毛瑟手枪的加工成本不高，这也是为什么现在一些厂商要努力恢复毛瑟袖珍手枪生产的原因。

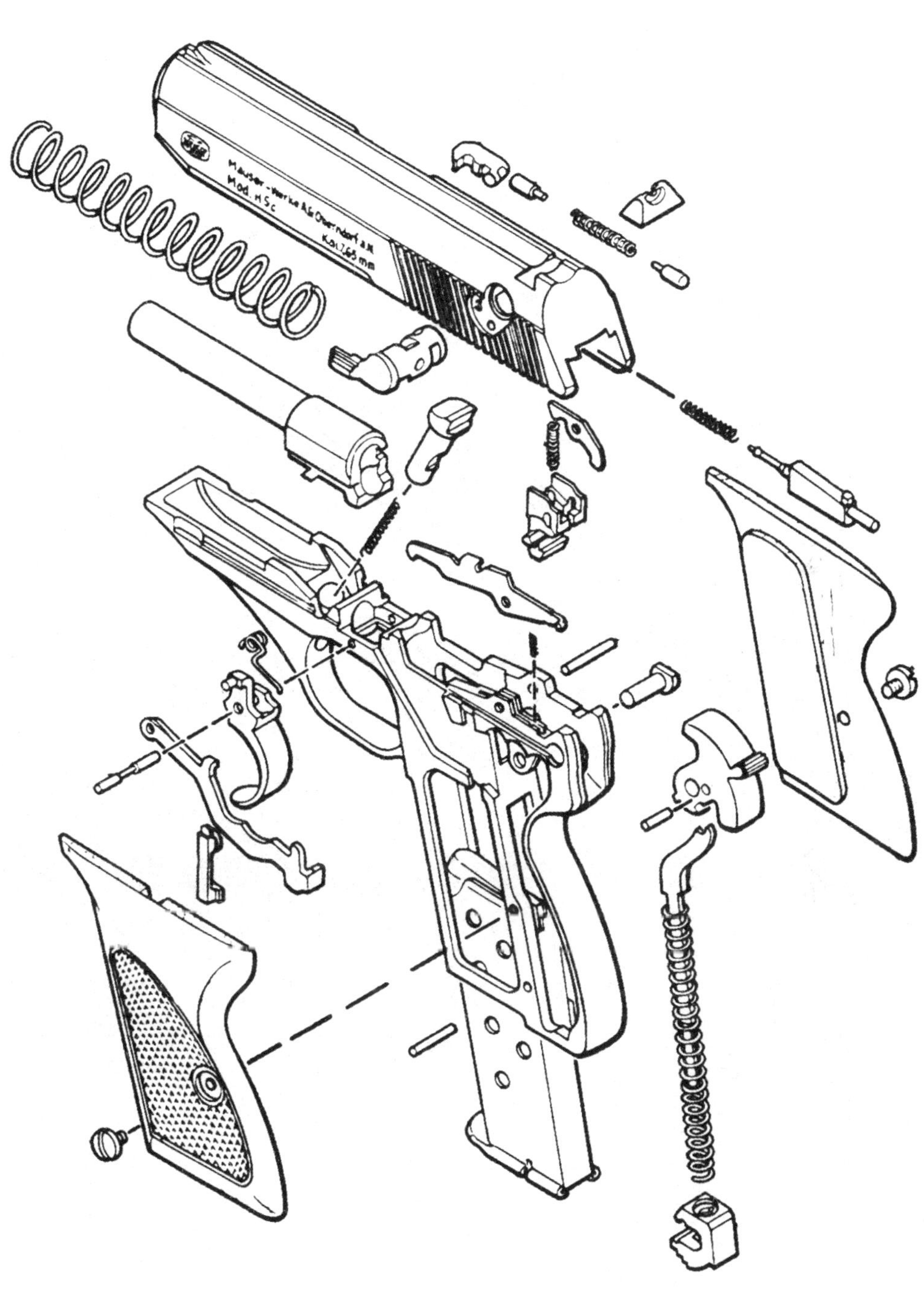

毛瑟HSc式袖珍手枪分解图

加装枪托的M400战斗手枪

自上至下依次为：骑兵型M400手枪、海军型M400手枪以及原型M400手枪。骑兵型M400和海军型M400手枪与原型M400手枪在枪管、击针、保险和枪机上都有明显不同。西班牙军队的标志均刻在扳机护圈上

内战烽火的见证
——西班牙阿斯特拉M400系列手枪

在西班牙的武器装备史上，阿斯特拉M400手枪的服役时间长达20多年，经历了西班牙内战和第二次世界大战等众多战争的考验。该枪因其圆柱形的套筒而被形象地称为“雪茄手枪”。由于该枪在特殊历史时期的贡献，现已成为众多轻武器收藏家心中不可估量的瑰宝。

选型试验中脱颖而出

阿斯特拉M400手枪诞生于1919年，当时西班牙国王阿方索十三世正打算用一种现代手枪替换坎普·基欧（Campo-Giro）手枪。在首次试验未达到理想效果的情况下，又在第二年进行了一次试验。期间，西班牙国家警卫队已经率先淘汰转轮手枪，选定使用星式M1920手枪。虽然如此，对新式手枪的试验仍在继续。最终，西班牙军方选取3支枪作为候选：一支为阿斯特拉M400原型枪，一支是阿斯特拉公司生产的另一款枪，还有一支称为M1921手枪。

经过测试，1921年10月，西班牙军队将阿斯特拉M400定为制式手枪，并配发给陆军。1922年10月又配发给边界巡逻队，1922年11月配发给监狱部队，1923年9月配发给海军，但西班牙空军并没有采用该枪。

M400采用自由枪机式工作原理，与现今大多数军用手枪不同的是，其采用内置式击锤。保险机构包括位于套筒左侧的拇指保险、一个握把保险和弹匣保险。该枪发射9mm拉果（Largo）弹，弹匣容弹量8发，其上有7个余弹指示孔。弹匣卡笋设置在握把底

部。

M400的生产由Juan Esperanza及Pedro Unceta两人联合创建的公司Esperanza y Unceta（位于西班牙北部巴斯克地区的格尔尼卡镇）生产，商标名为阿斯特拉（Astra）。因此阿斯特拉M400的标志为两个人姓氏的首字母组合而成，即“E/U”。该标志一般铭刻在套筒的前方、握把护板以及弹匣底部等处。

应用广泛　远销海外

早期的各型阿斯特拉M400手枪非常容易识别。比如，军队使用的制式用枪通常在扳机护圈上刻有西班牙军队的验收标志。而商业型枪则在枪管护筒上刻有“HOPE”字样。军用骑兵型和海军型阿斯特拉M400手枪上的标志特殊而生动。骑兵型的套筒上方有一个巨大的皇冠标志；海军型则是在套筒上方有两个相互交叉的锚，锚上边是一个小一点的皇冠。

此外，海军型阿斯特拉M400手枪还将弹匣卡笋移到套筒座的左侧下方。这一设计在当时十分流行，并且被西班牙后来的多种手枪沿用。

海军型阿斯特拉M400于1924年交付海军使用，数量为900支。至此阿斯特拉M400手枪共生产了106175支。

阿斯特拉M400手枪除在本国大量生产、使用外，还得到了其他国家的生产合同。如在1930年，智利进口了842支M400（序列号为36359～37200），其上还刻有“MARINA DE CHILE”的铭文，被配发给智利海岸警卫队和守卫灯塔的部队使用。

公司变迁 “雪茄”依然

1925年底，Juan Esperanza从Esperanza y Unceta公司退股，并成立了新公司“Esperanza y Compania”(缩写为ECIA)。1928年，他设计出M400手枪的一种改进型，并在第二年进行了小批量生产，命名为ECIA手枪。从外观上看，ECIA手枪和M400手枪还是有不少差异的，如枪管护筒、握把防滑纹、扳机等均有所不同。ECIA手枪有多种口径，包括9mm Largo、7.65mm（0.32in ACP）、6.35mm（0.25in ACP）等，弹匣容弹量均为10发。9mm Largo口径的ECIA手枪外观要比M400大得多，而7.65mm和6.35mm口径的ECIA手枪则是缩小版的手枪。该枪产量不高，不超过100支。

Juan退股后，Esperanza y Unceta公司换由Pedro的儿子Rufino掌管，他将公司的名

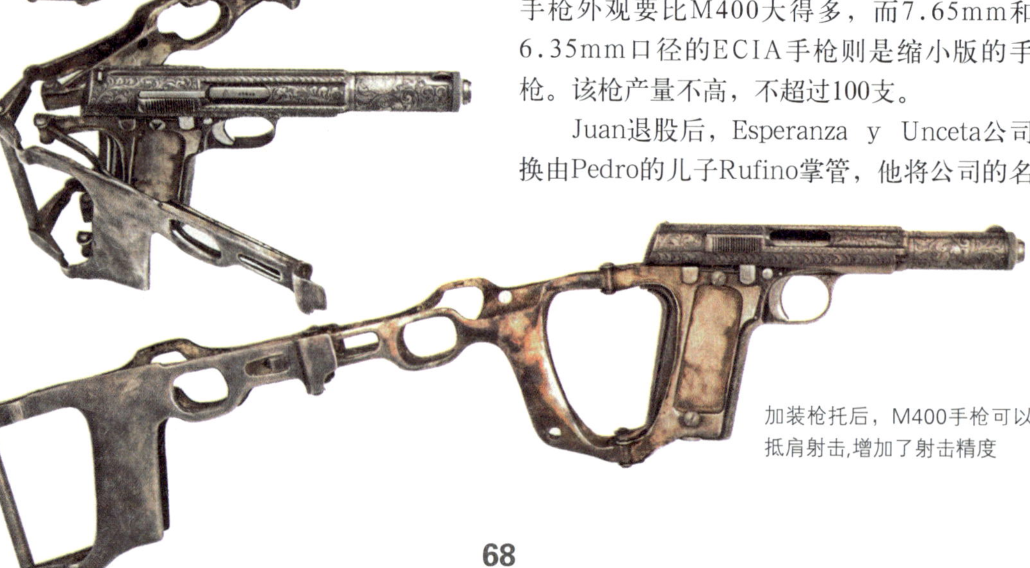

加装枪托后，M400手枪可以抵肩射击，增加了射击精度

称由原来的Esperanza y Unceta改为Unceta y Compania。虽然在1926年就启用了新的商标，但是公司之前生产了大量的标有以前商标的零部件，为了避免浪费，这些库存的零部件都被拿来组装后期生产的手枪了，这其中也包括出口到智利的产品。

阿斯特拉M400手枪的生产一直持续了将近20年，并且在当时相当流行。

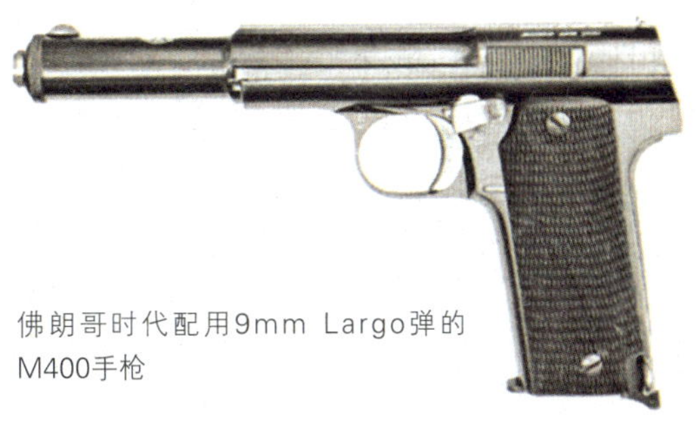

佛朗哥时代配用9mm Largo弹的M400手枪

内战时的无奈

1931年4月西班牙王朝被推翻，国王阿方索十三世退位，逃往国外。1936年2月成立了由共产党和社会党共同参政的联合政府。同年7月，西班牙军官佛朗哥发动武装叛乱，西班牙内战爆发。

内战各方都竭力争取最大支持率，于是很多地方政府趁机提出自己的要求，如西班牙北部枪械制造工厂林立的巴斯克地区就要求自治。联合政府为了拉拢他们的支持，也就勉强同意了这个请求。作为自治的交换条件，巴斯克省政府保证会支持联合政府，反对佛朗哥。

与此同时，佛朗哥也在寻求自己的支持者，他从希特勒那里获得了帮助。纳粹德国派出干涉军协助佛朗哥，其中德国空军“兀鹰军团”于1937年4月轰炸了Unceta y Compania公司的所在地格尔尼卡，但公司竟然完好无损。获胜的佛朗哥叛军虽然不受欢迎，但是仍强行进入格尔尼卡，夺取了该公司，此后，该公司的一切活动都听命于佛朗哥叛军。

在西班牙内战过程中，大部分联合政府的军队都集中在西班牙中部和东部地区，因此比较缺乏武器装备。鉴于阿斯特拉M400手枪极好的声誉，他们便开始仿制该枪，并给这些枪标上“F.Ascaso”或者“R.E.”（Republica Espanola）的标志。还有一种仿制型M400手枪是由加泰罗尼亚地区的游击队生产的，不过该枪没有设置握把保险。受

限于当时的战争环境，这些仿制枪都没有完全按照原公司的标准来生产，产量也相对不大，大约在22000支左右。

1939年4月，西班牙内战结束以后，Unceta y Compania公司继续生产M400手枪达3年之久。这段时间生产的枪大多打上了西班牙军队的标志。另外值得一提的是，大约有6000支序列号在92851～98850之间的阿斯特拉M400手枪是专门为希特勒统治的纳粹德军生产的，其配用三层合成材质枪套。这些枪

大多数海军型M400手枪刻有一个皇冠和一对交叉的锚（左）的标志，骑兵型M400（右）则刻有一个大大的皇冠

阿斯特拉工厂生产M400手枪的场景，照片摄于1922年

并没有铭刻公司标志，而是标上了商业出口的标签，现在一般只能从序列号辨认。

被取代后几经改装

1945年，在阿斯特拉M400手枪服役25年之后，西班牙军队决定用一支同样配用9mm Largo弹的现代手枪取代M400手枪。Unceta y Compania公司拿出大约20支M700手枪和20支M800手枪来进行试验。尽管试验结果很不错，但是西班牙军方对这2款枪并不十分满意。最后，选拔委员会选定了星式超级A手枪。随着Unceta y Compania公司商业销售的日益萎靡，公司于1946年停止生产M400手枪。被取代后的M400手枪逐步退出了西班牙各兵工厂的生产目录，剩余的枪在1956－1957年和1964－1965年都被一个名叫塞缪尔·卡明的人买走，并转销到世界各地。

其间有少量的M400手枪被进行了改进和变型。例如，延长枪管，改为发射7.63mm毛瑟弹和7.65mm（0.30in）卢格弹，以及将海军型M400手枪的弹匣容弹量增加到16发等。还有一些M400手枪是由兵工厂自行改造的，很可能是在20世纪50年代早期，主要作为比赛型手枪使用，这些枪的机匣上安装有可调式照门，大多数的准星为可拆卸式的。还有一些M400手枪将扳机改为可调式。这些枪在售卖之前都经过抛光处理。还有一些M400手枪加装了抵肩枪托。

原装阿斯特拉M400手枪的性能是非常令人满意的，但在使用经过改装的M400射击时，就要额外小心了，因为有的枪上被配装了破损的枪机，这样很容易发生事故。当然，能够拥有一支阿斯特拉M400手枪十分有意义，毕竟它代表了那段波折难忘的历史，估计这也是很多军事爱好者难以抗拒该枪的原因。

为纳粹德国生产的M400手枪配有三层合成材质枪套

特工手中的杀手锏

——美国高标USA H-D M/S微声手枪

二战期间，美国中央情报局(CIA)的前身——战略情报局(OSS)曾派遣了许多特工潜入轴心国占领地区进行情报搜集、实施颠覆以及训练当地抵抗武装等工作。鉴于间谍活动或其他特殊行动的需要，OSS与一些武器公司合作研制出了一批特殊武器，OSS高标微声手枪就是应运而生的一款特种武器。

OSS催生USA H-D M/S微声手枪

OSS成立于1942年6月13日，即美国正式加入第二次世界大战后仅仅6个月，由美国参谋长联席会议领导。当时，OSS由绰号为“疯狂比尔”的威廉·多诺万上校负责。

多诺万上校给OSS确定了两项主要任务：收集情报和从事秘密战争。而实施这些行动的3个主要部门分别是：特别行动处、秘密情报处和反间谍处。此外，多诺万上校还在OSS中设立了一系列专业部门来进行辅助工作，其中就包括专门负责研制各种特殊用途武器的研究发展部。研究发展部的第一任部长史丹利· 洛威尔来自国防研究委员会(National Defense Research Committee，简称NDRC)，OSS微声手枪的研制工作就是由NDRC论证的。

当时，为了满足对敌后行动和秘密战争的需求，OSS决定开发一系列适合自己使用的特殊武器，包括微声手枪、微声冲锋枪等。

首先，特工们尝试在0.22in LR口径的柯尔特“森林人”手枪上加装仿制的马克沁式消声器(注意，这里的马克沁是指消声器早期发明者，美国人，与著名的马克沁机枪设计

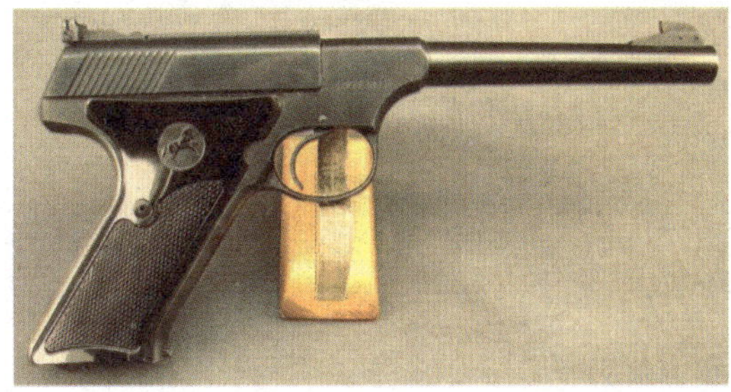

柯尔特“森林人”手枪。特工们曾尝试将其加装消声器充当微声手枪使用

者英国海勒姆·马克沁爵士不是同一人——编者注)来充当微声武器使用。这种消声器外形很大，连接在枪管上，顶部配有条状准星，配合手枪上的标准照门使用。虽然这种消声器在很大程度上降低了膛口噪声，但同时也使武器的尺寸变得很长，不便于隐蔽携带。其实在枪管上加装马克沁式消声器在很早的时候就已经通过了美国军方的试验，萨维奇（Savage）武器公司和Sedgley制造公司都生产过这种消声器，但由于美国联邦法律限制消声器的使用，所以在1926年就停止了生产马克沁式消声器。

随着第二次世界大战战争态势的发展，OSS要求设计一种更轻便的微声武器。1942年10月27日，NDRC提出了12项研究建议，其中第一项就是关于研制一种全新的微声武器。其具体要求如下：微声，无枪口焰，初速至少达到305m/s，口径最好是0.50in，装填时间小于30s。

1943年4月6日，OSS将这份合同交给了位于新泽西州的西部电力公司(Western Electric Company)。三个星期后，西部电力公司向

OSS提供了一支经改装的柯尔特“森林人”手枪，但试验结果并不令人满意。

与此同时，贝尔电话实验室（Bell Telephone Laboratories）的工程师们研制出了一种可安装在高标武器公司手枪上的消声器，并对柯尔特“森林人”手枪以及高标武器公司的B及USA H-D手枪进行了对比试验。试验后发现，高标武器公司的USA H-D手枪改装后效果最好。于是1943年11月22日，OSS向高标武器公司订购1500支以0.22inLR口径USA H-D军用手枪为基础的加装贝尔电话实验室消声器的手枪，命名为USA H-D M/S微声手枪（其中M代表Military，意为军用；S代表Silenced，意为微声）。

这项合同于1944年6月20日开始交货。在实际使用过程中，OSS特工们对该枪比较满意，于是又在8月18日订购了1000支，并在同年10月10日完成交货。

USA H-D M/S“微声”的秘密

USA H-D M/S微声手枪采用自由枪机

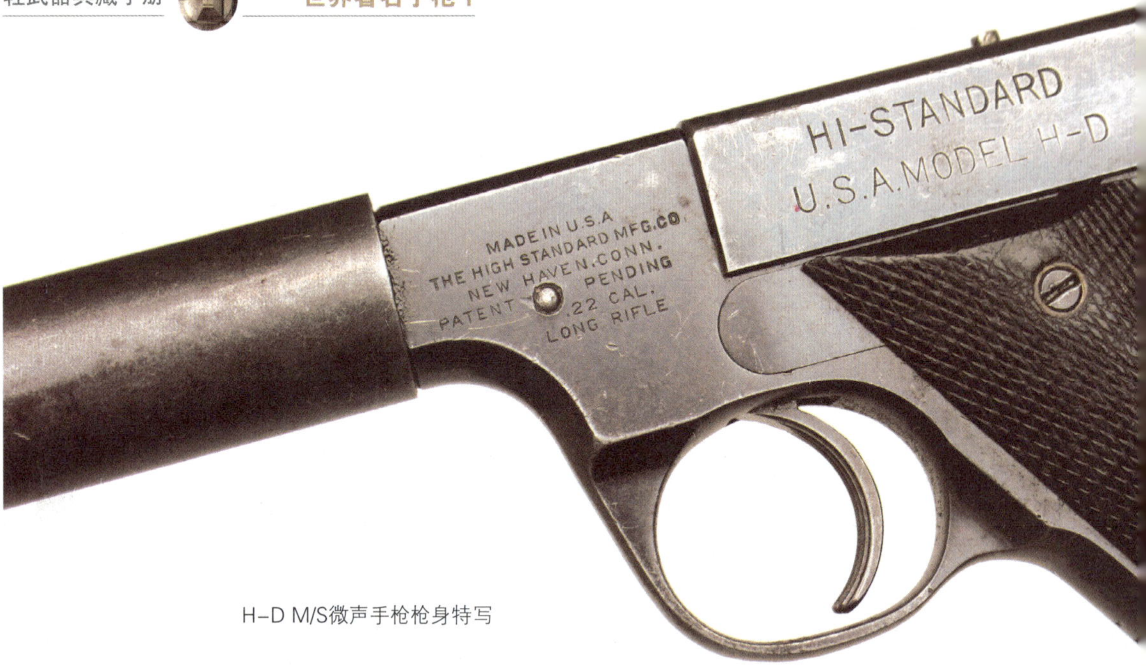

H-D M/S微声手枪枪身特写

式自动原理，配用10发单排弹匣，该弹匣可与柯尔特“森林人”手枪的弹夹互换。弹匣卡笋位于握把侧面、扳机护圈根部。手动保险位于握把左侧，可通过拇指操作。

USA H-D M/S微声手枪的准星安装在消声器上。套筒后上方设有缺口式照门，可调节风偏。

该枪的消声器为管状，全长约197mm，直径25.4mm。消声器套在枪管上。枪管上开有4排泄气孔，每排11个，泄气孔直径为3.175mm。消声器内有多个由铜丝网卷成的环圈，通过吸热原理使火药燃气冷却，降低压力，从而降低火药燃气喷出枪口时的噪声。这种消声器可使膛口噪声降低超过20dB，在当时来说，效果相当出色。不过吸热式消声器的缺点是吸热材料容易积聚火药残渣，需要经常清洗。但USA H-D M/S微声手枪的消声器是一次性产品，使用寿命估计为200发左右，所以不需要清洗。虽然寿命有些短，不过以这种特工武器的使用特色而言，这样的寿命足够供一个特工平时练习和实际使用了。另外，消声器本身可以从枪管上拧下来，这是为了便于维护手枪，也方便更换新的消声器。

与现代手枪不同的是，USA H-D M/S微声手枪的复进簧不是位于枪管上或枪管下方，而是安装在套筒座后部，套筒顶部设计有一个复进簧固定卡笋。后拉套筒，同时按压复进簧固定卡笋，再松开套筒，并扳动枪身右侧的分解手柄，才能将套筒取下。复进簧的这种布局使全枪外观简洁，而复进簧固定卡笋的设计也是该枪设计的一大特色。

对USA H-D M/S微声手枪来说，最大的问题是如何抑制火药燃气喷出枪口时发出的噪声。该枪采用驳接消声器的方式，枪管的直径为10.3mm，其上均匀分布着4排小孔，每排11个(早期手枪上每排8个)。枪弹击发后，火药燃气推动弹头在枪管中向前运动，经过这些小孔时，一部分火药燃气通过小孔进入消声器后半部分的空腔中，进一步膨胀降压，并最后经消声器前半部分释放出。膨胀降压的目的就是为了降低火药燃气产生的噪声。消声器的前半部分在枪口前方，里面叠满了铜线圈，具有较好的吸热功能，从而降低了火药燃气的温度。该消声器通过膨胀、降温的原理，使喷出枪口的火药燃气的压力大大降低，从而起到很

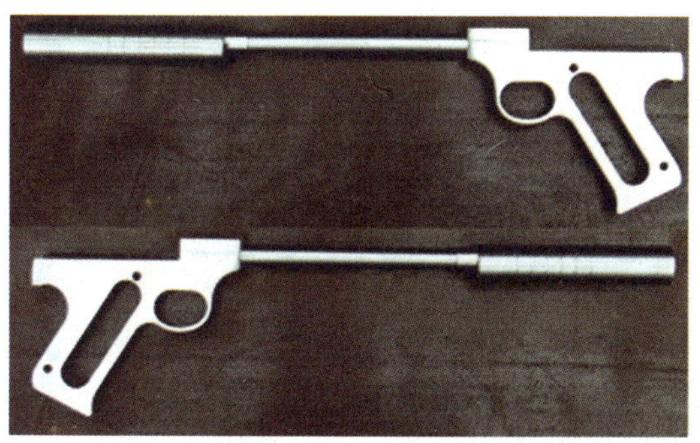
对柯尔特“森林人”手枪改装的方法是在枪管前部外接消声器，致使加装消声器后全枪尺寸比较长

好的消声效果。

为了使消声效果更好，还可以在消声器中注入油、水，甚至是喷雾杀虫剂、剃须膏等，这些添加的液体将在射击中汽化，可以更好地吸收火药燃气热量。此外，为获得最佳效果，最好是将消声器直接抵近目标射击。这时，剩余的火药燃气将会沿着弹头开辟的通道进入目标内部，弹头在前方造成的空穴和破损组织将会吸收跟进的火药燃气能量，使消声效果更佳，同时对目标也能造成更大的伤害。

USA H-D M/S微声手枪的不足之处是消声器的铜线圈容易被火药燃气中的残渣弄脏，一般而言，发射几百发之后就需要更换铜线圈。为此，在消声器附件盒中，都会附有替换铜线圈、清洗刷和分解说明书。不过，清洗刷的用处似乎不大，特工们更倾向于将它和弄脏的铜线圈一起扔掉，直接更换新的消声器。

在此期间还发生了一个小插曲。海牙公约限制对达姆弹等扩张型弹头的使用，这意味着军事人员不能使用没有被甲的裸铅弹，而0.22in LR口径的弹种普遍是裸铅弹。1944年，已升为将军的多诺万便下令OSS中的现役军人停止使用USA H-D M/S微声手枪，而文职人员则允许继续配发和使用这种武器。换句话说，如果OSS特工需要进行秘密行动，那么他们当中的现役军人不能使用该枪开火，而其中的平民特工却能使用USA H-D M/S微声手枪向敌人射击。但在实际行动中，根本没有多少人会遵守这条禁令。

二战结束后，OSS变身为CIA，USA H-D M/S微声手枪也被CIA继续使用。在此后的历次战争中，不仅CIA的特工在使用这种武器，就是特种部队也会在一些秘密行动中使用这种武器，例如侦察兵用此武器来摸哨。冷战时期的1960年5月1日，CIA的飞行员弗朗西斯·加里·鲍尔斯驾驶U2侦察机在苏联上空被击落，在他身上就发现了一支USA H-D M/S微声手枪。此后，苏联在微声手枪领域的研究开始突飞猛进。从那时起，USA H-D M/S微声手枪被苏联人揶揄地称作“鲍尔斯手枪”。时至今日，在莫斯科鲁比扬卡广场的鲁比扬卡监狱的克格勃博

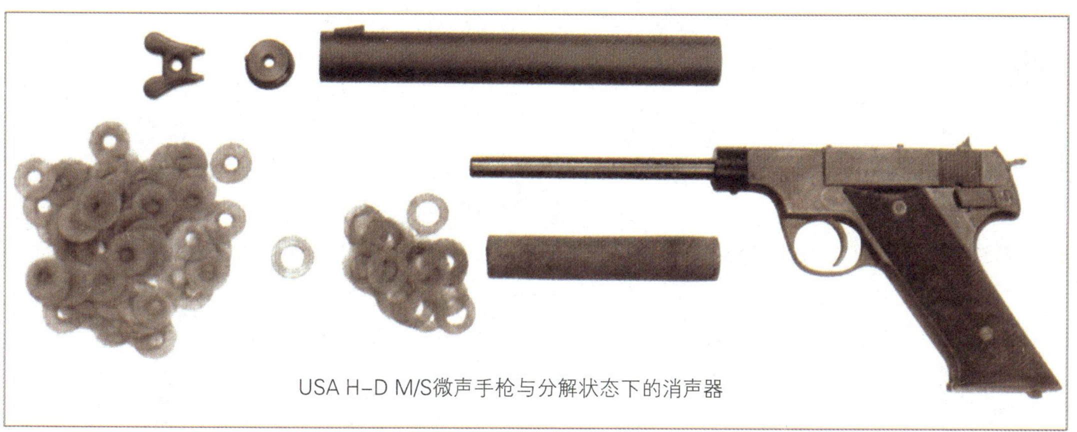
USA H-D M/S微声手枪与分解状态下的消声器

USA H-D M/S微声手枪是高标武器公司的拳头产品，在OSS和CIA特工中非常有人气

物馆中，依然陈列有“鲍尔斯手枪”，算是对那个峥嵘时代的一个印证。

直至2000年，在CIA总部的库存资产单种，依然显示有超过400支的原版USA H-D M/S微声手枪存在，在2000年前后派往科索沃执行特别任务的特工中还有配备。

高标武器公司的其他微声手枪

P-380型（0.380in口径）微声手枪

OSS对微声手枪的需求是多方面的，他们需要0.25in、0.32in以及0.380in等不同口径的微声手枪。

最初，OSS找到了柯尔特公司，但双方并未谈拢，最终研制合同给了高标武器公司。1945年4月23日，高标武器公司签下57美元/支共1000支的0.380in微声手枪的合同。设计完成后，原计划从1945年8月开始生产，预计一个月完成。但因为种种原因拖延了生产，于是又制定了从9月15日开始生产的新计划，但随着二战的结束，该订单最终被取消了，只有一支样枪送往OSS。

因为合同取消，高标武器公司获得了政府补偿。另外，在合同取消后，斯维比留斯对原来设计的手枪进行了重新修改，用标准的0.380枪管换下带消声器的枪管，然后以P-380民用型的名称推向市场。

0.25in口径微声手枪

0.25in口径的微声手枪只有一支序列号为“1”的原型枪留存下来。在二战快要结束的时候，它消失过一段时间，后来被新泽西州的警察在一次行动中缴获充公，最终又流入私人收藏家之手。

这支枪有着这样一段经历。20世纪60年代，美国烟酒枪械管理局(ATF)的探员们拜访了高标武器公司的雇员哈里·塞弗莱德，当时他在办公室，那支0.25in口径的原型枪正放在桌面上。

探员们向哈里询问这支枪到底归谁所有，于是出现了下面这一幕精彩的对话。

“这支微声手枪是谁的？”探员问。

“这取决于……”哈里回答。

“取决于什么？”探员紧追不舍。

“是这样，如果合法的话，它就是我的；反之，它属于公司的。”哈里回答。

探员们决定从公司的文件中寻找答案。当他们在公司的接待办公室查找有关文件时，哈里将手枪拿到车间，将消声器锯掉。探员们查完文件回来后告诉哈里公司的2号文件已经过期，他们必须没收手枪。哈里耸耸肩，辩称该枪的消声器已不复存在，所以已经不是微声手枪了。为证明这一点，他指着被锯掉消声器的枪管，然后开了一枪。所有在场的人在巨大的声响之后一致认为，这确实不是微声手枪，于是哈里得以继续拥有这支原型枪。

微声世界的没落

即使在战争期间立下了赫赫战功，但USA H-D M/S微声手枪却没有被列为美国政府财产。今天，真正的原装USA H-D M/S微声手枪已经很少见了，个人私藏的也是非常罕有。现在美国有一家轻武器公司仿制出和当年几乎完全相同的USA H-D M/S微声手枪，用以满足轻武器收藏家的欲望，不过现代技术下生产的这种山寨版USA H-D M/S微声手枪比当年的真品要便宜得多。

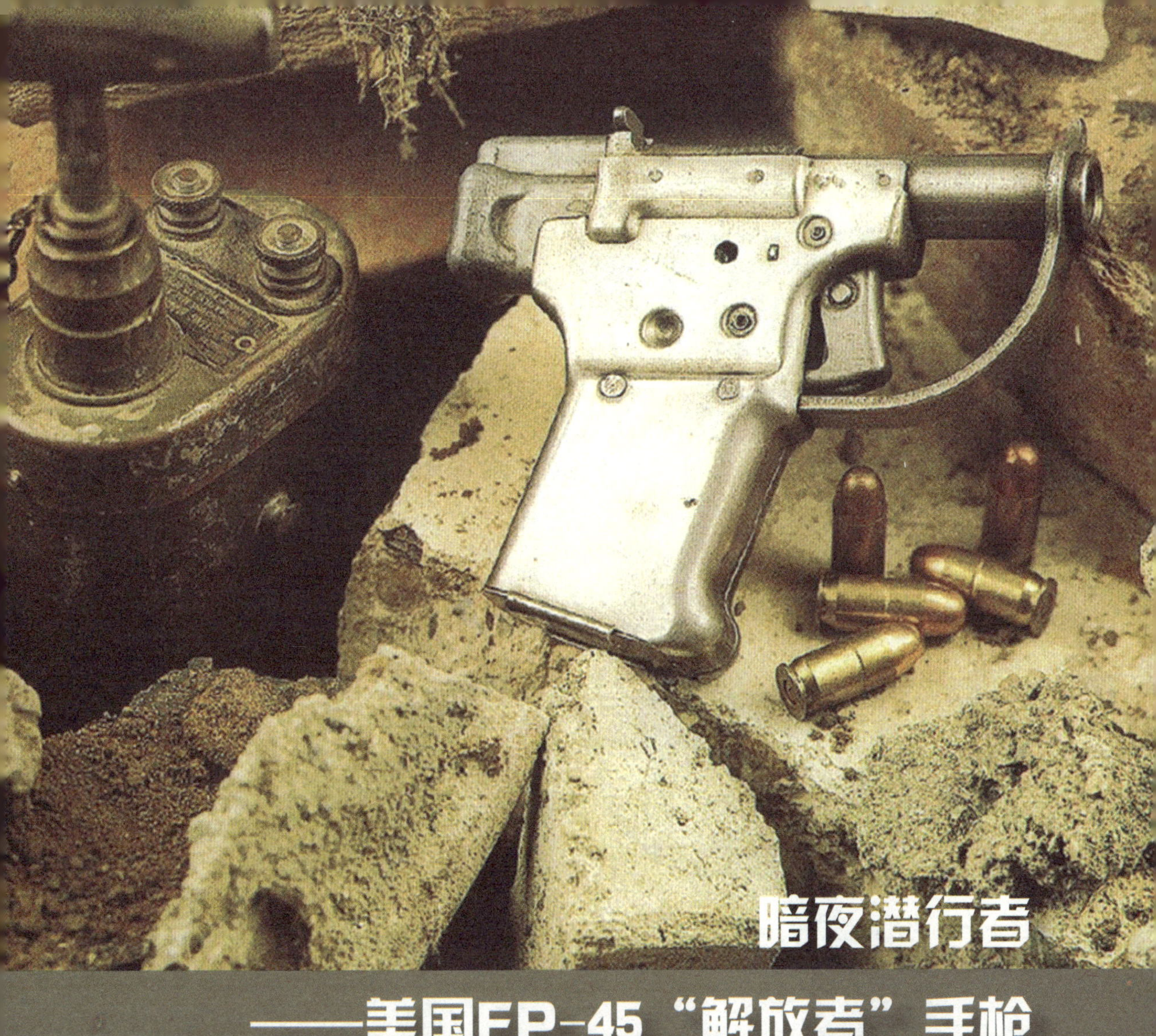

暗夜潜行者

——美国FP-45“解放者”手枪

“解放者”（Liberator）手枪是一种非常简陋的单发滑膛手枪。这种手枪是二战期间美国的战略情报局散发给轴心国占领地区的抵抗组织所使用的简易武器。“解放者”手枪的正式名称是FP-45，即“0.45in口径信号枪”（Flare Projector Caliber 0.45）的缩写，“信号枪”这个名称估计是用来迷惑敌方情报机构的。对于“解放者”手枪的起源和使用有许多误解。首先，该枪长期以来都被认为是由战略情报局设计和生产的，但实际上战略情报局没有能力设计和生产大量的手枪，“解放者”由美国陆军研制和监造，然后再交给战略情报局在敌占领区进行散播；另一个误解是此枪被大量空投在法国，事实上“解放者”手枪在法国只有很少的数量，大部分都是在菲律宾和中国使用；甚至连枪的名字也有争议，有些人说，这种枪原本不叫“解放者”，只是在1944年6月战略情报局公开他们的武器目录时，在这把枪的图片下面写着“解放者”。

为了在敌人占领区激起更广泛的抵抗活动，美国陆军在1942年秘密研制了这种被称为FP-45的所谓的“信号枪”，然后交由俄亥俄州代顿的通用汽车公司大陆制造（分）公司负责生产零件。在生产过程中，工人们并不知道他们是在为游击队生产武器，只知道这份订单是要许多小金属零件，而粗糙的枪管是在代顿的电冰箱厂生产的，订单也只是

第一支手工制作的“解放者”样枪

生产线上最后一支“解放者”，握把上有枪号及纪念铭文

图中间是“解放者”手枪及其包装盒，左侧是拆开后成为说明书的包装盒

制定了产品规格而没有说明是枪管。最后，所有的零件被送到印地安那州安德森的通用汽车公司导航灯（分）公司。导航灯公司的工人们用这些零件装配了100万支“解放者”手枪。

生产这100万支手枪前后共花了6个多月的时间，共有300多个工人参与了生产过程，但这并不意味着他们在1942年里连续6个月不停地干，事实上真正用于生产这100万支手枪的实际时间总共只用了11个星期，也就是说，假设300个工人一天24小时、一周7天，连续干了11个星期，平均每6.6秒就会生产出一支“解放者”手枪所需的23个零件并装配起来。当然这只是平均数，因为这种手枪是在流水线上生产的，例如装配一支“解放者”手枪的实际时间就需要10秒，不过这个时间可能已经是有史以来生产装配速度最快的了。这种手枪不仅制造速度极快，制造费用也相当低，把费用分摊开来后，每支手枪相当于2.10美元。

装配好后的每一支“解放者”手枪会连同10发0.45in ACP弹和一根小木棍一起，被装在一个表面涂石蜡的厚纸板盒内。这个纸盒不仅仅是包装盒，用那根小木棍把纸盒拆开就可以看到一组连环绘画说明书，就算不识字的人也能照着画面学会操作。由于现在保存下来的纸盒比手枪还少，因此对于收藏家来说，这种连环画说明书比枪本身更有价值，结果导致枪械市场上的假说明书比真的还多。

“解放者”手枪的外形非常粗糙简单，看起来就像一部低成本间谍电影里的道具一样。装填时要用手把滑动式后膛打开，把枪弹塞进去再合上，还要用手把击锤扳到待击状态才能扣动扳机击发。每次发射后都要打开后膛，再用纸盒内附带的那根小木棍把空弹壳顶出枪管，然后再装填。如果附带的小木棍掉了也不要紧，差不多粗细的棍状物都是合适的替代品。握把里面是空的，握把底板可以滑动打开，在握把里面存放着备用枪弹，如果放整齐的话可以放入10发弹。

由于“解放者”手枪的枪管制造得非常粗糙，也没有膛线，因此精度非常差，再加上每次只能打一发，使用者往往是拿着一把装好枪弹的手枪躲藏在路边，等待孤身一人的目标经过时突然跳出来在极近的距离内射击其要害部位。如果一枪不能干掉敌人，就没有机会再打第二枪了，所以一定要把握好机会。但每次只暗杀一个敌人并不是主要目的，“解放者”手枪更主要的目的是抢夺敌人的武器弹药。

“解放者”甚至还承担了心理战的角色。当纳粹德国占领军得知美国在欧洲大陆空投了这种武器后，许多德国士兵在乡村到处搜查这种广泛分布的武器，结果分散了的士兵反而成为这种手枪射杀的最佳对象。即使被搜查到也不要紧，这种粗糙、精度奇差的武器到了装备精良的德国士兵手上只是一块烂铁，而且对于游击队来说损失也不算大。

为了弥补射击精度低的缺点，美国还设计过一种两发型的“解放者”手枪，同样被命名为“信号枪”，以掩藏其真实用途。这种手枪有一个水平滑动的弹膛，打完一枪后立即用手推移另一边弹膛对准枪管位置，向后扳动击锤至待击位置，这样就可以“迅速”地发射第二发枪弹。握把里面也可以存放10发弹药。但这种两发型“解放者”并不像原来的单发型“解放者”手枪那样获得订单和广泛使用，因此只制造了极少量的样枪。

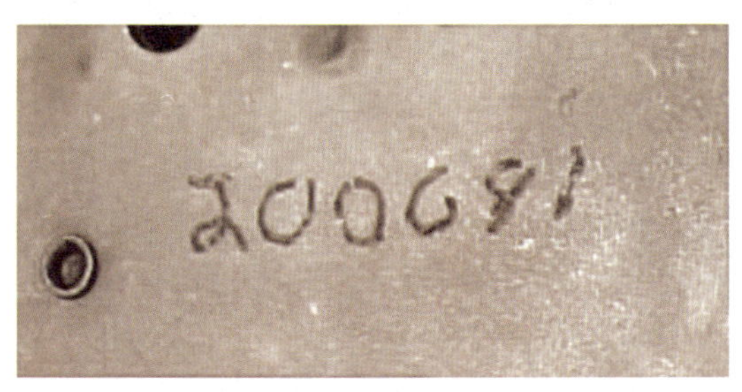

枪号只是草草写上去的，足见做工之粗糙

关于“解放者”手枪的去向有许多故事，在这些传说里描述了战略情报局是怎样把好几万支“解放者”手枪秘密地一批批空投到被纳粹德国占领的法国境内，而法国的抵抗组织又是怎样使用这种手枪与德国占领军英勇作战的。虽然在战略情报局的武器目录中，的确说明这种手枪曾经被大量投放到被

拧开击发部件并拉起后膛挡板的“解放者”

空心握把用于存放备用弹

"解放者"手枪左视图

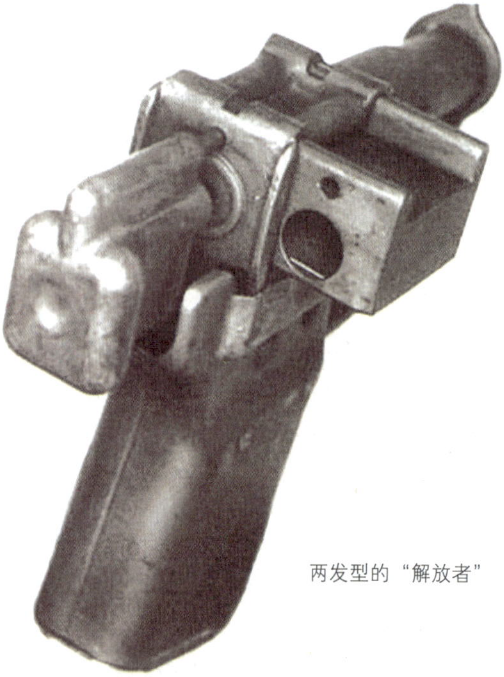

两发型的"解放者"

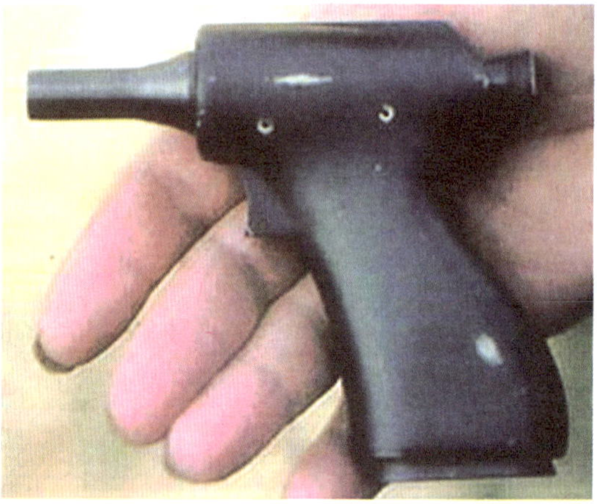

外形更为小巧的鹿枪

占领的欧洲地区，也有证据证明"解放者"手枪确实被法国抵抗组织使用过，但有更多文献说明"解放者"手枪在对抗日本侵略军的菲律宾游击队员手中扮演着重要角色。在欧洲的盟军指挥官认为给游击队分发这种武器并不实用，因此实际投放给欧洲的"解放者"手枪数量不多，大多数"解放者"手枪则是在太平洋战区和中国战场上用于对付日本人。

二战结束后，大批的"解放者"手枪被美国回收和销毁，现在许多收藏家想要找一支"解放者"手枪相当不容易。而美国军方这个举动导致的后果是——当20年后中央情报局想在越南运用类似的武器和策略时，他们不得不重新设计和制造一种新的简陋手枪。这种被命名为"鹿枪"的手枪在20世纪60年代初期研制，其外形比"解放者"手枪还要奇怪，就像个缩小的电吹风。由于英文里面"鹿"（deer）字与"死"（die）字相近，发音也相近，因此被戏称为"死枪"，以形容使用者必须有置之死地而后生的觉悟。中央情报局并没有从其前辈身上吸取经验教训，大量的"鹿枪"也在越战后被回收和销毁，所以现在"鹿枪"比"解放者"手枪更罕见。

第二章　战斗型手枪

和自卫型手枪相比，战斗型手枪更强调实际杀伤效果，通常口径较大，容弹量也大，且多为外露击锤式击发。从杀伤效果看，自卫型手枪多为非致命性枪械，主要用于自卫和抑制犯罪行为，而战斗型手枪多为致命性枪械，用于对付武力攻击、暴乱等危险行为，要求手枪有足够的停止作用。

从装备对象看，自卫型手枪一般装备军队中高级指挥员或警察、执法人员、特种作战人员等，而战斗型手枪通常装备一线作战人员。

德国毛瑟M1932冲锋手枪

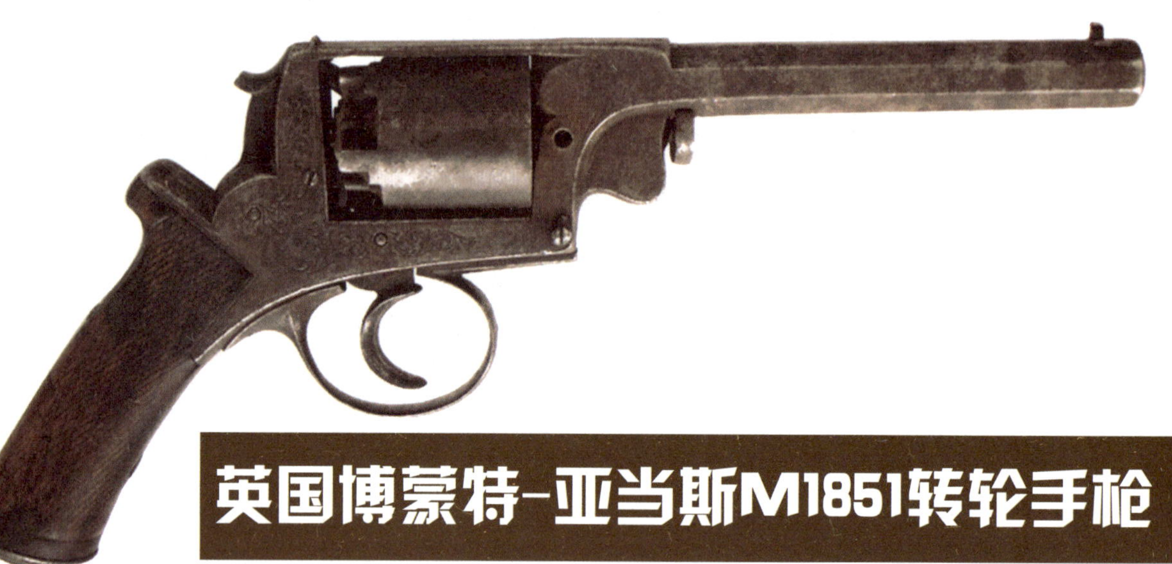

英国博蒙特-亚当斯M1851转轮手枪

博蒙特-亚当斯转轮手枪是一支综合了英国枪械发明家罗伯特·亚当斯和英国中尉军官F.E.B.博蒙特的发明而产生的优秀手枪。1851年2月24日，亚当斯在英国获得了他设计的新型转轮手枪专利，专利号为13527，并于同年参加了在英国伦敦海德公园水晶宫（一个巨大的由钢和玻璃构成的展览建筑物）举办的世界博览会，与美国柯尔特发明的转轮手枪同台亮相。这支手枪被称为M1851亚当斯转轮手枪。1855年，亚当斯等人成立的伦敦武器公司在亚当斯转轮手枪设计中融入了博蒙特发明的联动发射机构（或称双动发射机构），于是诞生了博蒙特-亚当斯转轮手枪。以M1851亚当斯转轮手枪以及博蒙特-亚当斯转轮手枪为代表的英国手枪对当时风靡世界的柯尔特转轮手枪进入英国进行了回击，最终迫使柯尔特关闭其在英国的工厂。

时代背景

1835年，美国人塞缪尔·柯尔特发明了使用火帽击发的转轮手枪，这是世界上第一支可供实用的转轮手枪，该枪对手枪的发展起到了巨大的推动作用，柯尔特也因此被称为现代转轮手枪的鼻祖。火帽转轮手枪在19世纪中后期最为盛行，世界各国军队纷纷装备这种转轮手枪。

尽管美国之外的其他国家也开始纷纷研制这种手枪，但是，由于大多数国家都处于手工作业阶段，研发力度和生产的机械化程度都很低。火帽转轮手枪在英国的发展也是滞后的，虽然也有一些发明，但是技术、规模远远落后于美国。在柯尔特公司开始生产火帽转轮手枪的10多年之后，英国才出现比较成型的火帽转轮手枪，但与柯尔特公司还是无法相提并论。罗伯特·亚当斯发明的火帽转轮手枪就是这一时期为数不多的成功发明之一。

亚当斯与柯尔特的展览

1851年，柯尔特带着他的各式转轮手枪来到伦敦，参加了在海德公园举办的世界博览会。他此行的最大目的显然是为了打开当时世界上最大的军火市场——英国陆军。之后，柯尔特花了很长一段时间来选择建厂的地址，最后巧妙地将厂址建在离英国陆军部很近的泰晤士河边，意图很明显。工厂于

1853年开始投入生产，随即在1854～1856年间，他接到了来自英国陆军的6.5万支手枪的订单。柯尔特的这家伦敦分公司共生产出大约4万支口径为0.36in的M1851海军转轮手枪和1万支袖珍转轮手枪。

柯尔特公司在美国一直以来没有真正的竞争对手，到了英国后，才算真正遇到了对手。1851年5月的世界博览会上，各国均展出了新型武器，其中就有本文谈到的两种转轮手枪在展示：一种是塞缪尔·柯尔特的转轮手枪，另一种是由罗伯特·亚当斯于1851年2月在英国刚刚取得专利的转轮手枪。但是两者的展出规模却相差甚远。当时只有一支雕有花纹的工艺亚当斯转轮手枪（说明这支手枪还处在手工制造阶段）在乔治·迪恩和约翰·迪恩的展台上出现，同时还展出了英国伯明翰枪械制造商的几种产品。而柯尔特公司拥有一个完整的展厅，全面展示了柯尔特公司完全用机器生产出来的柯尔特转轮手枪，所以他受到了几乎所有公众和媒体的关注。《伦敦时报》这样报道此枪："柯尔特转轮手枪是得克萨斯文明开拓者的必备，完全适合那些将参加好望角哈里·史密斯先生探险队的冒险者，是那些仍然拒绝时代潮流的野蛮部落的一种新疫苗。"此外还暗示道，柯尔特公司的这种6发转轮手枪将很可能替代目前骑兵所装备的武器。

博蒙特–亚当斯转轮手枪的5发弹膛转轮

对比试验

柯尔特转轮手枪受到了展览会的荣誉提名，但是奖牌却颁给了亚当斯转轮手枪。于是在柯尔特和英国对手之间的竞争拉开了序幕。接下来的1851年9月10日，在伍尔维奇皇家兵工厂的试验开始了柯尔特转轮手枪和亚当斯转轮手枪的真正较量，这是第一次在官方组织下公开试验这两种枪。媒体对这场两个小时的试验作了报道："试验从11时以柯尔特转轮手枪在50yd[①]（约46m——编者注）外的射击开始，射击效果很好，在不同的几个距离内，6发弹全部击中目标……"但实际上，亚当斯转轮手枪的性能优于柯尔特转轮手枪，主要表现在：（1）装填弹药时间比柯尔特转轮手枪短，亚当斯转轮手枪用时38s，柯尔特转轮手枪用时58s；（2）使

军事博物馆珍藏的博蒙特–亚当斯转轮手枪

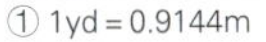

① 1yd＝0.9144m

博蒙特-亚当斯转轮手枪左视图

用了射击精度更高的圆形或锥形弹头枪弹；（3）不走火，而柯尔特转轮手枪在试验中多次走火；（4）5发装的亚当斯转轮手枪质量（1.3kg）比柯尔特转轮手枪（1.99kg）轻；（5）亚当斯转轮手枪得口径比柯尔特转轮手枪的大。

亚当斯转轮手枪及其改进型

尽管在亚当斯转轮手枪和柯尔特转轮手枪之间进行了几次决赛，但是这两种手枪当时都没有引起英国政府的重视，甚至陆军部根据试验报告对这两种武器都持否定态度。陆军部公布的不接受这两种武器的原因是嫌火帽太小，但事实上，很可能是没有足够的资金购买这些当时最好的转轮手枪。尽管如此，柯尔特和亚当斯还是获得了公众的关注和其他国家的订单。

亚当斯转轮手枪采取枪管和枪底把一体式结构，从概念上突破了柯尔特转轮手枪的枪底把、枪管、转轮三体分体式组合结构，在市场上欲与柯尔特手枪一比高下。后来的博蒙特-亚当斯转轮手枪采取了双动机械原理。这两项发明都申请了专利。而柯尔特转轮手枪直到1873年才有了更结实的枪底把。同样，在引入双动机械原理方面，柯尔特公司也晚了许多年。

当柯尔特准备在伦敦建厂生产他的转轮手枪时，亚当斯也在和他的合作伙伴忙于生产他的转轮手枪。亚当斯在积极改进M1851

博蒙特-亚当斯转轮手枪双动机械原理解释（一）

扣动扳机，击锤向后移动，连杆b向斜上方移动，推动棘爪b′，从而使转轮转动，此时扳机制动凸起a上移。

当扳机扣动到位时，b推动b′结束，a正好挡在转轮a′处，将火帽对正击锤，击锤后移到位后自由前摆，这样就将火帽准确击发了。

博蒙特-亚当斯转轮手枪双动机械原理解释（二）

松开扳机后，在簧力作用下，扳机复位，制动凸起a逐渐落下，连杆b逐渐收回到位。再次扣动扳机重复动作。

转轮手枪的同时，还在开发新的产品。在伦敦南部的一家工厂，他生产出一支“自动击发”转轮手枪。这种枪的口径起初为12.9mm，后来改为12.7mm和11.2mm。这种转轮手枪为了防止手枪意外走火而设计了“保险锁”。简单地说，该“保险锁”是位于击锤下方的一个装有弹簧的销子。当需要保险时，压下销子使击锤紧靠在销子上，击锤和火帽隔离，实现保险；当需要发射时，轻扣扳机使击锤和销子脱离，销子在弹簧作用下弹回，就可正常发射了。

1853年11月，在认识到已出现的双动转轮手枪的命中率不高后，亚当斯设计了一款“待击发”转轮手枪。当该枪的击锤被拉到全锁定位置时，一个装有弹簧的爪形物就钩住了击锤而使扳机放开，再次轻扣扳机就可以使爪形物脱落，击锤被放开，就可击中火帽。这种“待击发”转轮手枪的命中率明显比双动转轮手枪高，但每次发射要扣动两次扳机。而博蒙特于1853年发明的简单有效的扳机、击锤和转轮旋转机构明显优于亚当斯早期转轮手枪的此类机构，也同样优于其他双动转轮手枪的联动机构。这一发明为亚当斯转轮手枪带来了新的生机。

博蒙特-亚当斯转轮手枪

英国士兵对亚当斯转轮手枪的情有独钟使得英国伦敦和伯明翰军火商在军火市场上成为柯尔特和亚当斯的争夺对象。在这场争夺战中，亚当斯自然占据了上风，于是柯尔特决定关闭在英国的工厂。就在柯尔特决定关闭他的工厂前，亚当斯也放弃了他的合作伙伴（迪恩），开始和博蒙特、威廉·哈丁等合伙建立了伦敦武器公司，并开始开发新的枪型——博蒙特-亚当斯转轮手枪，该枪在随后的几年里取得了发明专利。

博蒙特-亚当斯转轮手枪秉承了亚当斯手枪的优良特点——引人注目的整体结构，同时采用了博蒙特改进后的双动机构，实用价值很高。这种双动机构其实就是在扳机上加了一个连杆，连杆可推动转轮上的棘爪，使转轮转动。博蒙特-亚当斯转轮手枪比早期的亚当斯转轮手枪简化了许多，性能也提高了许多。尽管双动转轮手枪在射击精度上比单动转轮手枪要差一些，但是其快速连续发射功能足以弥补这个缺陷。

1855～1856年间，英国政府购买此枪装备了英国军队；1858年，又把其作为官方配备的标准枪。在印度兵变中就有该枪的身影，许多官员在早期的克里米亚战争期间都自己掏腰包购买博蒙特-亚当斯转轮手枪。该枪的众多优点也使其很快被其他许多国家接受。博蒙特-亚当斯转轮手枪全枪质量1.3kg，转轮弹膛容弹5发，装填弹药方式为前装式，采用火帽击发。

大多数博蒙特-亚当斯转轮手枪的口径为0.36in。这种口径不仅在英国大量生产，在其他国家也大量生产。美国马萨诸塞州的一家武器公司在1857～1861年间就生产了很多博蒙特-亚当斯转轮手枪。内战期间美国政府还购买了1000支这种手枪。比利时的一些枪械制造商取得了该枪的生产许可权，使该枪在比利时大量生产。有证据显示，该枪在普鲁士也有生产。许多欧洲国家在没有授权的情况下曾大量仿制该枪。

亚当斯发明的整体框架结构和博蒙特发明的联动发射系统是该枪的两大显著特点。整体框架结构在英国的专利注册使得柯尔特在英国一直不能使用这种先进的技术，这是柯尔特在与其竞争中处于劣势的一个重要原因。博蒙特的联动发射系统使早期的亚当斯手枪具有了简单有效的发射机构，将亚当斯手枪的性能提高了几倍。这种联动发射系统将击锤的后摆、转轮的转动、制动同扳机的运动联系起来，设计十分巧妙。

该枪的动作原理是：火药和弹头通过转轮前方的压弹杆压入弹膛并装上火帽后。扣动扳机，击锤后摆，和扳机连在一起的连杆向斜上方移动，推动转轮后部的棘爪，从而使转轮开始转动。与此同时，位于扳机上方的制动凸起也随扳机的扣动向上移动。当扳机扣动到位时，连杆推动棘爪停止，转轮在惯性下仍要转动，由于此时扳机上方的制动凸起已升起，挡在转轮后部的制动凸起的凹槽处，使转轮停止转动，这时，火帽正对击锤，击锤后摆到位后，在簧力作用下自由前摆，击中火帽后，弹头就被发射出去。松开扳机后，扳机在簧力的作用下复位，扳机上的制动凸起逐渐落下，连杆也逐渐收回到位。再次扣动扳机，重复上述动作。

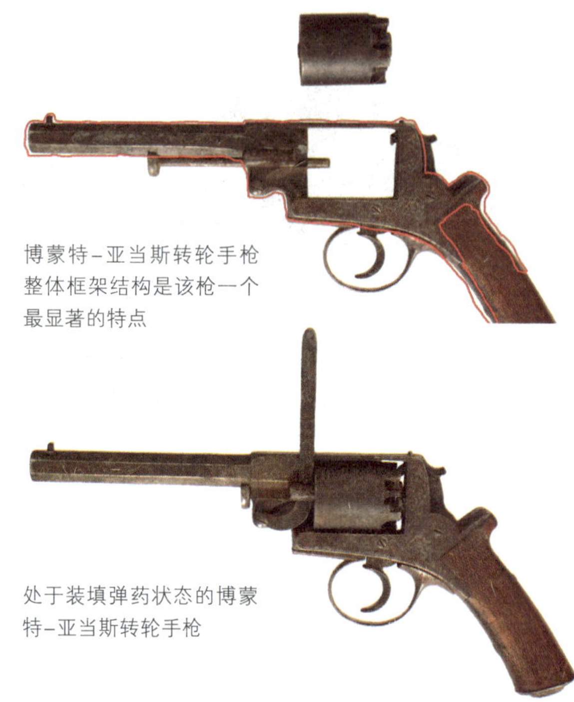

博蒙特-亚当斯转轮手枪整体框架结构是该枪一个最显著的特点

处于装填弹药状态的博蒙特-亚当斯转轮手枪

中国人民革命军事博物馆（简称军博）征集经过

军博收藏的博蒙特-亚当斯转轮手枪是红四方面军战士使用过的武器。1935年，红四方面军在四川黑水一带活动时，当地的反动武装不断偷袭红军。这支手枪就是当地反动武装分子杀害了红军战士后，从战士手中夺走的。1956年，平叛了这些反动武装的叛乱后，当地政府将这支手枪收缴并保存在黑水县人民武装部。

1958年9月10日，中央决定筹建军博，全军各大军区、各军兵种均成立了中国人民解放军庆祝建国10周年活动筹备委员会分会，下辖展览组，负责辖区内的文物征集、整理工作。1959年1月，茂县军分区到黑水县征集文物，茂县军分区将该枪从黑水县人民武装部征集过来，同年3月移交军博。

中国人民革命军事博物馆收藏有许多珍贵的手枪，有些是在某些重大事件中使用过的，有些则是一些著名人物使用过的，还有一些是在枪械发展史上占有重要地位的，都是难得的珍品

一代经典

——美国史密斯-韦森胜利型转轮手枪

二战中，美军创造的一个代表胜利的“V”手势深深地影响着人们。当时为了更简洁地传递信息，“V”手势在战场前线、战争大后方，甚至美国军政高层中都广泛使用，其代表战事的胜利、成功，令人激昂，鼓舞人心。二战结束后，这一手势又在民间广为流传，在各行各业、方方面面广泛使用，甚至成为人们拍照时的经典POSE，至今依然如此。或许正是受此启发，二战中，史密斯-韦森公司推出一款以代表胜利的字母“V”为开头来编号的转轮手枪，这就是史密斯-韦森胜利型转轮手枪，其主要装备美国海军的飞行员、水手等特业人员。

源于百年经典——M&P军警系列

史密斯-韦森公司的M&P军警转轮手枪是世界上最流行的手枪之一。于1899年研制成功。其坚固耐用、可靠性高，而且适应性强，自研制成功后100多年来虽然经过多次改进，但枪的基本结构仍保留至今。

实际上，M&P军警转轮手枪是史密斯-韦森公司更早的M1896驱逐者转轮手枪的改进型产品。其采用改进的闭锁机构，并且在转轮座左侧增设了一个用于打开转轮弹膛的拇指卡笋。除此之外，还有一点更重要的是，该枪配用全新设计的枪弹——0.38in特种弹，这种新枪弹在后来的军警市场上被广泛使用，现在已经成为最流行的个人自卫用枪弹之一。最初，史密斯-韦森公司试图为M&P军警转轮手枪配用在美国广泛流行的0.38in柯尔特长弹，但因该弹威力不足，会使该枪的使用受到一定的限制，为此，史密斯-韦森公司才为该枪专门设计了0.38in特种弹。0.38in特种弹的弹壳比

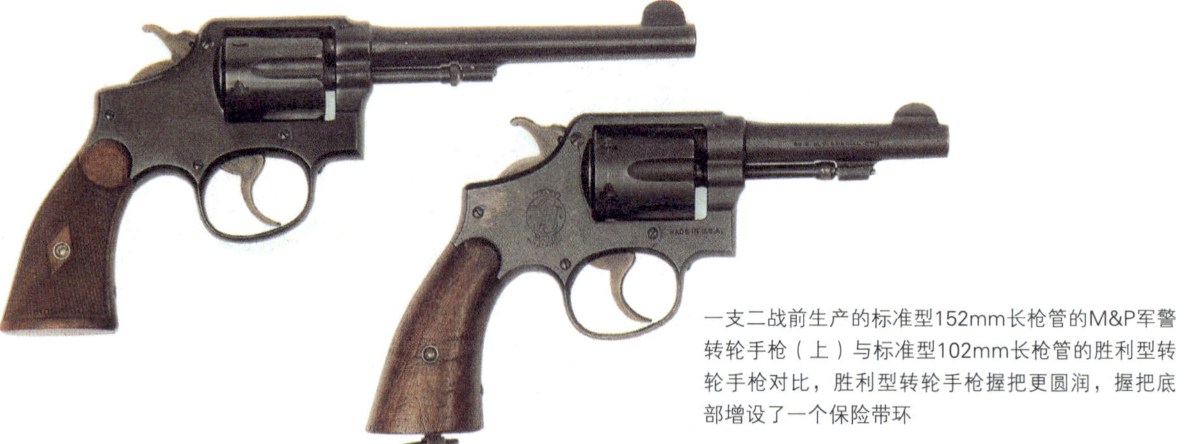

一支二战前生产的标准型152mm长枪管的M&P军警转轮手枪（上）与标准型102mm长枪管的胜利型转轮手枪对比，胜利型转轮手枪握把更圆润，握把底部增设了一个保险带环

0.38in柯尔特长弹的弹壳稍长，因此弹壳内装填火药的质量从1.17g增加到1.36g，弹头质量从9.72g增加到10.24g。虽然从数据上看，火药质量和弹头质量的增幅不算大，但其对于枪弹的穿透能力和停止作用的提高是巨大的，使得0.38in特种弹拥有很高的威力。

M&P军警转轮手枪闻名于世的重要原因是其在二战中被美国军队乃至盟军多国军队采用（其实该枪在美国加入二战之前，已经装备了英国及英联邦国家的部队）。二战开始后，英国由于敦刻尔克大撤退而丢失了大部分武器，各种枪械都很缺乏，因此急于向美国及其他欧洲国家进口各种能快速生产的武器，史密斯-韦森公司的M&P军警转轮手枪便是其中之一，由温彻斯特公司作为中间机构，供给英国及英联邦国家的军队使用。但英国及英联邦国家所订购的M&P军警转轮手枪所使用的并不是史密斯-韦森公司为该枪原本设计的0.38in特种口径枪弹，而是被更改为使用当时英国的制式枪弹——0.38/200inS&W口径枪弹。0.38/200inS&W口径的M&P军警转轮手枪于1940年早期开始生产，到二战结束时产量高达57万多支，装备的部队除英国部队外，还有南非部队、加拿大部队和澳大利亚部队，其中南非部队装备21347支，加拿大部队装备45328支，澳大利亚部队装备8000支。各国装备的M&P转轮手枪枪管长度有所不同，但127mm长枪管的型号是其中最为普遍的。

二战初期，美国并未准备好参战，当时其官方使用的手枪为0.45in口径的柯尔特M1911政府型手枪及其变型枪，该枪虽然拥有比较高的停止作用，但由于其比M&P军警转轮手枪结构复杂，生产难度大，因此美国加入二战后要求史密斯-韦森公司对M&P军警转轮手枪进行小幅改进，并大量采用。

美军所采用的M&P军警转轮手枪在原型枪上作了一些小改进，如握把变得更加圆润，握把底部增设了一个保险带环，枪管长度不同，使用的枪弹也不同。其虽然也采用0.38in特种口径，但将原来的铅弹头改为镀铜被甲弹头。由于其编号中带有一个特殊的字母“V”的前缀，寓意为“战胜”轴心国，因此被称为胜利型转轮手枪。

飞行员及水手的随身武器

胜利型转轮手枪实际上是M&P M1905转轮手枪的一款变型产品，只在二战期间生产，于1942年早期开始生产，到1945年8月晚期停产，总共生产了85万支。该枪采用4种不同长度的枪管，包括51mm、102mm、127mm和152mm，其中102mm长枪管的型号最为普遍，而51mm的短枪管的型号极为少见。该枪采用固定式片状准星，早期枪型采用喷砂发蓝或发黑的表面处理，后改用磷酸盐表面处理。击锤和扳机都经过加强。1942年早期生产的胜利型转轮手枪所采用的握把为刻有菱格花纹的胡桃木制作，握把中间带有史密斯-韦森公司的圆形商标雕刻。而1942年2月以后生产的手枪握把则采用美国的胡桃木制作，其上不带菱格花纹，握把中间的圆形商标雕刻也被取消。

胜利型转轮手枪并不是真正在步兵前线使用的手枪，大多被配发给美国海军和海军陆战队的飞行员和水手作为随身武器使用。

该枪质量轻、体积小、后坐力小、精度高，非常适合在机舱、船舱等狭窄空间内的飞行员、水手使用。除此之外，其也在支援部队及大后方的作战中大量使用，如美国海岸警备队及在二战期间负责保卫美国境内的工厂和防御设施的安全人员等，有的甚至配发给中央情报局（CIA）的前身——美国战略服务办公室（OSS）的特工在秘密行动中使用。但OSS的特工大多喜欢使用最初的铅弹头，因为铅弹头具有更大的膨胀性，而且不容易被辨识。

铭文特征细观

胜利型转轮手枪的编号有两种类型，初期生产的以“V”开头，后期生产的以“VS”开头。以“V”开头的编号从V1开始，截止到V769000。胜利型手枪由V到VS的发展缘于这样一次故障：美国海军的一名水手不小心将手枪掉落在船的甲板上，手枪意外发火，水手被击中而死。因此后期生产的胜利型转轮手枪采用了经过改进的击锤保险，以保证枪即使掉落也不会意外发火，直到现今，商用型S&W转轮手枪上仍在使用这种改进的击锤保险。采用改进的击锤保险后，该枪编号的前缀由“V”变为“VS”，编号从VS769001一直到VS850000。手枪的多个位置上均刻有编号，包括握把护板内侧、握把底部、枪管底部、转轮弹膛以及抽壳钩。

除编号外，胜利型转轮手枪上还有多种铭文，包括检验合格铭文、代表所有权的铭文等。其中最早的两批由美国海军直接订购的胜利型转轮手枪上并不带有检验合格铭文，后来美国陆军为海军订购的枪上才开始出现检验合格铭文。1942年年中之前生产的产品握把底部刻有“W.B·”字样，表示手枪由检验官WALDEMAR BROMBERY检验。通常“W.B·”字样的右侧还带有炸弹的标志和“P”字样，其中“P”代表该枪通过军队测试。从1942年年中到1943年5月所生产的手枪，握把底部带有“G.H.D”字样的检验合

编号为V300000之前的转轮手枪上，转轮弹膛上方、转轮座左侧刻有“UNITED STATES PROPERTY”字样，表示为美国所有

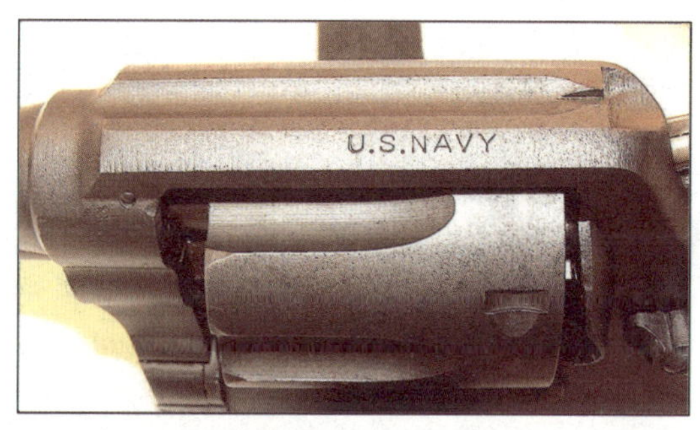

美国海军直接订购的枪上，转轮弹膛上方、转轮座左侧刻有“U.S.NAVY”字样

转轮座左侧刻有被涂成红色的“PROPERTY OF U.S.NAVY”字样，表示是美国海军的财产

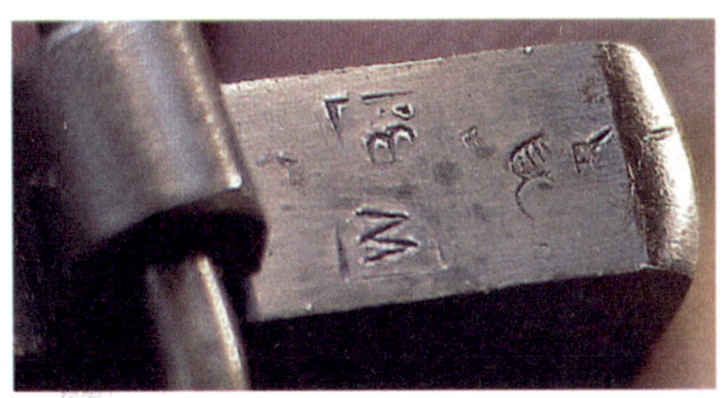

1942年年中之前生产的手枪，握把底部刻有W.B·(检验官名字首字母缩写)字样

自编号V300001的枪开始，铭文缩短为“U.S. PROPERTY”，刻印在表示检验合格的G.H.D（检验官名字首字母缩写）铭文前方

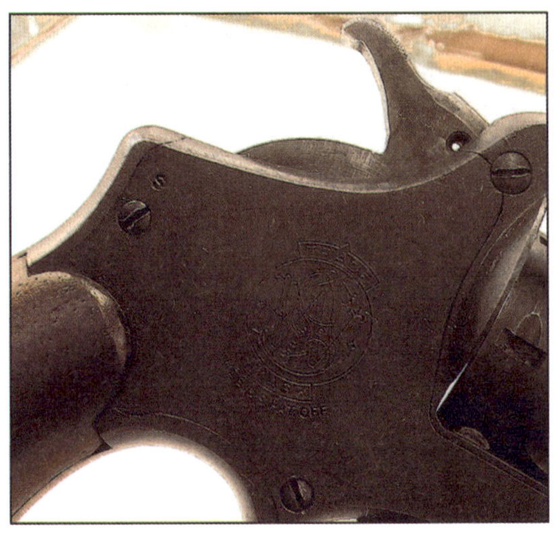

有些枪转轮座右侧及握把底部编号的前方刻有“S”字样，表示其采用改进的击锤保险

格铭文，代表由检验官GUY H. DREWRY所检验。其中在编号V300000以后的枪，“G.H.D”的检验合格铭文从握把底部变更到了转轮弹膛上方及转轮座左侧。

在编号为V300000之前的胜利型转轮手枪上，转轮弹膛上方及转轮座左侧刻有“UNITED STATES PROPERTY”的铭文，表示为美国所有。而自编号V300001的枪开始，铭文缩短为“U.S. PROPERTY”，刻印在表示检验合格的“G.H.D”铭文前方。其中，也有少量手枪刻有不同的所有权铭文。如最初的两批美国海军直接订购的胜利型转轮手枪，在转轮弹膛上方及转轮座的左侧刻有“U.S.NAVY”字样，表示枪归美国海军所有。还有一些枪的转轮座左侧刻有被涂成红色的“PROPERTY OF U.S. NAVY”字样，表示是美国海军的财产。除此之外，还有一些没有任何所有权铭文的胜利型转轮手枪，这些枪主要配发给在二战期间负责保卫美国境内工厂和防御设施的安全人员使用。

除了检验合格铭文及代表所有权的铭文外，有些胜利型转轮手枪的转轮座右侧及握把底部编号的前方刻有“S”字样，代表其采用改进的击锤保险。最初“S”字样是由机加工刻印而成，后来则由手工雕刻而成，再后来就不再刻有“S”字样。美国陆军为海军订购的胜利型转轮手枪，在枪管下方、转轮弹膛后方以及转轮座左侧还刻有“P”字样；而海军直接订购的枪上则不带“P”字样。

二战结束后，史密斯-韦森公司停止了胜利型转轮手枪的生产，装备美军的该枪随之退役，变为剩余物资，进入民用及收藏领域，很多被收藏者刻上了其他标志，握把及转轮座也经过特殊雕刻。然而英国直到20世纪50年代仍在使用其采用0.38/200in S&W口径的M&P军警转轮手枪。之后，这些枪被作为剩余物资出售到美国，由于其使用的枪弹在美国并不流行，因此很多都被改成了0.38in特种口径。

一个令人唏嘘的故事

如果几十年后，一支胜利型转轮手枪被它

二战时期的主人重觅踪迹，这个故事是不是很神奇？故事是这样的。

2010年，美国国家火器博物馆馆长菲利普·施莱艾尔撰写了一篇关于胜利型转轮手枪的文章，并将其发表在美国的一本杂志上。为了加强插图效果，施莱艾尔将他朋友的一支胜利型转轮手枪握把底部的铭文进行了拍摄并置于文章中。他所拍摄的这支胜利型转轮手枪握把底端由个人刻有“WOLF”（沃夫）及“VF-2”字样，其中前者可能是个人名字，后者是美国一个海军中队的名称。

文章刊登后，施莱艾尔接到了一位女读者的电话，原来图片中的胜利型转轮手枪正是她父亲约翰·沃夫中尉在二战中所使用的。沃夫中尉于1941年日本袭击珍珠港2周后入伍参军。经过训练后，他被派遣到海军VF-2中队驾驶“大黄蜂”号飞机。他参与了该中队在二战中开展的每一次行动，并最终获得了7次胜利，赢得9个航空奖以及2枚十字勋章。

沃夫中尉回忆，虽然“大黄蜂”号飞机上设置了一定的武器装备，能够为飞行员提供保护，但是战斗对于飞行员来说仍是十分危险的，因此美国军方决定为飞行员配备一样随身武器。最初，沃夫有两种选择，分别为0.45in口径的柯尔特政府型M1911手枪以及0.38in特种口径的胜利型转轮手枪。沃夫选择了后者，因为其结构更简单，精度也高。虽然沃夫在战争中从未用这支胜利型转轮手枪射击，但对它却十分珍惜，特别在握把底部刻上了自己的名字。沃夫退伍后将该枪交还给了美国海军，从此就再没有该枪的任何消息，直到施莱艾尔的文章出版。这么巧合的故事真是令人唏嘘不已。

虽然胜利型转轮手枪使用的0.38in特种枪弹的能量无法与柯尔特M1911手枪使用的0.45in枪弹相比，但其对于那些飞行员和水手来说，仍是一款出色的随身武器。对于专门收藏各种二战时期武器的收藏家来说，如果藏品中没有一支胜利型转轮手枪，就难免存有一丝遗憾。

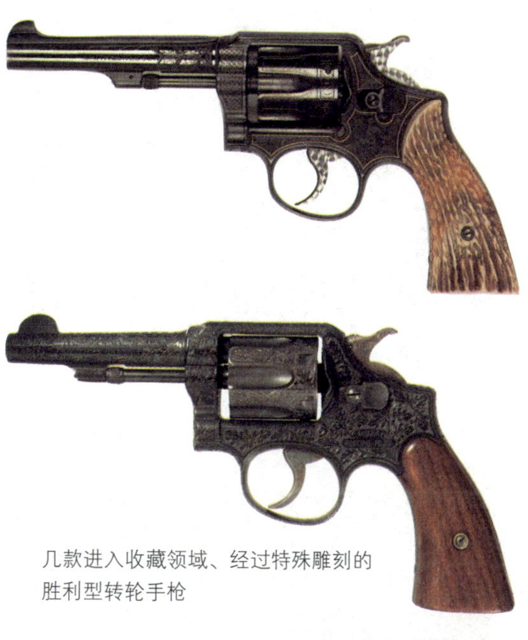

几款进入收藏领域、经过特殊雕刻的胜利型转轮手枪

这支胜利型转轮手枪握把底端由个人刻有“WOLF”及“VF-2”字样，其中前者为个人名字，后者为美国一个海军中队的名称

自动手枪的鼻祖
——德国博查特C93手枪

自1893年博查特C93手枪问世后，自动手枪隆重地登上了历史舞台，开创了手枪发展的新纪元。

该枪由美籍德国枪械发明家雨果·博查特于1893年9月9日获得发明专利，因此该枪被称为博查特C93手枪。这是世界上第一支实用的自动手枪。根据文献记载，该枪是当时唯一一支能完成连续装弹的小型武器，也是唯一一支使用无烟火药的小型武器。军博收藏的博查特C93手枪距今已有100多年的历史，当时（博查特C93手枪）生产的数量很少，现存的数量更是稀少，因此弥足珍贵。

时代背景

火器经历了漫长的发展历史，17～19世纪，呈现出高速发展的状态。17世纪初，世界上第一支燧发枪问世。19世纪初，铜火帽的发明促进了火帽枪的大发展。1835年，美国人塞缪尔·柯尔特发明了使用火帽击发的转轮手枪，这是世界上第一支可供实用的转轮手枪，该枪明显改善了燧发枪点火时间长、火力跟不上、底火装置防水性能差等缺点，对手枪的发展起到了巨大的推动作用。19世纪中后期，世界各国军队纷纷装备这种火帽转轮手枪。

然而，火帽转轮手枪作为军用武器也有明显的不足：重新装填时间长，容弹量少；转轮与枪管之间有间隙，不能有效地密闭火药燃气；弹头初速低，威力不足。这些都远远满足不了复杂的作战要求。19世纪末，为了解决火帽转轮手枪的缺陷，自动武器开始登上历史舞台。1884年，英籍美国人海勒姆·马克沁发明了自动装填机枪，马克沁机枪的出现开创了自动武器的新纪元。自动武器的出现为自动手枪的发明奠定了基础。

1892年，奥地利人约瑟夫·劳曼发明了第一支自动手枪——肖伯格手枪，但这支手枪没有通过奥地利军方的试验。1893年，美籍德国人雨果·博查特发明了第一支实用的自动手枪——7.65mm博查特C93手枪，同时他还发明了一种手枪弹——7.65mm瓶颈式博查特手枪弹。该枪采用枪管短后坐自动方式，肘节式闭锁机构，弹匣供弹。该枪的开锁、抛壳、供弹、闭锁等动作均由枪机的后坐和复进来完成。这种结构原理与设计为现代手枪的发展奠定了基础，在枪械发展史上具有里程碑意义。

结构特点及动作原理

博查特C93手枪是世界上第一支实用的自动手枪，之所以给它这样定位，是因为它是第一支完全符合现代自动手枪主要特征的手枪：使用金属弹壳的中心发火式整装弹；依靠火药燃气能量后坐并完成抽壳、抛壳和供弹动作；有很好的气闭性；利用击针击发枪弹；采用弹匣供弹，并且弹匣在握把里面；设有保险装置。

该枪最明显的特征是采用肘节式闭锁机构。该枪的握把位于枪身中部，弹匣从握把底部插入，枪尾部有很大的一个“头”，这些特征可以很好地帮助识别此枪。

博查特C93手枪由6大部分组成：肘节与枪机组件、枪管与节套组件、枪底把组件、扳机组件、复进簧、弹匣组件。从机构动作看，该枪主要由闭锁机构、供弹机构、击发机构和保险机构组成。

博查特C93手枪开锁动作原理：扣动扳机，扳机上的斜面压节套左侧的击发杠杆，使击发杠杆脱离击针簧销，释放击针，击针打击底火，点燃火药。火药点燃瞬间，枪弹在火药燃气作用下后退，推动枪机，由于同枪机相连的肘节在复进簧的拉力下不能弯曲，并且节套尾部同肘节连接在一起，这时枪机、枪管、节套和肘节就实现了共同后坐，完成了击发瞬

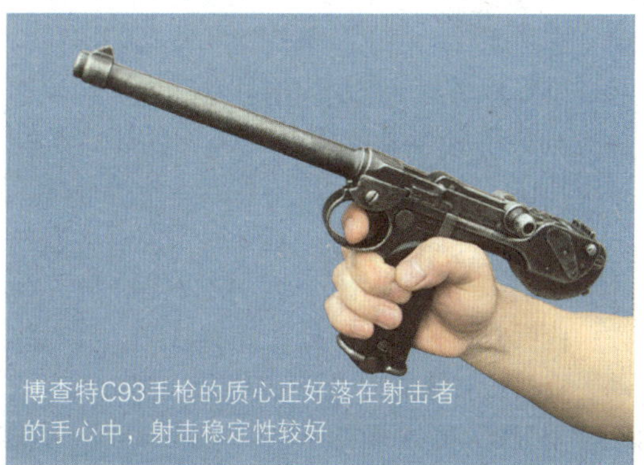
博查特C93手枪的质心正好落在射击者的手心中，射击稳定性较好

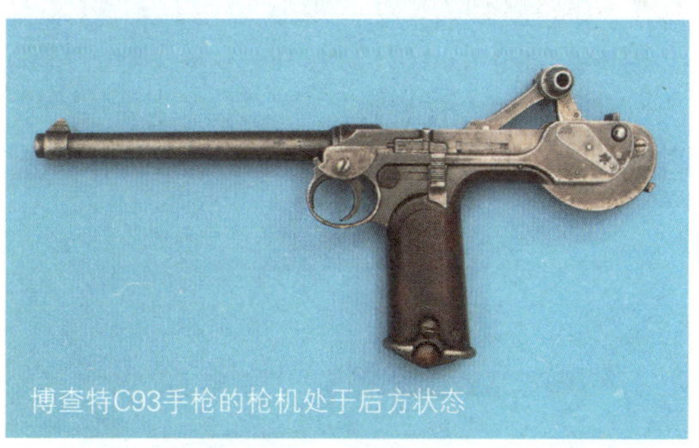
博查特C93手枪的枪机处于后方状态

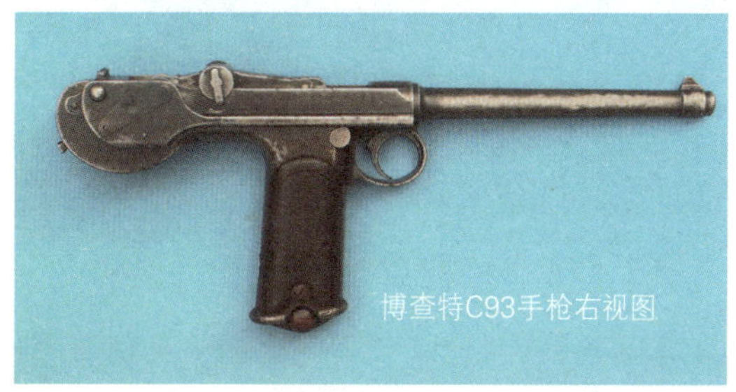
博查特C93手枪右视图

间火药的密闭。枪机、枪管、节套和肘节在后坐力的作用下共同后坐一定距离后，肘节后臂尾部的滚动滑轮撞到枪底把尾部的弧形滑道，滚轮沿滑道内壁下滑，肘节后臂作转动动作，并向后平移，肘节前臂拉动枪机迅速后退，枪机上的抽壳钩将弹壳向后拉出弹膛，当弹壳被完全拉出弹膛时，弹壳后部遇到抛弹挺，在抽壳钩和抛壳挺合力作用下弹壳向上抛出。在枪机后坐的过程中，肘节上的棘爪将击针簧销拨回，击针随击针簧销后退。当枪管、节套、肘节后坐到位时，该枪就完成了开锁的全部动作。

博查特C93手枪闭锁动作原理：当枪管、节套、肘节后坐到位后，复进簧拉动肘节后臂，使肘节下移，枪机在肘节前臂的作用下向前复进，此时，由于肘节后臂和节套连接在一起，枪管和节套也一起向前移动。当击针簧销随枪机移动到击发杠杆时，击发杠杆将击针簧销挡住，使击针处于待击状态。枪机继续前进，推动枪弹进入弹膛，直到肘节完全伸直。此时枪管、节套停止运动，枪弹完全进入弹膛，枪机密封住弹膛，处于闭锁状态。再次扣动扳机，发射枪弹，重新开始开锁动作。

博查特C93手枪的保险装置是一个位于枪底把左侧、握把上方，带有防滑横纹的长方形销子。当枪处于闭锁状态时，将保险上推到位，此时，击发杠杆被压住，不能击发，节套也被锁定，不能移动，从而实现保险。

博查特C93手枪采用弹匣供弹，博查特设计的这种弹匣有2个弹匣簧，这一点和现在常见的手枪弹匣不太一样。

发明者——雨果·博查特

雨果·博查特大约于1845~1846年间出生于德国，具体何时何地出生已无从考证。16岁时，他随双亲移居美国，1875年取得了美国国籍。博查特一生的枪械设计工作分为3个阶段，即早期的工作、在夏普斯步枪公司（以下简称夏普斯公司）的工作和在洛伊公司的工作。

1、早期工作

博查特早年就显示出了他过人的机械设计天赋。24岁时，他在美国新泽西州首府特伦顿负责监管一家条件很差的制造厂，这一时期，他独自设计了各种制造枪械的工具，并成功完成了一份5000支步枪的合同订单。在这家制造厂工作一段时间后，博查特去了“星歌”缝纫机公司。1873年，他又来到了康涅狄格州的纽海文，在以生产转轮手枪和民用武器而著名的温彻斯特连发武器公司工作。在这家公司，博查特和其他设计者共同设计完成的转轮手枪没有受到重视，这可能就是博查特离开温彻斯特公司的主要原因。

2、在夏普斯公司的工作

1874年，被E.G.维斯克特重组的夏普斯

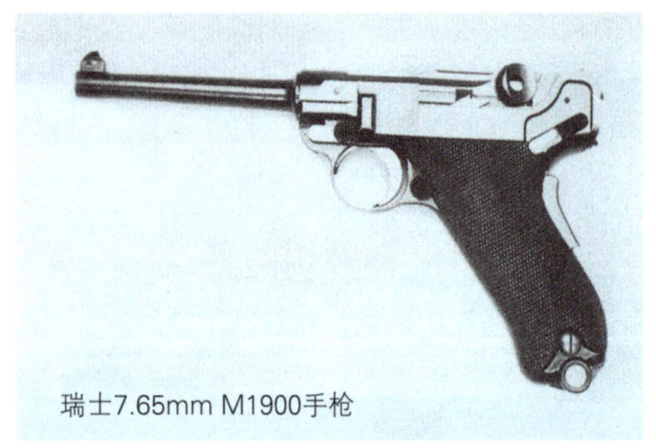

瑞士7.65mm M1900手枪

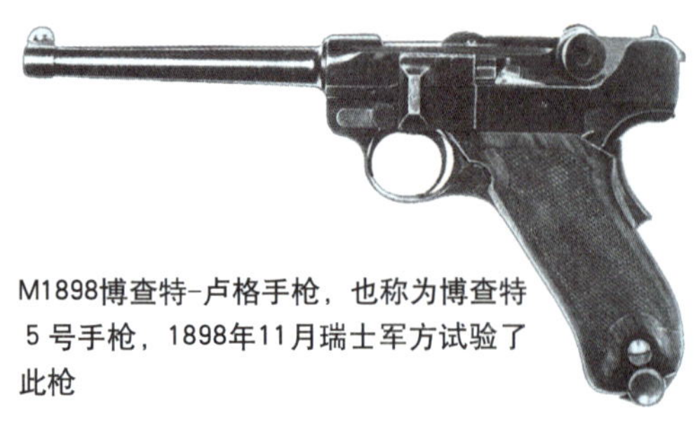

M1898博查特-卢格手枪，也称为博查特5号手枪，1898年11月瑞士军方试验了此枪

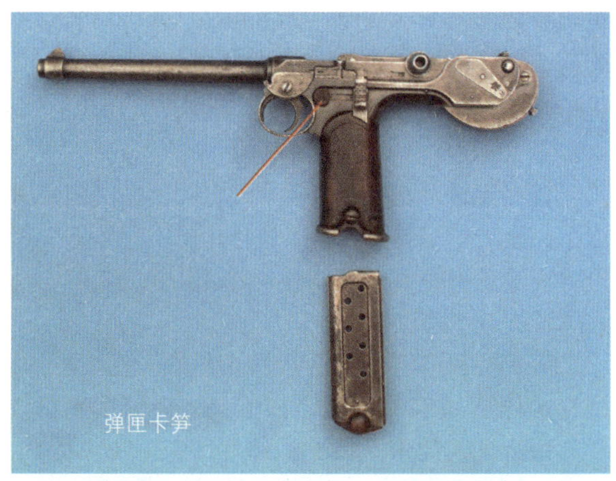
弹匣卡笋

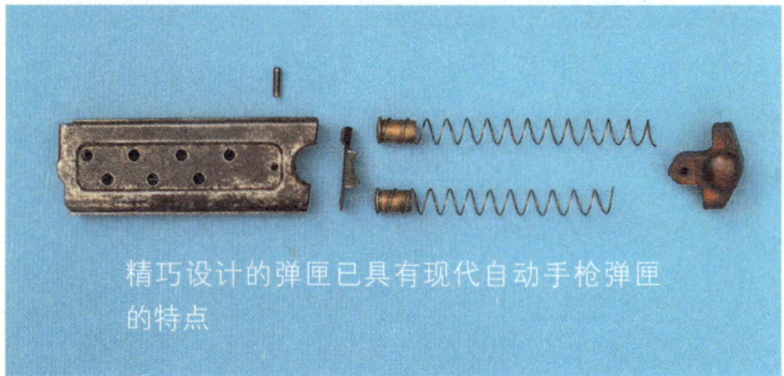
精巧设计的弹匣已具有现代自动手枪弹匣的特点

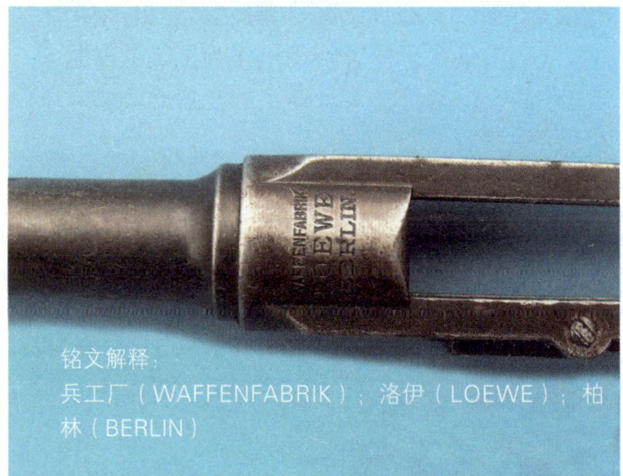

铭文解释：
兵工厂（WAFFENFABRIK）；洛伊（LOEWE）；柏林（BERLIN）

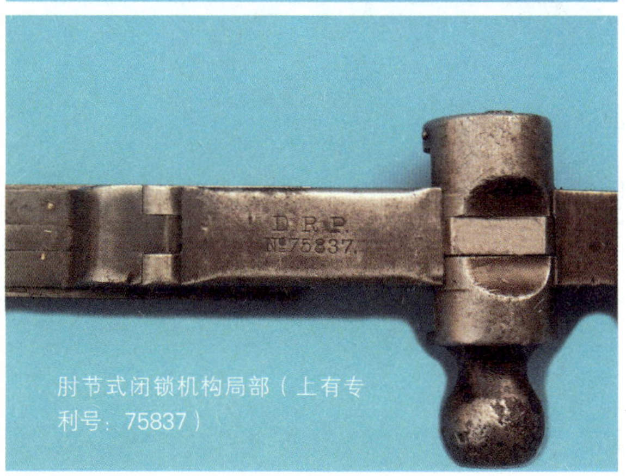

肘节式闭锁机构局部（上有专利号：75837）

公司谋求更大的发展，于是雇用人才成为首当其冲的事情。1875年3月，博查特来到夏普斯公司。公司董事长沃斯科特听取了博查特早期的职业生涯后，决定雇佣他。而博查特也将他的两项新发明回报给夏普斯公司，这两项发明就是夏普斯-博查特单发降落式闭锁大口径军用/运动两用步枪和闩锁式连发步枪。夏普斯公司付给博查特1855美元购买了夏普斯-博查特步枪的生产权。1876年，中国政府订购了300支夏普斯-博查特步枪，这种枪在中国被称为M1878步枪。

1879年5月，博查特和夏普斯公司董事会成员之一的查尔斯到欧洲宣传他的另一项发明——闩锁式连发步枪。该枪的良好性能引起了英国李武器公司的兴趣，决定生产此枪，但是在所有权上却发生了戏剧性的一幕。因为此时夏普斯公司遇到了财政困难，没有能力生产该枪，而作为发明者的博查特也没有获得为李武器公司设计武器生产图纸和书写各种工具说明书的权利。所以此枪一直被称为李式步枪。1880年秋，雨果·博查特离开夏普斯公司去了欧洲，继续他的轻武器设计职业生涯。1882年，他在匈牙利首都布达佩斯居住，并在匈牙利轻武器器械有限公司工作，这一时期，他曾和设计自动装填火器的一些公司有过接触，为他后来设计生产博查特C93手枪奠定了基础。

3、在洛伊公司的工作

大约在1890年，博查特离开了匈牙利轻武器器械有限公司，加入了德国犹太人路德维格·洛伊开办的路德维格·洛伊公司下属的匈牙利分公司。当看到洛伊匈牙利分公司丰厚经济利润后，他认定这是一个有前景的公司，便去了洛伊公司总部。到总部后不久，博查特便设计出博查特C93手枪。至此之后很长一段时间内，博查特都在为该枪的改进和推广而努力。据有关资料记载，再后来，因为博查特已持有一部分公司股票，所以他的兴趣就不在武器的设计上了，而是转到了创造新的专利纪录上。到1911年后，他又回到了武器设计上。但是后来的发明没有一项能像他设计的博查特

C93手枪那样有名。

推广及改进

博查特C93手枪一经研制出来，其缔造者们就十分看好它的前景，希望这支优秀的手枪能获得好的销售业绩。洛伊公司的管理者们迅速与像美国这样具有购买潜力的政府客户联系。1893年6月至1896年1月间，驻柏林军事使官、美国第十二步兵团中尉罗伯特·K.伊万斯同包括博查特在内的洛伊公司的代表们有过几次会面，并至少3次参观了在查洛顿伯格的工厂。伊万斯报告了试射博查特枪的情况。在一份标注日期为1894年的师军事情报材料中写道："这是一种非常精确、密闭性好的射击武器。质心在握把上，手持握把时能很好地掌握平衡，这一点比普通的转轮手枪要强得多。而且它相当经久耐用。"伊万斯试射手枪射弹已超过6000发，于是在报告中又提到："所有部件配合得如此之好，并且试射后的精度和第一次射击的精度是一样的。"伊万斯在他的报告中这样写道："20步、460mm × 460mm的靶位，两秒钟射出8发枪弹，全部射中。这种手枪表现出不明显的后坐，但是生产数量很少。"

1894年11月，在洛伊公司的努力下，美国海军先于陆军试验了该枪。罗德岛的一个海军军官委员会组织试射了该枪。委员会的成员们大加赞许，认为该枪前景非常好。

博查特和洛伊公司还尽力通过各种途径尝试让美国军械部官员试验该枪，最后美国军械部同意试验此枪。1897年10月16日，DWM公司（试验的时间被敲定时，洛伊公司已与DWM公司合并）驻美国代表汉斯·道彻在写给美国军械部主席达涅·W.弗拉格勒尔将军的信中提到，一种每支附带500发枪弹的博查特手枪将于10月20日运往斯普林菲尔德兵工厂。一个由3人组成的军械试验委员会在斯普林菲尔德兵工厂进行了一系列试验，试验情况在1897年12月23日该试验委员会的报告中阐述。试验结果显示博查特手枪作为训练武器是最出色的，但是因为军队使用的武器必须具有

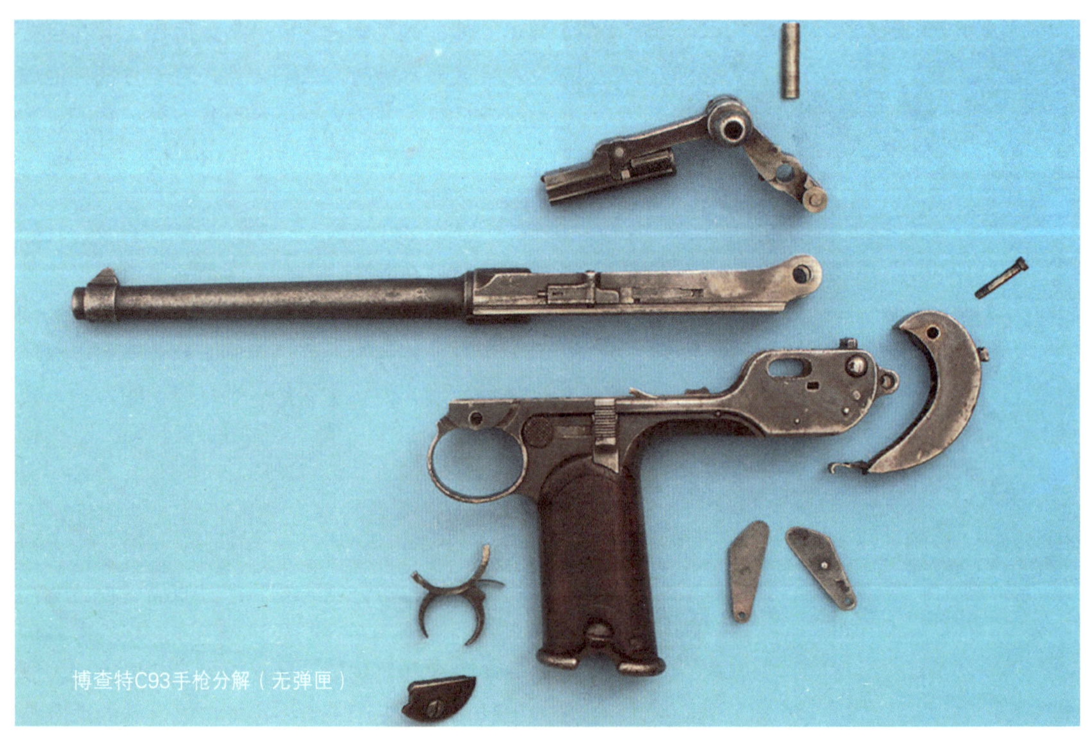

博查特C93手枪分解（无弹匣）

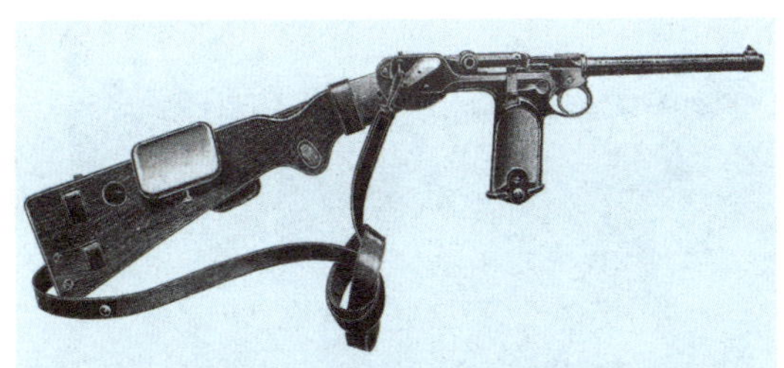
1897年，由美国陆军试验的博查特C93骑兵型手枪，装上枪托后又称为博查特C93卡宾枪

结实、耐用等特性，而这些特性只有在实际中才能检验，所以委员会建议购买一定数量的该种手枪，发放部队用以进一步试验。但是，斯普林菲尔德兵工厂的行政长官奥弗兰德·茂德卡伊上校不知出于什么原因，不同意购买。尽管洛伊公司后期不断努力，使军械部购买了少量的博查特手枪，但是美国陆军没有再对该枪进行任何附加的试验。

博查特和他的同事们把博查特C93手枪还推荐给了瑞士军械部。瑞士军方是欧洲第一批对自动手枪产生兴趣的国家之一，并在1895年成立了一个委员会来评估曼利夏M1894手枪和伯格曼M1894手枪，想让这二者替代M1882转轮手枪，但结果并不理想。两年后的1897年夏，一个新的委员会在瑞士一家兵工厂成立，目的是对曼利夏手枪、伯格曼手枪、博查特手枪和毛瑟C96手枪再次进行评估，用以替换M1882转轮手枪。考虑到1895年的试验报告，因此决定只进行博查特手枪和毛瑟手枪的测试。这两种枪同样没有令这些瑞士人满意，但是博查特手枪弹给他们留下了非常深刻的印象。

在研究了瑞士的试验结果后，博查特和包括设计师乔治·卢格在内的DWM公司工作人员，为瑞士当局设计了一种改进型手枪。改进型博查特手枪设有特殊的后坐弹簧，增加了卢格设计的扳机和安全机构，但质量更轻，体积更小。同C93相比，新设计的手枪全枪质量只有1kg，全枪长272mm。该枪并不是后来在1898年出现的博查特-卢格手枪，而是一支明显区别于C93的新手枪。

1898年，DWM公司按照瑞士的要求试验改进型博查特手枪，但是在真正射击试验中，他们还是用新设计的博查特-卢格手枪代替了改进型博查特手枪。在这一年的试验中，包括了伯格曼3号手枪、伯格曼5号手枪、坎卡-罗兹M1898手枪、曼利夏M1896手枪、毛瑟C96手枪和博查特-卢格手枪。试验结束时，瑞士给所有参加竞争的手枪排了名：博查特-卢格手枪最好，毛瑟最差，其他处于中间的评语是“差强人意”。

试验及报道

美国《纽约时报》全面报道了博查特C93手枪。这是美国新闻界全面充分描述的第一支自动手枪，这使得本来具有天才设计特性的博查特C93手枪更加光芒四射，赞扬之声漫天而来。但后期一些报纸评论道：这一时期对博查特C93手枪的赞赏程度已超过了它自身的价值。

1894年11月12日的《波士顿先驱报》登载了罗德岛的一个海军军官委员会试射该枪的情况：

“海军轻武器委员会今天展示了一支可能将变革世界海军和陆军装备的手枪。这支枪是美国人雨果·博查特发明的，该枪第一次在美国展示。

这是一支可供各种部门使用的武器，也是唯一一种可使用无烟火药的小型武器。这种无烟火药绝不能用于转轮手枪。

该枪紧追马克沁机枪的风格，从射击的后坐力获得装弹和抽出空弹壳的动作，实现全自动。据称，该枪是唯一一支具有能连续完成装弹拔弹能力的小型武器。

在展示中，连续发射100发枪弹没有故障。演示者在33.5m远处用43.25s发射了24发枪弹，并且全部命中靶位，演示者不是专业射击人员。

该枪口径7.65mm，全枪质量为1.31kg，全枪长350mm。握把设在该枪的质心处，为该枪提供了稳定的射击。弹匣供弹，容弹量 8 发，枪弹镀镍，具有很强的穿透能力，有效射程500m。

该枪配有轻型可调节枪托，这种枪托专门为骑兵设计，装上枪托就是一支卡宾枪。”

1897年10月20日至23日，该枪在美国斯普林菲尔德兵工厂进行了一系列试验，这个试验被总结在1897年12月23日的报告中。报告写道：在16m处，弹头速度是395.2m/s。此枪50s可完成拆卸，140s可完成组装。在试射试验中，这支枪首先装上枪托，作为卡宾枪射击30.5m外的靶（1.83m×0.61m）。第一轮试射中，68s射弹40发39中；第二轮试射结果是45s射弹40发35中。拆下枪托作为手枪试射时，38s射弹32发只有12发中。在射击了262发枪弹后，手枪不得不拆卸开，作一次清理，因为燃烧后的火药残渣聚集在枪膛上，阻止了枪弹完全进入枪膛。穿透试验用的目标靶是每隔25.4mm放置一个厚度为25.4mm的白松木板。在22.9m处射击，穿透10层木板；在68.6m处射击，穿透7.5层木板；在457m处，穿透3.5层木板。

下面是这个军械委员会的调查结果：

第一，该枪的结构和动作原理显示了最高的技艺水准。

第二，从弹道学角度讲，该枪的精确性和穿透性都在转轮手枪之上；但是，由于弹头较轻，随着飞行距离的增加穿透能力迅速下降。这样，其有效射程就不足500yd（大约460m）了。

第三，这种武器获得连发的途径是一种天才的设想，安全、实用可靠、相对简单。

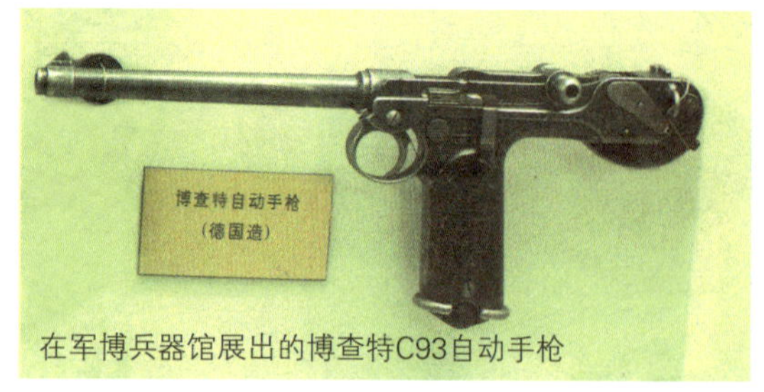

在军博兵器馆展出的博查特C93自动手枪

第四，它的小口径和格外轻的弹头使它的“制动效果”有一些问题，特别是作为骑兵武器使用时。

第五，博查特手枪以令人相当满意的试验结果通过了委员会的所有试验。

军博征集经过

1958年9月10日，中央决定筹建中国人民解放军博物馆，作为向中华人民共和国成立十周年献礼的首都十大建筑之一，成立以总政副主任肖华为主任委员的总筹备委员会。同年11月12日，总政发出通知指出：军事博物馆的建立“不仅是为了庆祝10周年国庆，而且也是为了收集、整理和保存我军建军以来的各种宝贵文物、文献、资料……”为此，全军各大军区、各军兵种均成立了中国人民解放军庆祝建国十周年活动筹备委员会分会，下辖展览组，负责辖区内的文物征集、整理工作。

军博展览的这支博查特C93手枪是由武汉军区从当地武装部门征集，并于1959年移交军博收藏的。

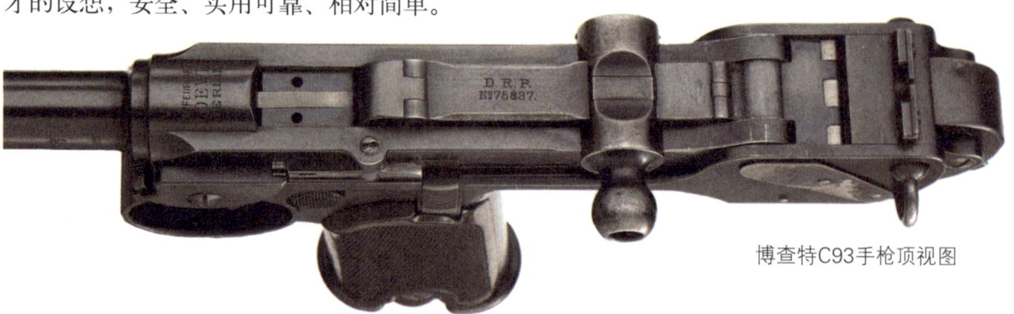

博查特C93手枪顶视图

难以割舍的情怀

——德国“盒子炮”在中国

在和平年代长大的人们，对于战争年代留下的一些传奇和故事，仍念念不忘，仿佛还能闻到硝烟、听到枪声。今天留下来的“盒子炮”，就像一页页鲜活的历史，每一支都可以叙述出许多的故事，每一支都经历过腥风血雨。

盒子炮之情，绵绵无尽……

“盒子炮”释疑

对于“盒子炮”一直有一个疑团，它的握把到底绑的是枪绳还是红巾？

有首民歌是这样的：

“‘盒子炮’，红穗飘，姐姐带着下山腰。

鬼子跳，姐姐瞄，姐姐勾枪鬼子倒。

20发固定弹仓式的德国原装“盒子炮”，握把护片为后期另配

鬼子叫，姐姐笑，花儿染红姐的袄。

‘盒子炮’，红穗飘，姐姐抗日立功劳。”

从民歌中我们知道，“盒子炮”的握把下绑的是红巾、红穗，但实际上只有草莽英雄才这样做。在军队中，仍然用的是枪绳。枪绳的一端系在枪环上，另一头套在脖子上。这样做可以防止手枪掉落、遗失，同时有助于快速出枪，这是由来已久的传统。而红巾除了好看，并没有什么实际的功能。外籍军队基本上是把枪套在肩带上，但抗战时的中国军服没有肩带，因此都套在脖子上，有的也套在皮带上，但套在皮带上不如套在脖子上方便，因为在黑暗中找枪时，往胸前摸较在腰上去找容易一些。

抗战时期，正式部队中所有连长以下的军士官，只要是应该配备手枪的，一律配发“盒子炮”，由编制来看，一个步兵营即有99支“盒子炮”，炮兵、通信兵还要多些。因此虽然没有正式的命令，“盒子炮”仍算得上是当时军队中的制式武器。

抗战时，敌后工作人员是否配用“盒子炮”呢？应该很少。因为“盒子炮”是一种大型手枪，不便隐藏，敌后人员带枪的目的只是自卫，愈小愈好，即使执行暗杀任务，也只要一发枪弹就够了。当时他们配用转轮手枪较多，尤其是短管转轮手枪，不但易于隐藏，而且可靠性更好。

“盒子炮”的威力是不是真的很大呢？“盒子炮”的初速在当时最高。根据美国近代所作的试验显示，它可以穿透仿真人体组织，不会转向或破裂；但由于过度穿透，停止作用显得不足。这和老兵对三八式步枪的评价类似：只要不打中要害，穿过去一个洞，没什么大碍。

国外有人说，中国大量采用“盒子炮”，是因为当时各国对中国禁运军火，没有步枪，只好退而求其次地使用加了枪托的手枪，笔者认为其实这是没有根据的说法。由当时的记录来看，民国初期的军阀只要有钱，什么都能买到。而选择“盒子炮”当然是情有独钟了。

“盒子炮”的实务

“盒子炮”的一项特色，是它的枪套可以倒装在握把后，变为肩射武器。这是20世纪初流行的一种做法，传到中国后，成为一种惯例。

1930年后，毛瑟的各型手枪可换装通用保险片。在保险状态时，扣动扳机，击锤可以安全地落下而不触及击针。有这个装置的型号，在击锤后刻有花体的“NS”标记。

“盒子炮”的装填方式与毛瑟步枪相同，用10发装的桥夹，由上方压装，无论是7.63mm或是9mm口径枪弹，都可使用相同的桥夹。而不管是固定弹仓还是可卸式弹匣，都可以用桥夹直接从枪身上方压弹。

由于桥夹只能装10发弹，若是容弹量为10发的毛瑟手枪，当抽出桥夹时，枪机会立即复位；对于容弹量为20发的毛瑟手枪则在枪机底部增加了一个缺口，当枪机向后拉到位时，枪机被击锤固定在后方，20发枪弹压装完毕后，将枪机稍向后拉然后松开，枪机才会复位。

毛瑟手枪的另一个特色是它的表尺射程，高达800～1000m，这当然是没有意义的，如果用手枪对1000m的目标射击，弹头到达目标时已经没有什么动能了。

“盒子炮”的抽壳钩在枪机的上方，枪弹发射后，节套与枪管不动，枪机后坐，抽壳钩将弹壳拉出，抛壳挺将弹壳往上抛。巧合的是，弹壳有时真的会掉回枪内，造成卡壳。因此有人将枪面转90°，使弹壳向左抛出，就不会发生卡壳故障了。由此我们想到，在反映抗战的影片里常常看到游击队员以这种方式持枪射击，当然用这种方式射击，枪托是无法使用了，另外还要特别注意的是不要误伤身边的人员。

“盒子炮”的生产过程非常复杂，这是其价格居高不下的原因。以枪管与节套组件来说，毛瑟原厂是一体加工出来的，也就是说要先将枪管加工出来、拉出膛线、铰出枪膛，再对节套进行铣、钻、切等工序，若是哪一道工序出了问题，整个组件都要报废。所以，后来西班牙的各型手枪，均摒弃了这种生产方式，枪管都是另外生产之后，再锁入节套。这样做节省了许多工序，也降低了废品率。

毛瑟速射型“盒子炮”的枪机可以用击锤固定在后方，以便分两次用桥夹压装20发弹。注意枪机末端下方的凹槽

各型“盒子炮”表尺射程，都远达1000m。左起阿斯特拉900、毛瑟Bolo、大沽造、汉阳造

1937年10月21日，装备齐全的一名国民党军队士兵，“盒子炮”木托之下可以看见枪绳皮带

再看看“盒子炮”的其他部件。其握把、弹匣及枪身3大部件，都是从一块钢坯中铣切出来的，其相对位置、角度等都是固定的，一点儿都不能有差错，制造工序同样十分复杂、严密。

在美国的收藏品市场上，原先被认为是便宜货、次级品的西班牙“盒子炮”近几年来价格飞涨，现在甚至比毛瑟原厂的产品还要贵。这里面大概有几个原因：一是西班牙“盒子炮”的产量原本就少，大部分（90%以上）都卖到了中国，而且在战乱中多有毁损，因此物以稀为贵；二是西班牙的简化设计有其独到之处，看多了毛瑟“盒子炮”，总要收藏些变型的才有比较，因此引起了收藏家的抢购。

7.63mm枪弹及10发桥夹

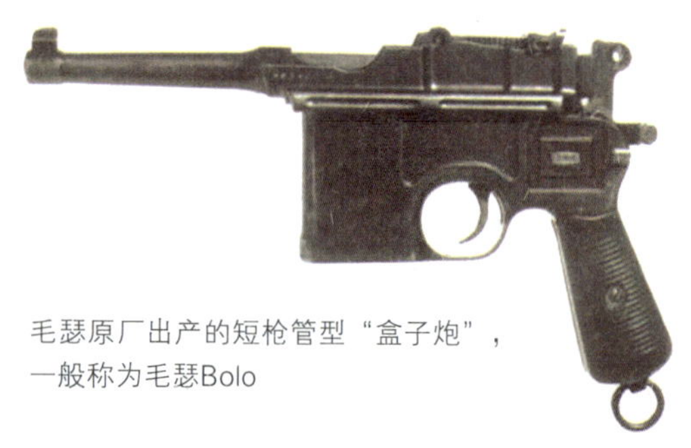

毛瑟原厂出产的短枪管型“盒子炮”，一般称为毛瑟Bolo

“盒子炮”的价钱

以下是来自中国近代兵器工业档案史料的民国初期陆军部报告，由于币值更动，所以同时列出其他手枪及步枪价格来作比较。

1922年各兵工厂的军械价格——

汉阳兵工厂：七九步枪每支43元，七九枪弹每千发88元；“盒子炮”每支120元，盒子炮枪弹每千发80元。

上海兵工厂：八寸勃朗宁每支42元；六寸勃朗宁每支30元。

1924年世昌洋行报价：毛瑟手枪连500发弹、木套、训练弹等，每支70元（同时期意大利1891年式步枪，连刺刀、粮袋、弹袋、水壶等28元一套）。

1934年兵工署的报告中提及：“二十四年上半年度代购手枪……由本署与柏林商专处或国内洋行办理一切定（订）购运输手续……二十响‘盒子炮’每支80元，转轮手枪每支30元，四、六寸勃朗宁手枪或毛瑟手枪每支30元。”

1936年，从德采购2万支“盒子炮”，均为全自动型号，每支附1000发枪弹，单价为140元。

由这些记录可以看出：①“盒子炮”的价

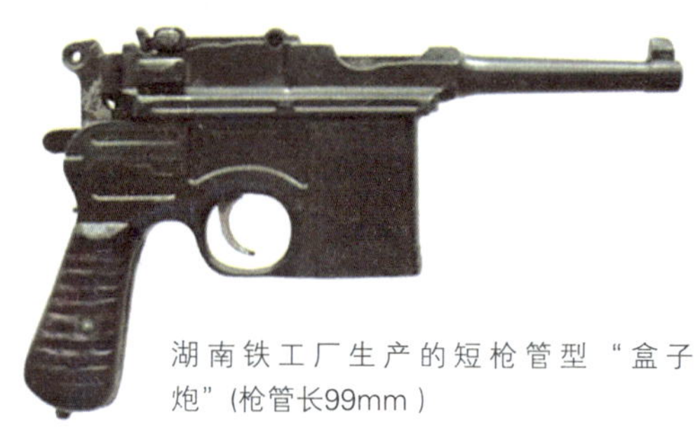

湖南铁工厂生产的短枪管型“盒子炮”(枪管长99mm)

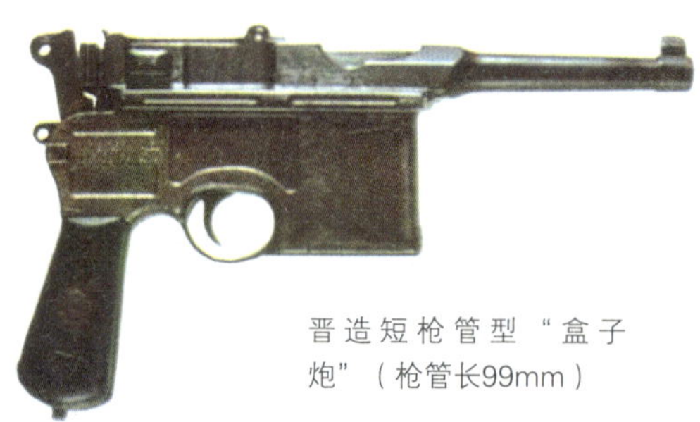

晋造短枪管型“盒子炮”(枪管长99mm)

格比其他手枪要贵出许多，无论是国产或是进口基本是汉阳造步枪或一般步枪的3倍；②国产步枪比进口步枪要贵许多，根本无竞争能力。

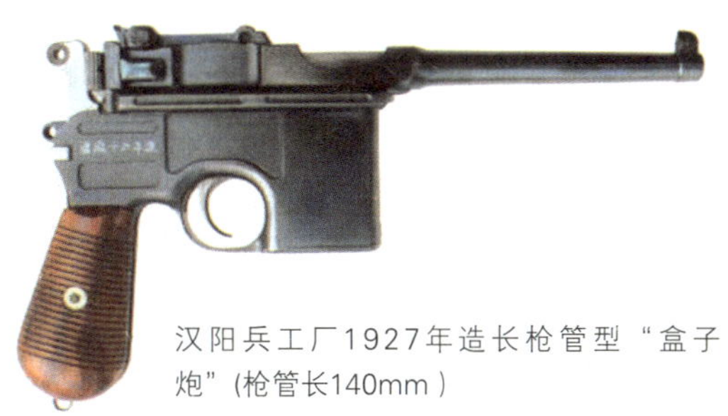
汉阳兵工厂1927年造长枪管型“盒子炮”（枪管长140mm）

国产“盒子炮”

国内生产“盒子炮”的工厂、单位非常多，已知的生产单位至少有：汉阳兵工厂、上海兵工厂、巩县兵工厂、大沽造船所、山西军人工艺实习厂、重庆武器修理所、衡阳军械局等。产量较大的有汉阳、上海、巩县及山西的兵工厂等。其中，尤以汉阳的产量最大，生产时间也最长，型号有长枪管型及短枪管型等。汉阳的“盒子炮”，其准星位于一个套环上，再把套环焊在枪管上。毛瑟原厂的做法是直接嵌在枪管上或利用套环焊接上。

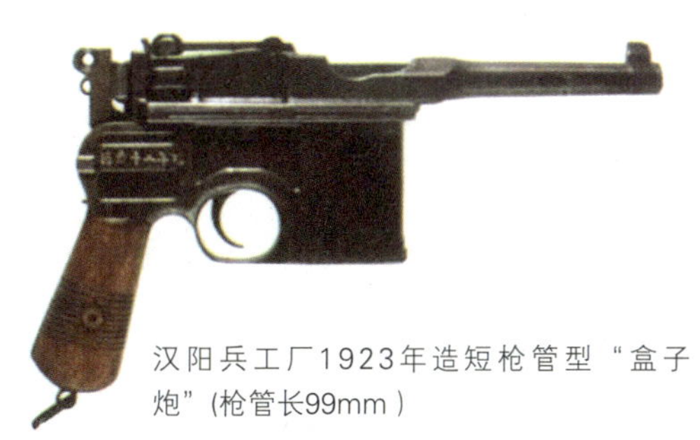
汉阳兵工厂1923年造短枪管型“盒子炮”（枪管长99mm）

大沽造船所的产量不大，各种型号加起来，可能只造了2000～3000支。但其种类繁多，除了骑枪型之外，另有6种以上的变型枪，其中一种是意大利合约式的，枪面光滑，一般称为“大镜面”，打印有英文“Taku Dockyard”（大沽船坞）；也有如同一般毛瑟枪面的型号，打印“大沽造船所”。

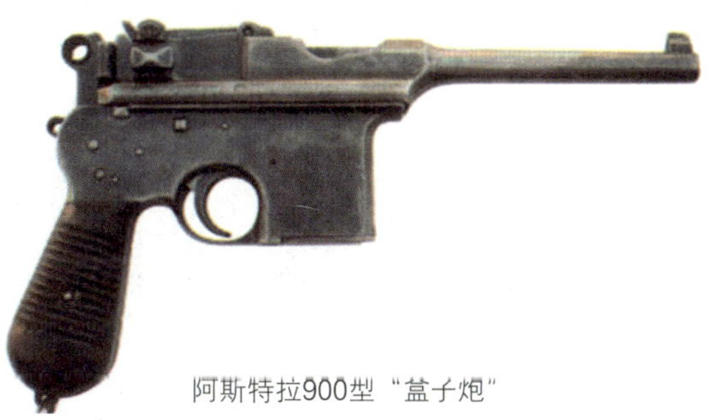
阿斯特拉900型“盒子炮”

许多修械所、军队的保修厂都有一些车床和机器，也会在工余生产“盒子炮”。这些地方生产的“盒子炮”，有的品质非常好，有的则任意刻印序号及其他标识。中国周边的印度、阿富汗等，早以手工仿造枪械著名，所以市面上的一些“盒子炮”，有的以为是原厂的，事实上是仿造品；有的以为是国产的，事实上另有其来源。除非细细比较其工艺、零件以及印记的字体，有时很难判断其真正的出处。

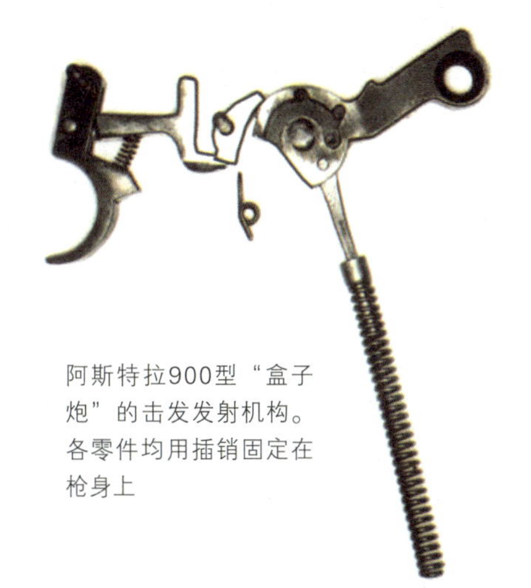
阿斯特拉900型“盒子炮”的击发发射机构。各零件均用插销固定在枪身上

西班牙的“准盒子炮”

来自西班牙的“准盒子炮”，基本有3种：阿斯特拉（Astra）、阿树牌（Azul）、皇家牌（Royal）。1925～1936年之间，曾有

近10万支西班牙生产的“准盒子炮”卖入中国，对原先独占市场的毛瑟制“盒子炮”，造成很大的威胁。西班牙的各型“盒子炮”多采用了一些简化生产的工艺，例如其枪管都是锁入节套的，加上西班牙的劳动工资原本就较为低廉，因此其产品较毛瑟制“盒子炮”便宜。

西班牙的波依斯特加兄弟（Juan & Cosme Beistegui）在1925年首先推出他们设计的“盒子炮”，并打出“皇家”牌作为品牌。事实上“皇家”牌早已存在。波依斯特加兄弟只是借用这个牌子来行销其“盒子炮”，但由于其“盒子炮”销售得很好，反而盖过了原先此品牌的各型手枪，让人将“皇家”牌等同于“盒子炮”。“皇家”牌“盒子炮”的特征是其枪机浑圆，到了后期的MM31型才又改回方形。枪身右侧打印“Royal”，有两大一小 3 个平头螺钉（小螺钉是后方大螺钉的固定螺钉）及2个插销。

阿斯特拉是伊光达公司（Esperanza y Unceta）的商标，在1927年也推出了900型的“盒子炮”。虽然外形上仍是“盒子炮”的样子，但它的设计与毛瑟不同，较接近于普通手枪。伊光达公司拥有自己的生产线，自产自销，至今仍然存在。

“阿树”牌的各型“盒子炮”在设计上则完全和毛瑟制“盒子炮”相同。“皇家”牌及阿树牌均没有自己生产“盒子炮”，只是交给其他厂家代为生产。

这 3 种枪都有全自动的型号，都曾经大量卖到中国。

“盒子炮”种种

速射型“盒子炮” 1926年，皇家牌推出了全自动的型号，这是世界上第一支全自动“盒子炮”。当时大量卖到中国，广受欢迎。1927年，阿斯特拉也相继推出全自动的901型、902型及903型。另外“阿树”牌的全自动型号——“超级阿树”牌（Super Azul）其实就是“皇家”牌的MM31型。

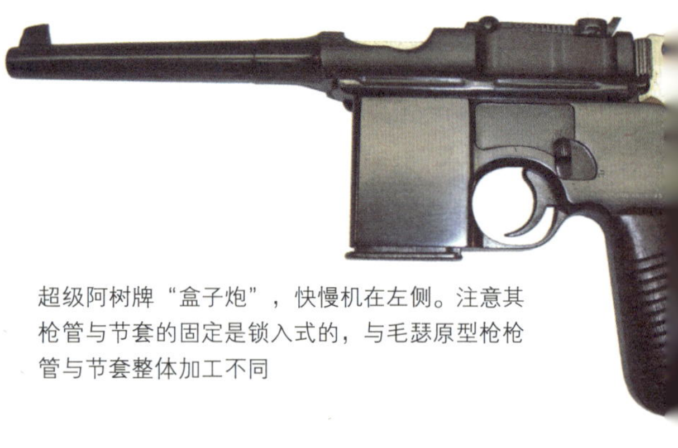
超级阿树牌“盒子炮”，快慢机在左侧。注意其枪管与节套的固定是锁入式的，与毛瑟原型枪枪管与节套整体加工不同

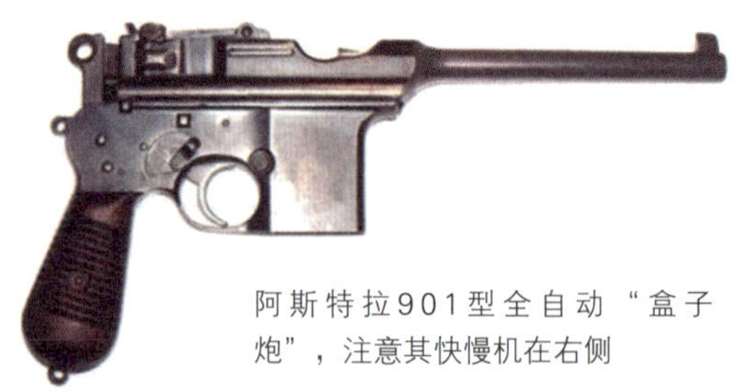
阿斯特拉901型全自动“盒子炮”，注意其快慢机在右侧

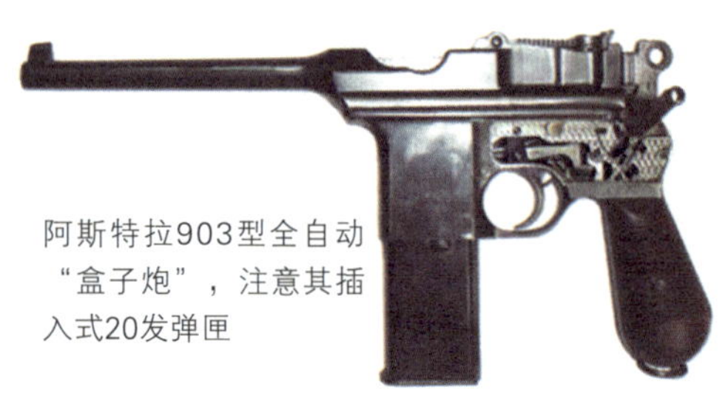
阿斯特拉903型全自动“盒子炮”，注意其插入式20发弹匣

阿斯特拉903型全自动"盒子炮"内部机构特写，可看出其加长的阻铁

毛瑟速射型"盒子炮"与原厂木托

为了与西班牙仿造品竞争，毛瑟厂在1930年也开始设计全自动的型号，首先由尼克（Nickl）完成设计，试产了4000支，但是效果不佳，后来又由卫斯丁尔（Westinger）进行改进，正式型号于1931年5月开始量产，毛瑟厂称之为毛瑟速射手枪。两种型号外观上的最大差异是快慢机的形状不同，尼克的设计是转片式，而正式型号的设计是个有指针的圆钮，要将中心按下才能调整。所有的毛瑟速射手枪均使用10发或20发的弹匣。

阿斯特拉全自动“盒子炮”的自动功能，则是将阻铁加长，当枪机运动时，解脱子（Disconnector）受枪机的推动上下移动，在枪机回到位时，解脱子也上升至击发位置，阻铁解脱，实现击发。

“皇家”牌及超级“阿树”牌的快慢机转片与毛瑟一样在枪身左侧，阿斯特拉的则置于枪身右侧。

人们对全自动手枪有很多尝试，但均不了了之。全自动手枪这一概念很是吸引人，以手枪的质量与长度，却能实现连发发射，携带方便且火力强大。实际上，问题也就出在手枪的质量上，大部分的全自动手枪，在发射时完全没办法控制，毫无准头，除非是在很近很小的空间内，否则只是浪费弹药而已。

毛瑟速射手枪也不例外，虽然有人称其为“手提机枪”，但其稳定性远远不及机枪。有试验显示，23m距离上3发点射时，第2发比第1发高了25cm、第3发比第1发高了30cm。

毛瑟速射型盒子炮快慢机的标识：
N为半自动，R为全自动

为了解决这个问题，阿斯特拉首先推出有射速控制钮的F型，随后“皇家”牌的MM34型立即跟上。其设计理念是鉴于毛瑟手枪的射速太高，实际射击时无法控制，而想借降低射速来提高实用性。据说阿斯特拉F型及“皇家”牌MM34型的最低射速可以达到350发/min，如果属实，应该是在可以控制的范围内。可惜这两种型号的产量都很低，至今实物已经很难找到。

使用速射手枪最好的办法，似乎是加上木托，抵住肩膀，以左手紧握弹匣前部进行射击。

大眼“盒子炮” 1928年（民国十七年），山西根据德国M1896毛瑟手枪，设计了11.43mm（0.45inACP）手枪，称为17（年）

八一三松沪战役时在掩蔽物后的一名士兵手持“盒子炮”向日军射击

式手枪。枪的左侧印有篆文“壹七式”，有人搞不清楚，误认为是“第七式”。

在构造上，17式与毛瑟手枪的设计完全相同，并没有什么改动，只是将原枪调整放大，发射0.45inACP手枪弹。这是世界上唯一使用这种口径的毛瑟手枪，毛瑟原厂都没有生产过，算是原创。因此真品很受收藏家的欢迎。

骑枪型“盒子炮” 毛瑟厂在推出“盒子炮”之后，依循当时的习惯，也推出了骑枪型，加长枪管、加上枪托及前护木，其枪管254～406.4mm均有。

骑枪型的着眼点自然是骑兵及其他轻装的部队。但是即使加上枪托之后，增加了有效射程，仍是受使用枪弹的限制，实用性有限。在20世纪初，这一类型枪械曾昙花一现，在欧洲有多种不同的手枪都推出了骑枪型，但是很快就被淘汰了。毛瑟生产的这一款数量据说不超过1000支。现存的实物中，还有国内大沽造船所仿造的骑枪型。

“盒子炮”的威名

为什么“盒子炮”得以在中国这么流行？通常可以从以下几个方面来看：

盒子炮是一支大型手枪，给人的感觉就是威力大。当时中国没有人探讨停止作用、枪口能量等问题，比较其他的各型手枪，直觉上盒子炮就让人认为是一支威力十足的武器，足以信赖，名称也冠以了“炮”。

容弹量大。当时的各型枪械，连步枪在内，很少有超过 8 发的，装弹量越大越好，应是一般人共同的感觉。

1000m的表尺射程，令人想来威力比其他手枪大得多。

另一个和尺寸有关的原因是，装上木盒后，挂在腰际，实在是挺吓人的。

实际上，用“盒子炮”射击不是很舒服，几近圆柱形的握把，不易握住。装上木盒以后，拇指很容易被击锤打到，一般称为锤伤（Hammer Bite）。没有桥夹时，几乎无法装弹。这只有实际用过的人才能体会得到。

旧情绵绵“盒子炮”

毫无疑问，中国是世界上使用“盒子炮”最多的国家。德国制、西班牙制及国产的各种型号，保守估计总数应在50万支以上。更有趣的是，没有其他武器像“盒子炮”一样，成为群众的最爱。

“盒子炮”与中国人的不解之缘，当然与波澜壮阔的 8 年抗战息息相关，当时军队中大量使用“盒子炮”。另外，从民国初期开始，达官显贵的护卫，也多配有“盒子炮”，这种威风凛凛的形象，也该是许多人“有为者亦若是”的一种向往。再加上许多通俗文化作品中，也都为英雄人物配上了“盒子炮”，那些激动人心、激烈情节的描绘也为盒子炮添上了不朽的光环。

随着时光的流逝，伴随中国一路艰辛走来的“盒子炮”，慢慢地退出了历史的舞台，只在小说、戏剧中继续它不朽的生命……

德国原厂造M1932速射型"盒子炮"

独特而罕见的“盒子炮”
——西班牙MM31及MM34手枪

20世纪20年代中期，毛瑟兵工厂曾向中国大量出售M1896手枪。毛瑟手枪比较流行的原因是其采用木质枪套，必要时可以作为枪托使用。当装上枪托时，枪的威力大大提高，有效射程可达229m，威力相当于卡宾枪。

由西班牙的贝斯太顾依（Beistegui)兄弟（简称贝氏兄弟）创建的BH(Beistegui Hermanos）公司当时也生产手枪。贝氏兄弟看到中国市场上毛瑟手枪的销售行情火爆，便于1925年仿制生产了一支类似的手枪，该枪比阿斯特拉M900手枪至少早了一年。

贝氏兄弟将他们仿制的毛瑟手枪称为“皇家”牌。该枪只是在外观上与毛瑟手枪相似，内部结构却有着很大不同。为了简化生产工艺及降低成本，“皇家”牌的枪机截面呈圆形，而不是方形，而其他毛瑟手枪仿制品（包括后来的“皇家”牌）则为方形。除此之外，在保留毛瑟手枪基本结构不变的情况下，其他方面作了一些局部的改动。这些改动不仅没有影响“皇家”牌的可靠性，反而在降低成本的同时更便于用户维护保养。托马斯·尼尔森在《世界冲锋手枪及冲锋枪》一书中仅用了97个字来描述如何分解组装“皇家”牌手枪，而在描述毛瑟原型枪的分解结合过程时几乎用了600字，足见这支手枪结构之简单。

鉴于相比原型毛瑟手枪而言，“皇家”牌的内部机构有许多创新之处，因此，与其说后者是前者的翻版，不如说是一支全新设计的手枪更合适。

有关“皇家”牌

其实，“皇家”牌这个名称早先就已用过，在此之前一位西班牙的制造商就曾为其生产的半自动手枪取名为“皇家”牌。贝氏兄弟同样借此名销售手枪，也算是销售策略吧。但先前的“皇家”牌生产质量不够好，虽然贝氏兄弟的“皇家”牌选用了最好的材料，并采用了高标准的生产工艺，但对于欧洲及美洲的客户而言，“皇家”牌这个品牌就意味着较次的生产质量。然而对于旧中国而言，情况却不太一样。因为先前生产的“皇家”牌并未进入中国市场，加之贝氏兄弟的“皇家”牌与毛瑟手枪外形相似，且生产质量不错，价格也比德国毛瑟手枪便宜，因此，自“皇家”牌进入中国市场的那一天起，它便一步一步侵占着毛瑟手枪在中国的市场份额。

贝氏兄弟“皇家”牌的第一个型号仅能半自动发射，一年后（1926年）推出了能选择半自动或全自动发射的型号，这是第一支能全自动发射的毛瑟型手枪，比毛瑟原厂产的全自动型M1932毛瑟手枪（毛瑟工厂内部编号为“712”，我国称为“快慢机”）早了5年。

尽管全自动型“皇家”牌的固定弹仓容弹量只有10发，但它在旧中国的军阀中十分流行，销量约是半自动型的1.2倍。而当5年后毛瑟公司推出它的全自动型时，贝氏兄弟已不再生产“皇家”牌，而是推出了它的改进型号MM31。

西班牙波依斯特加兄弟设计制造的“皇家”牌仿德国毛瑟“盒子炮”。外型看起来一样，其实内部构造完全不同，零件也不能互换

图为德国毛瑟(上)与西班牙“皇家”牌枪机的比较。“皇家”牌的一大特色是它的枪机是圆形的，在加工上较为简易，成本也更低

MM31手枪

1929年，BH公司设计了可选择射击方式的“皇家”牌第二型手枪，在工厂的文献记录中，仍称为“皇家”牌，但人们通常称之为MM31(Military Mode 1931)。

MM31比早期的“皇家”牌复杂得多，它几乎完全仿制了毛瑟原型手枪的内部机构，包括其正方形横截面的枪机。第二型手枪为何与第一型有这么大的区别，其原因不得而知，但不管怎样，MM31都代表着当时西班牙手枪生产工艺的最高境界。上文提到的托马斯·尼尔森写道："第二型"皇家"牌手枪（MM31）在某种程度上代表着西班牙手枪生产的制高点……，这些手枪均仿制于基本型M1896毛瑟手枪，与原枪相比只有很小的差别。"

MM31共有4种型号，要想一一将其区分开来，确实要下一番工夫。

MM31第一种型号带有一个固定式弹仓，容弹量10发，与其前身 "皇家"牌容弹量相同；第二种型号与第一种型号结构完全相同，所不同的是弹仓容弹量为20发。此时，"皇家"牌在中国已成为一个很有名的商标名称，销往中国市场的一部分MM31打上了"皇家"牌的商标，另一部分打上了"超级阿树"牌（Super Azul）的商标。

第三种型号的MM31有一个很重要的改进，它不是采用固定式弹仓，而是采用可卸式弹匣，容弹量有10发、20发及30发3种。这种弹匣式手枪的优点是卸下空弹匣并插入满弹匣的时间要比装满固定式弹仓的时间短。此种型号的MM31的弹匣与"快慢机"的弹匣不能互换。

另外，第三种型号的MM31也是西班牙生产的毛瑟手枪中首支采用多种口径的型号：除了有发射7.63mm毛瑟手枪弹的型号外，还有发射9×23mm拉果手枪弹及柯尔特0.38in超级手枪弹的型号。不过，第三种型号的MM31的生产总量并不大。

1931年底，第四种型号的MM31上市了。与第三种型号一样，它的弹匣也是可卸式的。同时，该弹匣可与"快慢机"的可卸式弹匣互换，这个特性也使第四种型号的MM31在中国市场进一步流行起来。除弹匣不同外，第四种型号与第三种型号完全一样。第四种型号的MM31仅生产了约1000支（MM31共生产约10000支），MM31的生产序号延续了"皇家"牌的，其起始序号大约是23000。

中国民兵武器装备陈列馆珍藏的MM31手枪，为著名抗日英雄杨靖远的佩枪

最不常见的MM34手枪

贝氏兄弟并不是仿制毛瑟手枪的唯一生产商。1927年，温塞塔公司，最初名称为Esperanza y Unceta，成立于1908年7月。1926年，公司的一个创始人退出股份，公司便更名为Unceta y Cia）以阿斯特拉（Astra）为商标推出了他们仿制的毛瑟手枪——M900。同"皇家"牌一样，M900也采用了最好的材料及高标准的生产工艺。1934年，温塞塔公司推出了M900 F型手枪，F型手枪带有一个复杂的机械降速机构，据说能将手枪射速降至仅350发/min，这种机构不仅节省了弹药，而且也使全自动射击变得容易控制。为了应对竞争，贝氏兄弟也适时推出了带有降速机构的MM34。

MM34的降速机构比M900 F型手枪的要简单，它采用一个可调整的气缸。仔细想来，贝氏兄弟公司的气压式降速机构比温塞塔公司的机械降速机构生产成本要低一些。

MM34握把左侧上方有一个射速选择杆，能调整位于握把内的气缸口部的针形阀。与M900 F型手枪不同，MM34可选择高射速或低射速，工厂资料表明，其射速选择杆有3

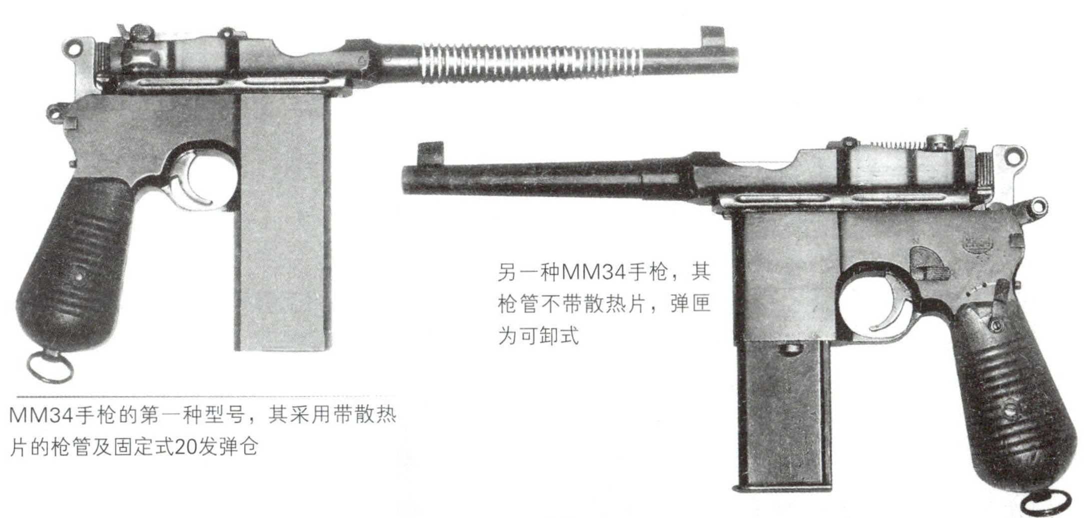

MM34手枪的第一种型号，其采用带散热片的枪管及固定式20发弹仓

另一种MM34手枪，其枪管不带散热片，弹匣为可卸式

个位置。而《轻武器评论》中所用MM34的射速选择杆有 4 个位置，其中一处的凹陷比其他三处的要浅，也许是使用者或某个部门自行增加了这第 4 个位置。

MM34采用西班牙陆军的制式9mm口径，发射9×23mm拉果手枪弹。在MM34生产之前，温塞塔公司刚签订了一份向西班牙陆军提供1000支F型手枪的合同，贝氏兄弟公司生产的MM34采用9mm口径，可能也是想获得向军方提供枪械的机会。

MM34的生产量非常小，在这极小的量当中，还至少有两、三种变型枪。最早的MM34采用固定式的20发弹仓，同MM31的第二种型号相同，第二种MM34采用了可卸式弹匣，这种可卸式弹匣与快慢机的弹匣兼容。

在尼尔森著的《世界冲锋手枪及冲锋枪》一书中，有一幅MM34第一种型号的照片，它采用了固定式20发弹仓，枪身上的生产序号为32749，而本文用作测试的MM34，其机匣上的序号为32750。与尼尔森书中提到的MM34不同，测试所用的MM34的弹匣为可卸式的。其原因可能是这样的，即序号为32749的是第一种型号的MM34的最后一支，而序号为32750的是第二种型号的第一支。

尼尔森在书中称，MM34很容易识别，因为它们像汤姆逊冲锋枪一样，采用了带散热

MM34手枪的快慢机杆位于扳机后方，置于“N”位置时为半自动状态，置于“R”位置时为全自动状态。握把内为气压式降速机构（上图）

注意握把上方的射速选择杆有 4 个对应位置，其中一处的凹陷比其他三处的要浅（下图）

片的枪管。但本文用作测试的MM34的枪管没有散热片。第二种型号采用没有散热片的枪管可能是当时的生产规范。

机匣序号为32750的MM34，其节套上的序号与机匣序号并不一致，造成这种序号不统一的原因可能有以下2种：

一种可能是为了加速生产过程，将新设计的采用可卸式弹匣的机匣与早期的第四种MM31的节套组件配装在一起组成第二种型号的MM34。

还有一种可能是枪管没有散热片的MM34是变型枪，既然机匣序号为32750的手枪是第二种型号MM34样枪，那么有可能从来没有制造过一支完整的第二种型号的枪。1936年西班牙内战开始时，贝氏兄弟公司停止生产手枪，许多未完成生产的手枪及零部件在工厂被库存起来，有可能序列号为32750的MM34是利用这些零件组装的，这就产生了枪管没有散热片的MM34手枪。

射击MM34

所有的贝氏冲锋手枪均配有木质枪托/枪套，由于无依托连发射击时存在危险，所以在使用MM34手枪时，一定要驳接枪套连发射击。

首先进行的射击测试是将射击选择杆置于快速射击位置（最右侧位置），平均射速1115发/min，最少的点射数为 2 发、 3 发或4发。

6.4m（25码）处放一纸靶，以测定其弹头散布。与毛瑟快慢机一样，MM34手枪第一发弹的弹着点在瞄准点附近，第二发弹的弹着点偏上25.4cm，第三发弹比第一发弹偏上41cm。

将射击选择杆放在中间位置，连续射击，射速降至约960发/min，再将射击选择杆放在左侧的两个位置进行射击，发现射速并没有明显的变化。

为什么选择杆置于不同位置射速无明显变化，目前还不清楚原因何在，可能的解释是，经过75年的存放，气缸内的空气泄漏，所以导致测试失败。因为无法拆开降速机构，也只能这样推测了。

结语

BH公司的MM31及MM34系列主要是为销往旧中国市场而生产的，当时取得了非常大的成功。贝氏兄弟应算是发明家，因为他们不是完全复制毛瑟手枪。他们的“皇家”牌手枪，虽然外观像毛瑟手枪，但内部机构经过明显改进之后，成本降低，制造容易，而可靠性却没有降低。全自动型“皇家”牌手枪更是一个创新，是自制及仿制的毛瑟手枪中第一支全自动型手枪。

“皇家”牌、MM31及MM34共生产约33000支，其中“皇家”牌的产量约为23000支，MM31系列约10000支，西班牙内战中断了MM34的生产，据工厂的不完全记录，带有降速机构的MM34只生产了不到50支。如果真如声称的那样，降速机构能将射速降至350发/min，MM34应该算得上是一类新型武器。

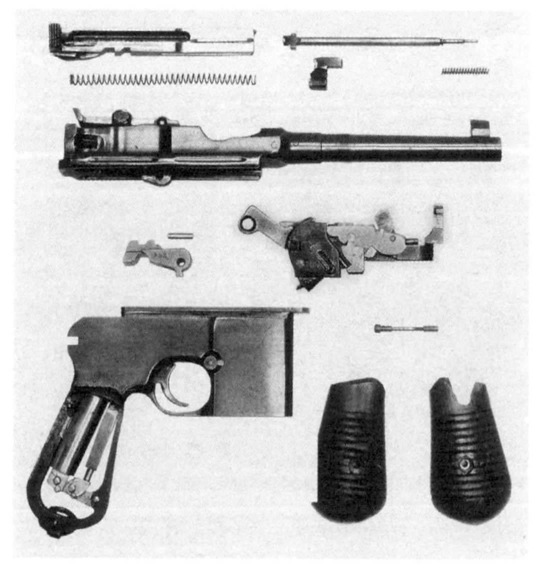

MM34手枪的不完全分解状态

长枪管的炮兵型卢格P08手枪及枪套

超凡魅力 演绎传奇
——德国卢格P08手枪

概述

1908年被德军选作制式武器的卢格P08手枪，是当时最具魅力的半自动手枪。虽然几乎同期出现的柯尔特政府型手枪，也是一支优秀的手枪，且在美军的服役时间较长，但总体感觉上，其魅力不及P08手枪。P08手枪的超凡魅力在于其采用枪管短后坐自动方式与肘节式枪机闭锁机构，结构独特，外观优雅，加工精良，且其动作的可靠性、安全性与同期的手枪相比，属于上乘。

一般来说采用肘节式枪机闭锁机构的半自动手枪屈指可数。仅有卢格手枪的原型——博查特手枪（美国人雨果·博查特于1890年研制的世界上第一支自动手枪）、20世纪70年代毛瑟公司再次生产的卢格手枪以及德国埃尔玛公司的一种半自动手枪几种而已。

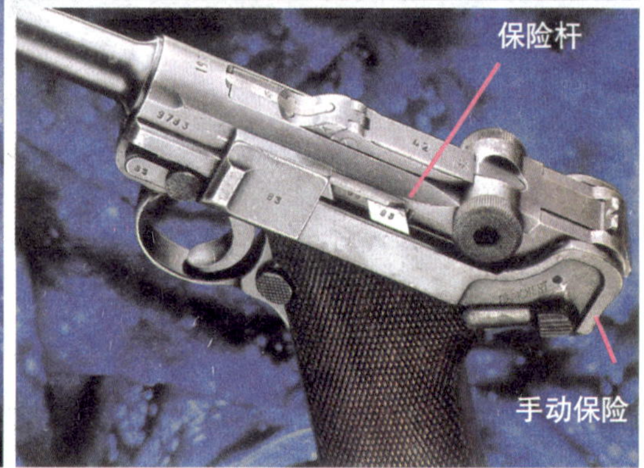

保险杆置于机匣左侧，将手动保险扳到下方位置，保险杆被迫上升，挡住扳机连杆，使其不能向外运动，从而实现了“击针保险”

P08手枪造型优雅，生产工艺要求高，零部件较多，成本也较高。该枪在1938年被德国卡尔·瓦尔特武器制造厂生产的P38手枪取代，但在德军采用P38手枪为制式武器之后，该枪的生产并未停止，直到1942年底才正式结束其批量生产。据资料记载，P08手枪共生产约205万支，经过第二次世界大战的消耗，剩余极少，这更提高了其收藏价值。题图即为二战时期德军士兵使用过的一支P08手枪，机槽前顶部刻有表示生产年份的铭文“1939”，前肘节杆顶部刻有表示生产厂家毛瑟公司的代号“42”，机槽左侧前方刻有枪号“9783”。固定卡笋、扳机护板、保险杆侧面等处刻有表示同一生产编号的“83”。此编号的用途是，在同时组装许多枪支的情况下，可以避免某一支枪上的零件被错装到另一支枪上，以保证枪支各零件之间配合良好。

P08手枪有多种变型枪。从口径看，有7.65mm和9mm两种，9mm是德军为了迎合

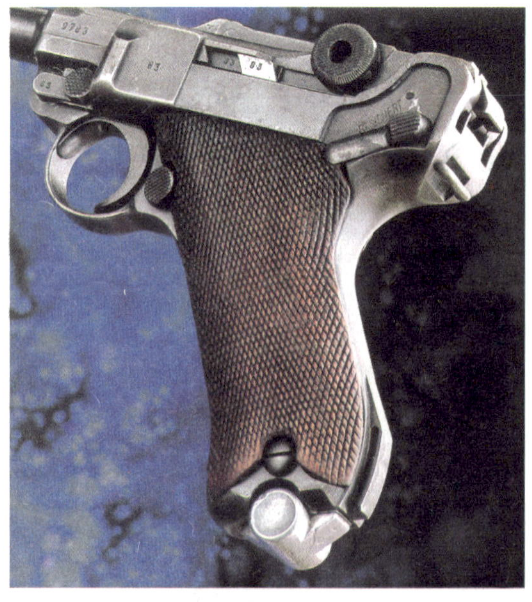

握把的后下部有配装枪托的接口

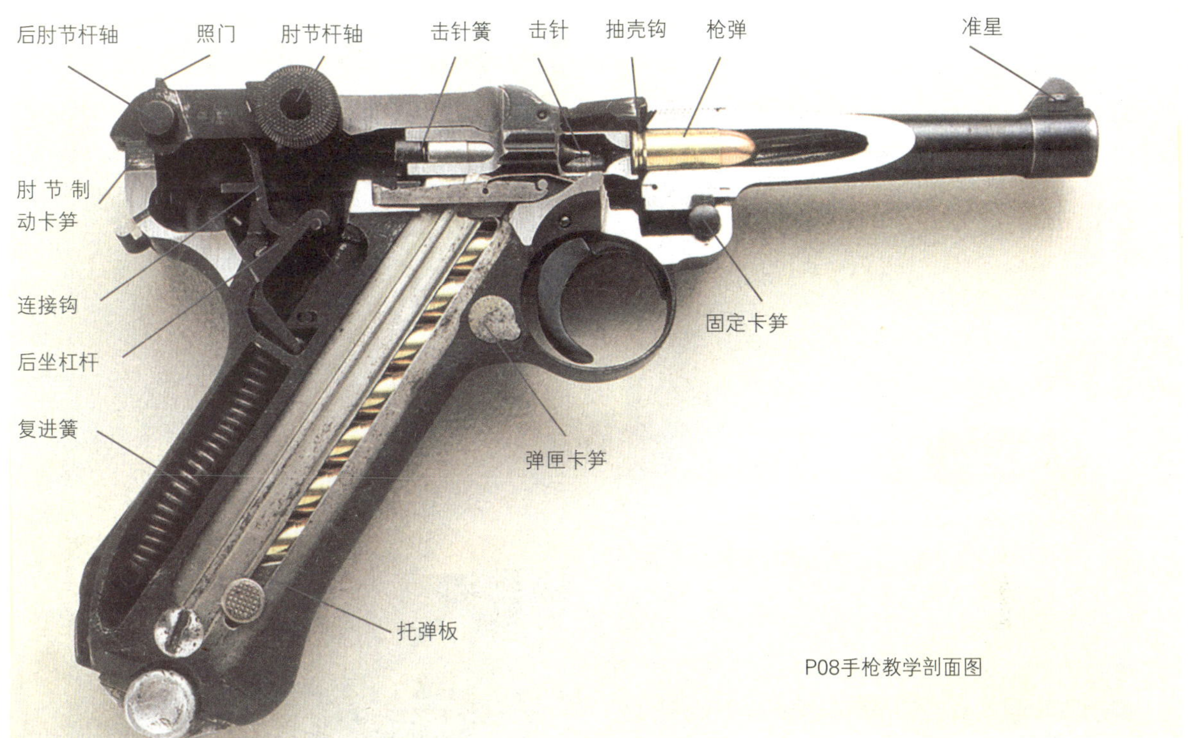

P08手枪教学剖面图

战时对大威力手枪的需求，于1936年增设的口径。该口径的P08手枪使用9mm巴拉贝鲁姆弹，这种弹直到现在仍被各国广泛用作军、警制式枪弹。另外，从枪管长度看，P08手枪有标准型（枪管长102mm）、海军型（枪管长152mm）、炮兵型（枪管长203mm）、卡宾枪型（枪管长298mm）和商用型（枪管长有89mm、120mm、191mm、254mm和610mm这5种）5种。其中，炮兵型是P08手枪中的宝中宝，极其珍贵，由德国DWM公司于1914～1918年生产，仅2万支。文中所示的炮兵型P08手枪是DWM公司于1916年生产的，其射击精度较高，可以100%命中200m处的人像靶。其准星为三角形斜坡准星，可调风偏。带V形缺口照门的弧形表尺，分划为100m，最大表尺射程800m。

结构图解

以下将结合图片介绍P08手枪的肘节式枪

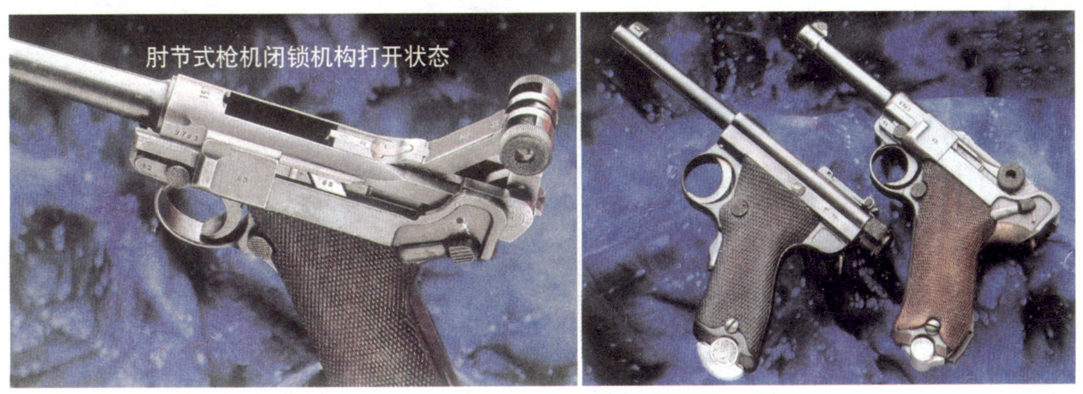

日本8mm南部手枪（左）与P08手枪（右）几乎同期问世，两者均为枪管短后坐式

机闭锁机构的动作过程。

P08手枪的肘节式枪机开、闭锁时不是做回转运动，而是像昆虫“尺蠖”行动时那样身体上弯和伸直，如同用大姆指和中指测量距离一样进行曲折运动。

图1为P08手枪肘节式枪机闭锁机构的示意图，其独特之处在于各肘节杆连接轴的位置。请注意，肘节杆轴②的位置略低于前肘节杆的支点①位置及后肘节杆的支点③位置。

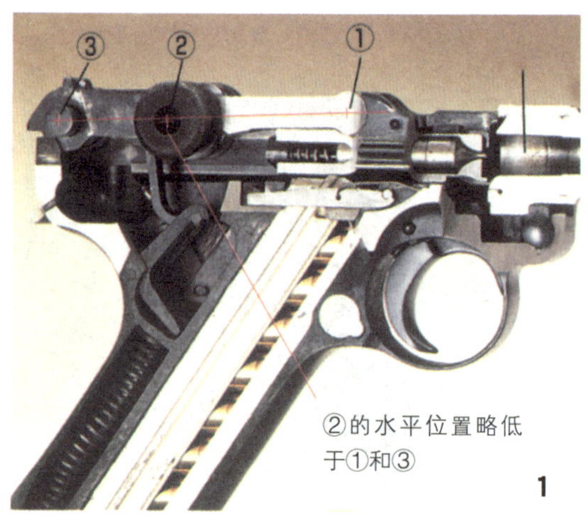

1

图2为枪机随肘节杆的运动而后坐到位时的动作状态。用手抬起肘节杆轴，前肘节杆及后肘节杆如图示向上折起。由于前肘节杆通过枪机销与枪机连接，因此前肘节杆的向上运动使枪机后退、开锁；由于后肘节杆通过连接钩与后坐杠杆连接，因此后肘节杆的向上运动通过一系列机械传递，向上拉动复进簧导杆，复进簧导杆压缩复进簧，为枪机复进储备能量。

2

图3为枪机复进和膛内有弹指示器的动作状态。释放肘节杆轴后，枪机在复进簧簧力的作用下复进，将弹匣内的第一发弹推入弹膛。此时击针被扳机连杆挡在后方，呈待击状态。抽壳钩进入弹底凹槽内，并稍微上抬兼作弹膛有弹指示器。向上突出的抽壳钩左侧，刻有德文“GELADEN”（装填完毕之意）的字样，表示膛内有弹。

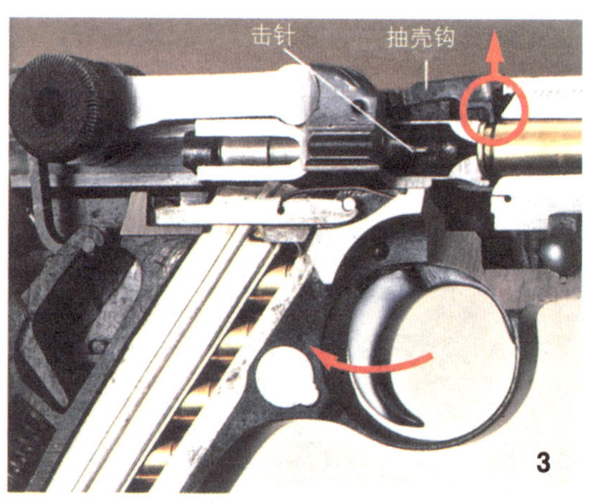

3

图4为枪弹被击发时前肘节杆受力情况。扣动扳机，扳机上端拉动扳机杠杆绕其轴转动，于是扳机杠杆的上端向里推动扳机连杆前端，扳机连杆绕其轴转动，其后端向外运动直至解脱对击针后部突起的阻挡，击针在击针簧簧力作用下前进，打击枪弹底火。火药开始燃烧，弹头加速运动，火药燃气压力像A那样由弹壳底部作用于肘节杆轴。由于肘节杆轴的位置②低于前肘节杆的支点①位置和后肘节杆的支点位置，所以力沿B的方向作用。此时，肘节式枪机仍处于闭锁状态。

图5和图6为肘节杆轴向上抬起的动作过程。随着弹头的继续加速运动，枪管与机槽成一体后退。枪管与机槽后退约6.5mm时，肘节杆轴碰撞到机匣后方两侧的曲面而向上抬起。

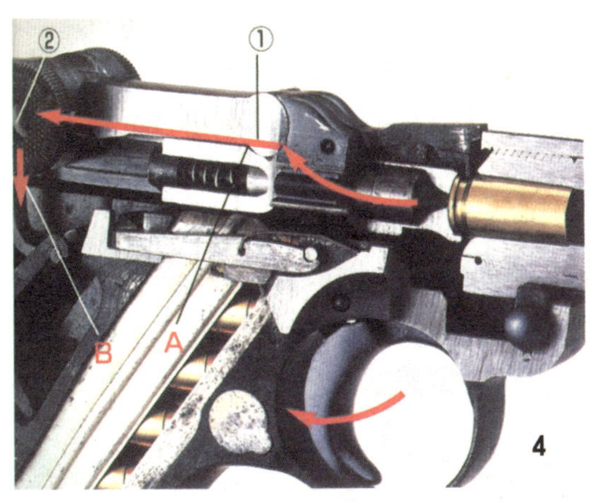

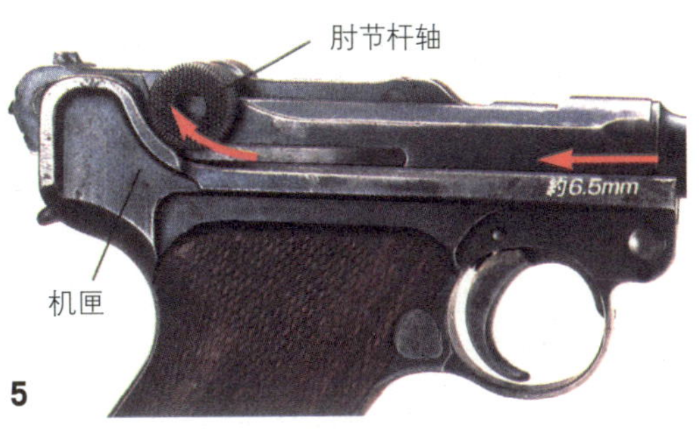

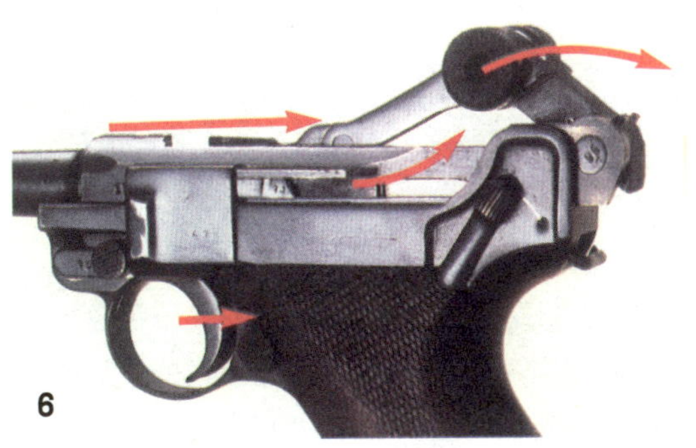

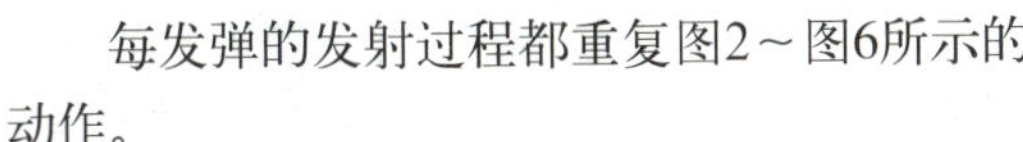
每发弹的发射过程都重复图2～图6所示的动作。

射击试验

试验枪为德国毛瑟公司于1939年生产的标准型P08手枪（枪管长102mm），发射捷克里帕布利克S&B标准弹（一种9×19mm弹，弹头

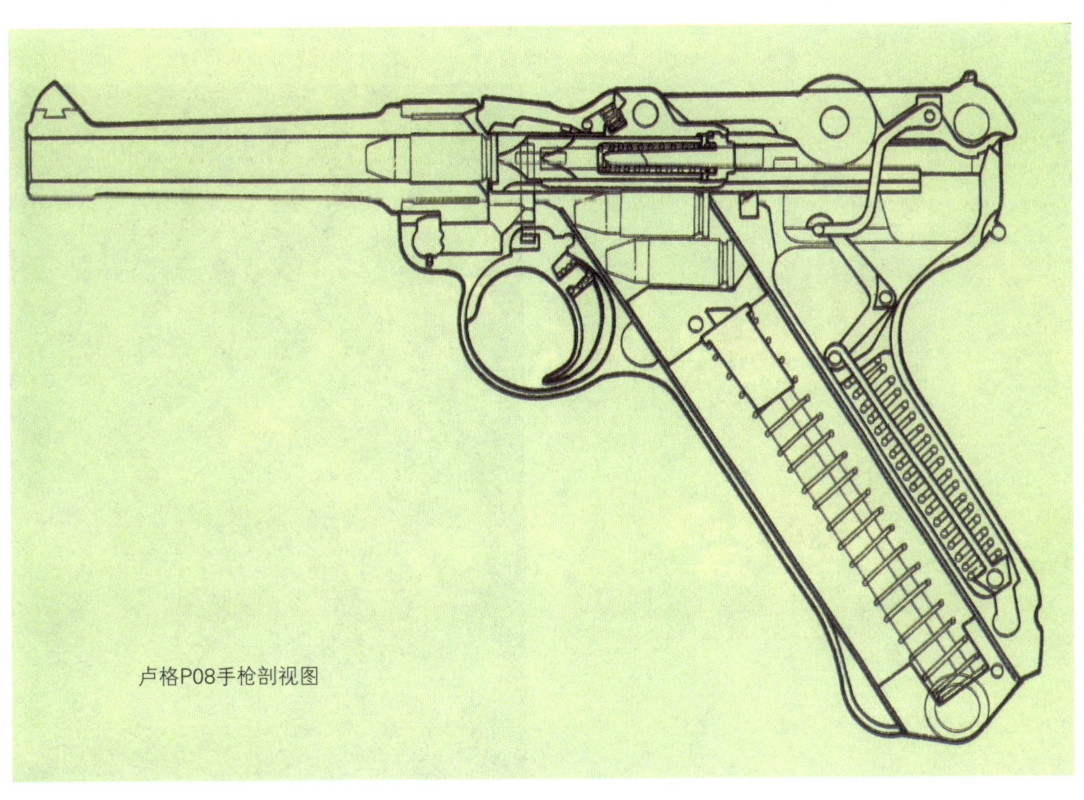
卢格P08手枪剖视图

高速摄影拍下的P08手枪的动作过程

质量7.5g）。S&B标准弹可重新装填发射药，性能良好，颇有声誉。当然P08手枪也可使用现在生产的9×19mm手枪弹（又称9mm巴拉贝鲁姆弹、9mm卢格弹）。

在200发的射击试验中，P08手枪曾几次发生供弹故障和发射后枪机复进不到位的问题。尽管可靠性不是最好，P08手枪仍被那个时代的人们所认可。

在试验中，以单手立姿射击均能命中22.9m远处的纸靶。卢格P08手枪问世至今将近百年，能有如此表现，说明该枪的确是一支优秀的半自动手枪。

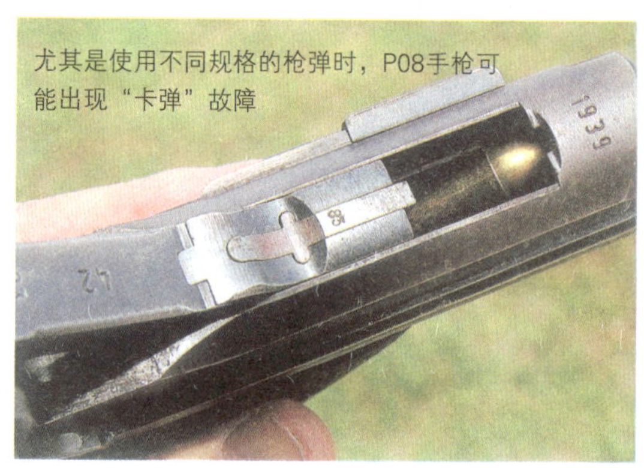

尤其是使用不同规格的枪弹时，P08手枪可能出现“卡弹”故障

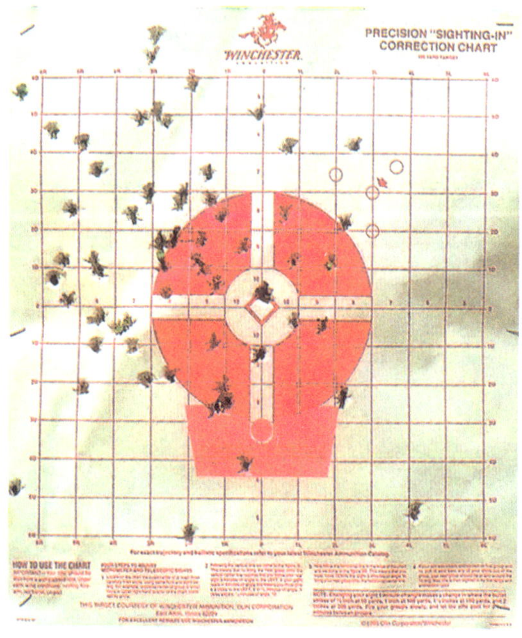

用炮兵型P08手枪单手立姿射击22.9m远处的纸靶，均能命中

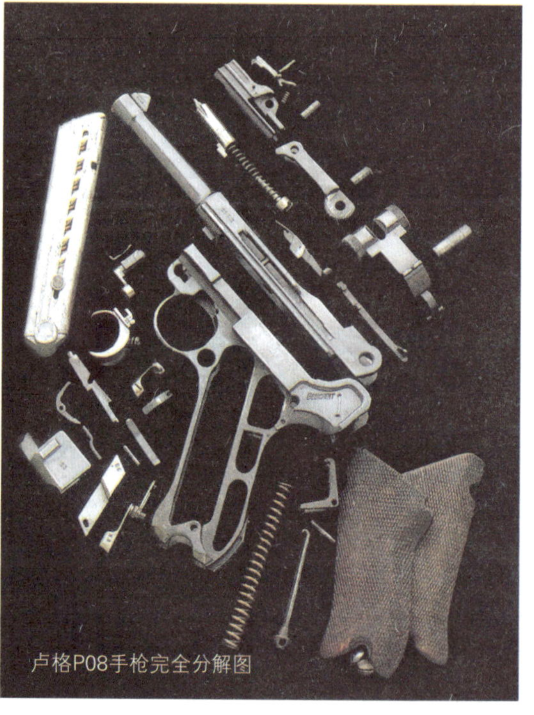

卢格P08手枪完全分解图

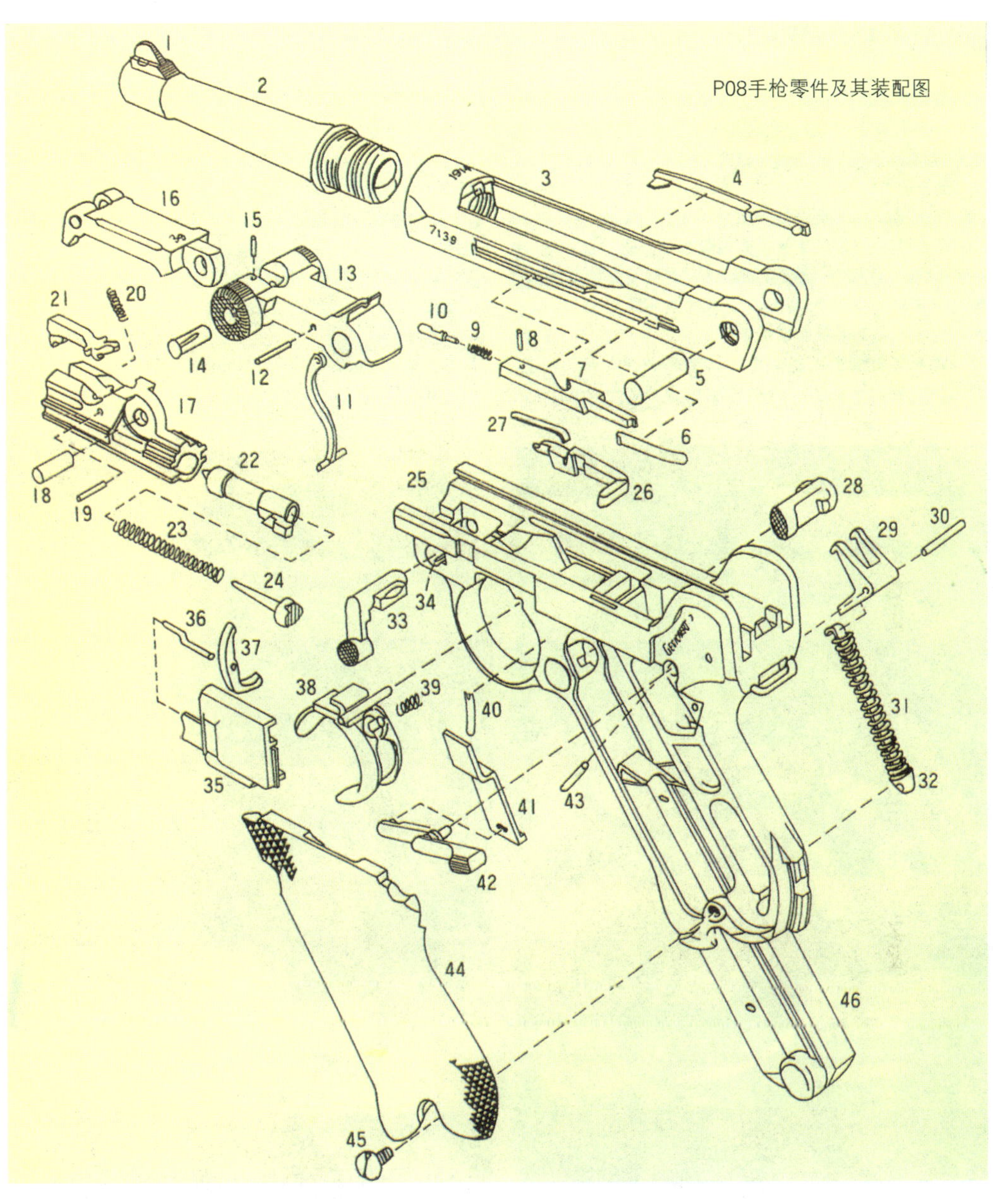

1—准星；
2—枪管；
3—机槽；
4—抛壳挺；
5—后肘节杆轴；
6—扳机连杆簧；
7—扳机连杆；
8—扳机连套杆销；
9—扳机连套杆簧；
10—扳机连杆套杆；
11—连接钩；
12—连接钩销；
13—后肘节杆；
14—肘节杆轴；
15—肘节杆轴固定销；
16—前肘节杆；
17—枪机；
18-枪机销；
19-抽壳钩销；
20—抽壳钩簧；
21—抽壳钩；
22—击针；
23—击针簧；
24—击针簧导杆；
25—枪底把；
26—枪机释放卡铁；
27—枪机释放卡铁簧；
28—弹匣卡笋；
29—后坐杠杆；
30—后坐杠杆销；
31—复进簧；
32—复进簧导杆；
33—固定卡笋；
34—固定卡笋簧；
35—扳机固定板；
36—扳机杠杆销；
37—扳机杠杆；
38—扳机；
39—扳机簧；
40—弹匣卡笋簧；
41—保险杆；
42—手动保险；
43—保险销；
44—握把护板（2个）；
45—握把护板固定螺(2个)；
46—弹匣

P08不完全分解步骤及局部特写

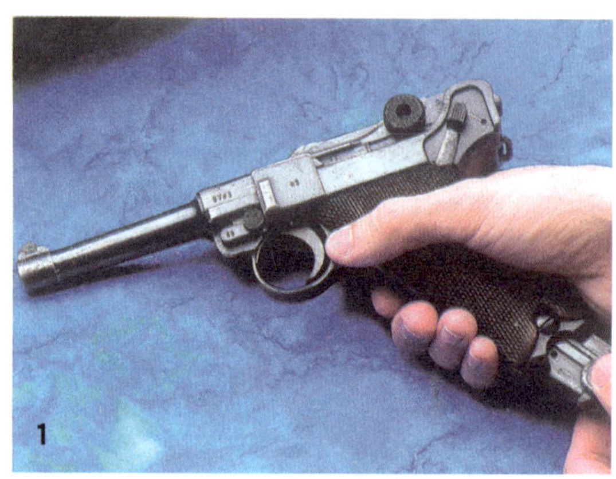
按压弹匣卡笋并拔出弹匣，并检查弹膛内是否有弹

将枪管稍微向后推并将固定卡笋转动90°

卸下扳机固定板

由前方取出枪管、机槽和枪机组件

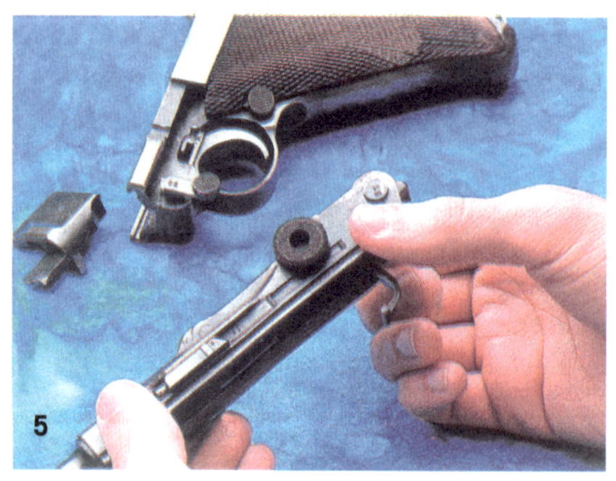
拔出后肘节杆轴，才能分解出肘节式枪机组件

取出肘节式枪机组件

如果是射击后的简单擦拭，分解到此为止

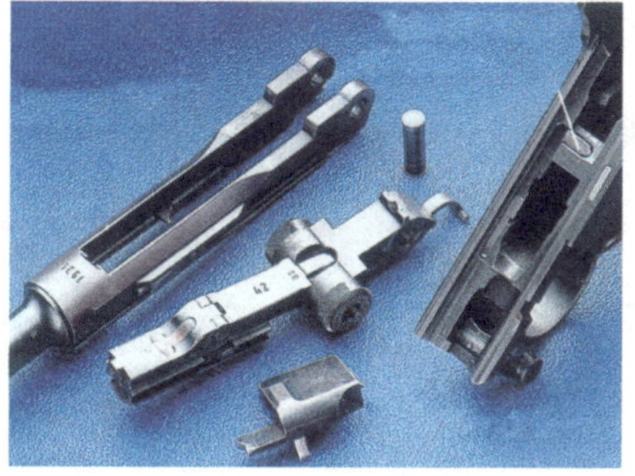

P08的各种变型枪中均有图示的各部件

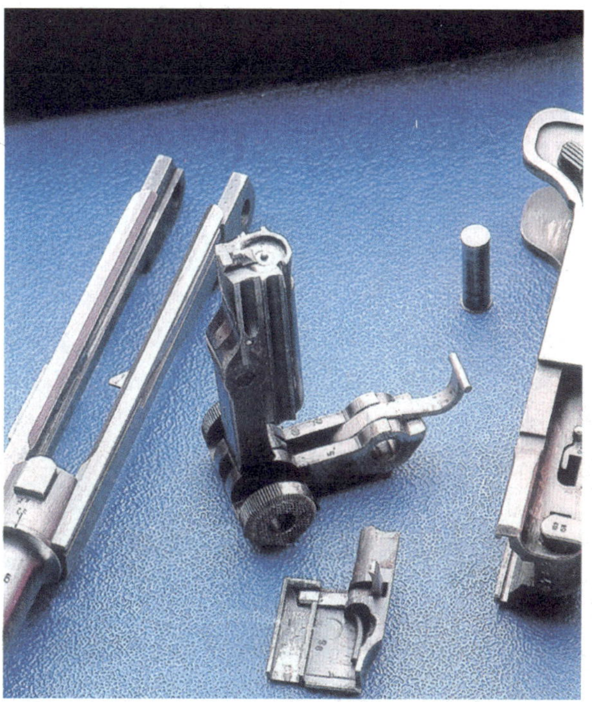

P08手枪的枪机组件、机槽、扳机固定板

细说“王八盒子”

——日本南部十四年式手枪

俗名由来

在抗日战争时期，日本侵华的军、警、宪、特以及其他的侵华机构使用的手枪，除了部分日本本国制造的以外，许多都来自欧美和其他一些国家和地区，品种多，型号杂。然而，日军中配备和使用最多的手枪，是南部十四年式8mm半自动手枪。但是，在当时的中国百姓以至现在的中国百姓中，说起南部“十四年式8mm半自动手枪”这个名词，似乎知道的人很少，不过倘若提及日军使用的“王八盒子”，几乎是无人不知！真的可以说是地无分南北，人无分老幼，也不论其是否真知道“王八盒子”何许模样，但对这一名称都印入心中。日本军国主义侵略者在中国人民心中留下的历史烙印之深，由此可见一斑。

“王八盒子”是中国人民给日本南部十四年式8mm半自动手枪起的一个既形象又贴切的俗名。这个约定俗成的“俗名”，究竟首出何源，至今已无可考证。根据当时历史以及中国民俗特点来推理，“王八盒子”之名最早出自我国东北地区的可能性极大。

“王八盒子”何以冠名？首先当然要从中国人民对日本侵略者的仇恨与憎恶说起。众所周知，在中国民间语言里，“王八”这个词带有绝对的贬义。中国抗日军民用“王八”这个贬义词来表达对日本侵略者的憎恨之情在常理之中。那么为什么单单给南部十四年式8mm半自动手枪冠以“王八盒子”之名呢？主要原因有两个方面：其一，在旧中国，老百姓通常把体重较轻、用皮质枪套

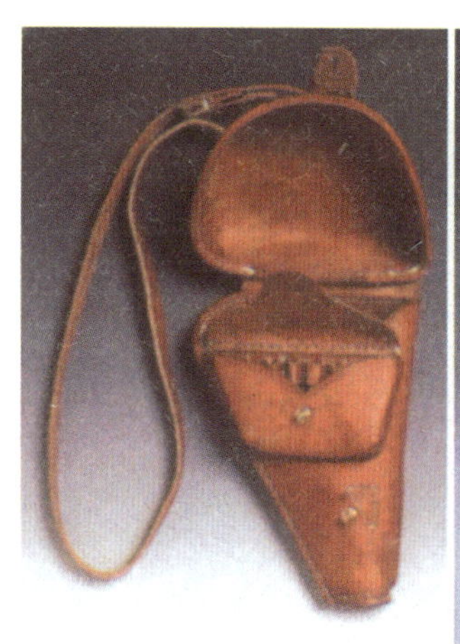

“王八盒子”的名字源于其枪套圆形凸鼓面硬壳造型

直接别在腰间的手枪，叫做“撸子”，而把体重较重、使用木质或皮质枪套并用肩背带斜挎在肩上携带的手枪，叫做“盒子枪”，例如把驳壳枪称之为“盒子枪”、“盒子炮”等。抗日战争中，日军普遍装备的南部十四年式8mm半自动手枪，绝大多数是用皮质枪套并用肩背带斜挎在肩上携带的，因此中国百姓也就自然称其为“日本盒子枪”。其二，由于南部十四年式8mm半自动手枪的皮质枪套在设计上，为了能够携带备份枪弹和弹匣，枪套的盖子采用了圆形凸鼓面硬壳造型样式，远远看去，那圆鼓鼓的枪套盖子还真的挺像“王八盖子”。如此形象思维，人们称其为“王八盒子”，唤来上口，贴切之至，与情与形，恰到好处，“专有名词”约定俗成。

至此，遵从中国抗日军民的习惯，下面的文字中，凡出现南部十四年式8mm半自动手枪的地方，一律以“王八盒子”谓之。

装备使用

“王八盒子”是二战时期日军装备的制式手枪，也就是日军正规部队普遍装备的标准手枪。从军制学的角度讲，“王八盒子”是当时日军的一件标志性装备。首先，“王八盒子”在日军中装备的面很广，从将军到士官，从陆军一般的步兵部队到炮兵、工兵、装甲兵等各个特种兵部队，以及海军和空军的各部队，各阶层。普遍装备。真的是哪里有日军，哪里就有“王八盒子”，哪里的中国军民就知道“王八盒子”。自然中国抗日军民缴获的“王八盒子”数量也相当可观。其次，作为日军的制式武器，“王八盒子”一般不装备给伪军、汉奸、“狗腿子”使用，甚至连日本侵华的特务、警察及其他一些准军事机构或非军事机构等使用的手枪，除了用一些欧美等国家和地区的手枪外，日本国产的手枪通常也仅限于“杉浦式”、“九四式”等，用上“王八盒子”的极少。

对于中国抗日军民而言，使用“王八盒子”的情况却正好相反。在中国共产党领导的八路军、新四军以及国民党直接参加对日作战的正规部队中，虽然缴获的“王八盒子”较多，而直接使用的却非常少，只是少量地供侦察人员在便衣侦察中使用，在部队中虽也有使用，但绝没有与那个“王八”枪套一起使用的。当时，在广大的抗日游击队以及各种地方抗日武装力量中，使用“王八盒子”的倒真不少，但也决不与那个“王八”枪套一起使用。几乎所有参加过抗日战争的老一辈军人在谈及战斗故事，特别是谈枪论炮之时，虽说都有说不完的经典、道不尽的感慨，却唯独很少提及“王八盒子”。每每好奇问之，往往大多抱以鄙夷神情，足见对于这种手枪的复杂心情！日本侵略者制造武器的本意是要通过杀戮来征服中华民族，却被中国人民夺过来反抗杀戮、反抗征服。从这个意义上讲，武器本身是没有阶级性，甚至没有国界的。然而，人们对于日本军国主义及其惨绝人寰暴行的憎恶和仇恨，通过“王八盒子”这样一支手枪体现出来的情况，在其他各种缴获的武器上并不多见。

“王八盒子”的手动保险位于扳机上方的套筒上，“火”为发射位置，“安”为保险位置

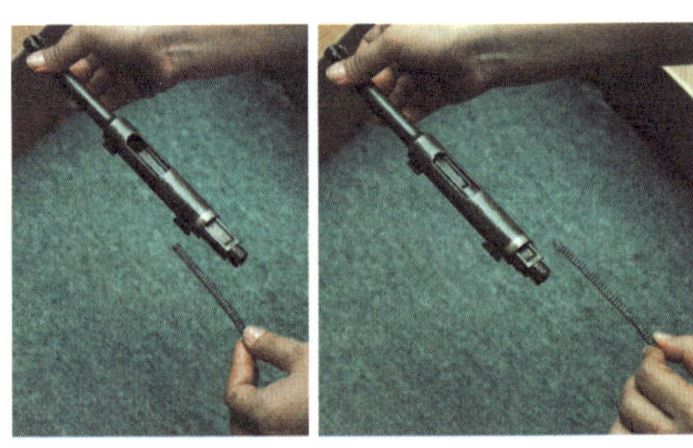
沿枪机两侧布置的复进簧

结构剖析

“王八盒子”是日本为了解决当时日本军队没有统一制式军用手枪的问题，于大正天皇十四年（即公元1925年），在日本陆军大将南部麒次郎设计的南部陆式8mm半自动手枪的基础上改进而成的。在此之前，日军中的日造手枪主要是由南部设计的各式手枪和九四式手枪，这些手枪的口径均为8mm，因此日本军方要求新制式手枪的口径也定为8mm，并且枪弹与以前的各式8mm手枪通用。此外对这把新式的制式手枪的战术技术性能着实是下了一番功夫的。主要特点如下：

（1）“王八盒子”采用枪管短后坐自动方式，闭锁卡铁后端下落开锁，闭锁十分

“王八盒子”采用铝制弹匣

早期生产的“王八盒子”扳机护圈

改进后生产的“王八盒子”扳机护圈，轮廓更大，便于冬季戴手套操作

三层滚花圆形枪机尾部

确实，其特征如德国毛瑟M1896半自动手枪（即通常所说的驳壳枪）以及瓦尔特P38半自动手枪的闭锁结构。

（2）“王八盒子”采用了类似勃朗宁手枪的那种空枪保险机构。当卸下弹匣之后，即使弹膛内仍顶着一发枪弹，并且没有装定手动保险的情况下，也不会发生“走火”事故。据说在当时的日军中，手枪发生“走火”事故的主要原因，多是由于误以为取出弹匣，枪就“安全”了的错觉。“王八盒子”的空枪保险机构，就是针对日本军人多有上述错觉，常常误操作“走火”而设置的。空枪保险机构的特点是，当弹匣向下抽出一点（约3～4mm）时，扣动扳机即无法击发。

（3）“王八盒子”的造型布局，充分考虑了手枪射击时的指向性这一重要的人机工程问题。其握把与枪管轴线之间的夹角设计为120°，故在紧迫局面仓促出枪射击时，可以握枪手食指指向物体的习惯开枪，有效提高手枪的战斗反应时间和射击精度。采用这种类似德国卢格P08手枪的造型布局，使“王八盒子”的质心基本上处于掌心位置上，而且使用的南部8mm手枪弹各种性能指标与通行欧美各国乃至世界各地的9×17mm自卫手枪短弹相当，瞄准基线却长达200mm，虽威力不大，但精度较高。特别是其细长的枪管，对瞄准的导向起到了良好的作用。因此，“王八盒子”的射击精度，在当时世界各国的手枪中，算是比较优秀的。

（4）“王八盒子”在整体结构设计上，比过去的日式手枪简化了很多，使手枪更为紧凑简单。究其目的，一方面是为了适应简化加工工艺和便于大量生产的需要；另一方面也是为了在日后的战斗使用中，减少因结构复杂而造成的故障和给军械技术勤务与保障带来的麻烦。例如在设计上，“王八盒子”一反南部陆式手枪左置复进机和可调式照门的习惯结构，而采用了沿枪机两侧布置

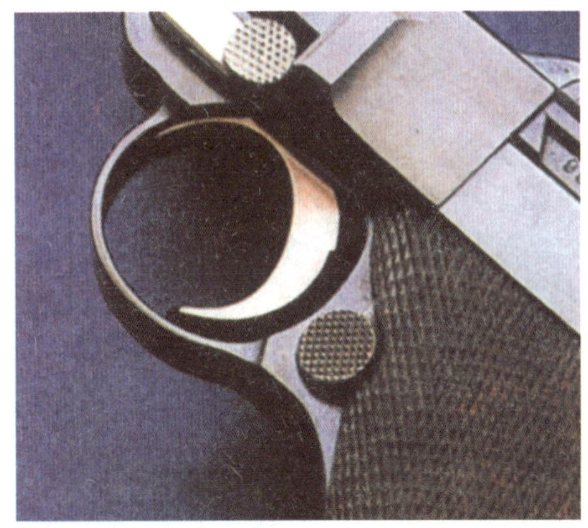

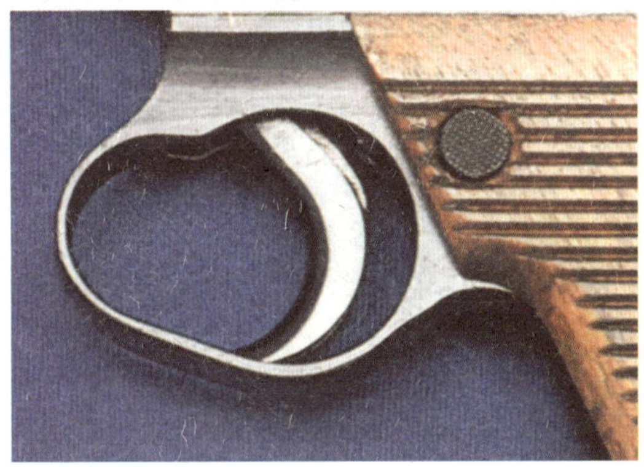

“王八盒子”的弹匣扣（下）与卢格P08手枪的弹匣扣（上）之比较

复进簧的紧凑设计和固定式照门，较大幅度地简化了全枪结构，减轻了全枪质量，减少了全枪宽度，特别是增强了全枪的对中性，避免了因复进机左置造成的偏转力矩。这一点，同样有助于提高枪的射击精度。

大正十五年(1926年)11月，日本名古屋兵工厂开始批量生产“王八盒子”。同年12月25日，大正天皇去世，昭和天皇继位，12月31日，昭和元年始，但是“王八盒子”左面的铭文仍沿用“十四年式”。至此，“王八盒子”很快陆续投入日军使用。特别要说明的是，入侵我国东北，建立和控制所谓满洲国的日军，是最早装备“王八盒子”的日本侵略军。早期出品的“王八盒子”毛病很多，其中最突出的毛病是击针的设计存在重大缺陷，在日常使用中经常发生击发无力和击针折断等致命问题，特别是在东北那样高寒气候中，由于击针上涂抹的润滑油黏稠度增加，问题更为严重。那时，每支手枪都随枪多配一根击针，放在枪套下面的备份弹盒中，以备更换。直到昭和七年（1932年），南部武器公司重新改进设计的击针才全部取代了早期的击针，当然也就不再随枪配备备份击针了。

击针的问题解决了，其他的毛病又出现了。这时最典型的毛病，仍然是由于中国东北地区冬季高寒的气候所致。在高寒地区，人员常常是戴着大而厚的防寒手套来使用武器的。鉴于此点，早期的“王八盒子”除了采用了便于带防寒手套操纵的手动保险机之外，还采用了机加为三层的滚花圆形枪机尾部，使射手在戴防寒手套拉枪机时不致打滑，然而，扳机护圈的孔径只考虑了射手在不戴防寒手套情况下的使用要求，却没有考虑若将戴了防寒手套的食指强行伸进扳机护圈，难免不触动扳机而“走火”。于是，在昭和十年9月，又特别加大了扳机护圈，这样一来，射手即使戴了大而厚的防寒手套，其食指也能伸进扳机护圈而不致因误动而“走火”。在使用中，“王八盒子”还暴露出因误压弹匣扣而经常掉弹匣的毛病。本来，“王八盒子”采用的弹匣结构和弹匣扣结构，是卢格P08手枪的成熟设计。采用此结构的初衷，是为了获得如同西方手枪可以单手退出弹匣的优点。然而，把“王八盒子”与卢格P08相比较就发现，前者的弹匣扣与握把护板是在一个平面上，而后者的弹匣扣却略向前坡下，低于握把护板平面一点点，而窍门往往就在这“一点点”上！真是“形似”不等于“神似”。针对掉弹匣的问题，在改大扳机护圈孔径的同时，又在“王八盒子”握把的前下部，增加了一个弹匣防落簧，在弹匣前下部的相应位置上，增加了一个缺口，以配合弹匣防落簧阻止弹匣脱落。当弹匣扣被按下时，弹匣向下脱出3～4mm，即被弹匣防落簧阻止，不再继续向外脱出，若需更换弹匣，则须用另一只手将弹匣拔出。这样一来，单手退出弹匣的优点完全被抵消，只是此举与“空枪保险”相配合，倒也不为过。

“王八盒子”身上还有一处貌似神非的地方，那就是它的所谓“空仓挂机”机构。当弹匣中最后一发枪弹打出去之后，枪机后退并停在后方位置。不知道的人一定会以为这是通常所说的“空仓挂机”，而实际上这是一个假的“空仓挂机”，因为此时枪机只是被弹匣托弹板后部的凸起挡在了后方位置，充其量只起到了一个弹罄提示作用，告诉射手“该换弹匣了”。然而，这时换弹匣并不那么轻松简单：由于枪机紧紧地抵住了弹匣托弹板，按下弹匣扣时，并不像一般战斗手枪的弹匣那样会自动弹出，而是非得用另一只手用力向外拔出弹匣；由于枪机仅仅是被弹匣托弹板挡住，故弹匣被拔出后，枪机随即在复进簧张力作用下复进到位。但换上装满枪弹的弹匣后，还要再次拉枪机推弹上膛，才能继续射击。

历史佐证

说到这里，“王八盒子”是不是已经给了人们一个别扭和怪诞的印象？其实，要是拿在手里摆弄一番，再打上几枪，你就会对“王八盒子”别扭和怪诞的印象更深。当你握着“王八盒子”的握把，虽不会立刻产生不适之感，但却可能很快联想起日本军刀来；倘若真的拿着一把缴获的日本军刀挥舞两下会感到“给劲”，那么此刻握着“王八盒子”那纤细颀长的握把，总的感觉是心里没底。要说“王八盒子”的长度，在现代战斗手枪中也算得上是“篮球运动员”一级的

抗战期间，中国军民缴获了不少“王八盒子”，但几乎没有人喜欢使用。除去对日本侵略者的憎恶，这支枪的性能也并无过人之处

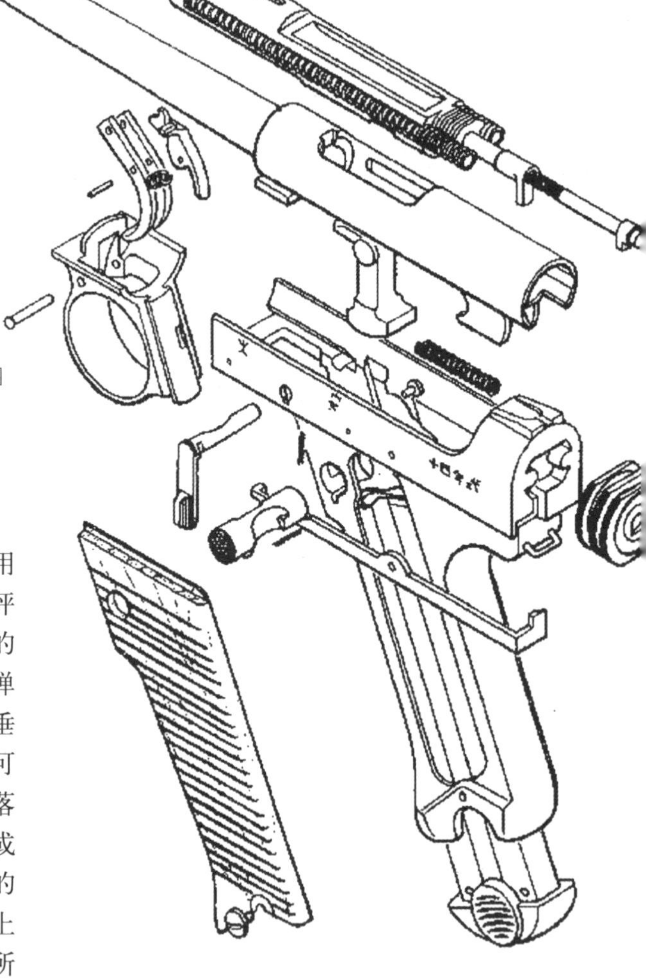

“王八盒子”全枪零件图

了，然而打起来的动静，似乎比我们现在用的64式、77式小型自卫手枪还要弱，总的评价：太“肉”！还不止此，“王八盒子”的抛壳窗设在机匣的正上方，抛壳的瞬间，弹壳碰在抛壳窗的后沿上，使弹壳沿着几乎垂直的方向向枪的正上方飞出，其高度甚至可达到2m，这滚烫的弹壳接着又几乎垂直地落下来，往往对射手造成干扰。要是在室内或屋檐下射击，这种情况会更糟，反弹回来的弹壳打在射手头上、手上，或是掉在耳朵上和脖领里，皮肉受疼痛和烧灼之苦，是在所难免的。看来，老一辈军人对“王八盒子”的鄙夷，以及缴获的大量“王八盒子”始终没有在中国抗日的正规部队中大量使用，还不仅仅是对那段历史的情仇愤懑。“王八盒子”这支枪，使起来真的叫人有些不可理喻，自当也是个中缘由。

太平洋战争爆发后，日军战线越拉越长，武器军备靠本岛供应已日渐不支。为此，当时的日本支那派遣军提出了一个到1946年实现武器军备占领地自给自足的计划。根据这个计划，从1945年4月起，开始在北京、天津以及上海的兵工厂生产“王八盒子”，并称之为“北支十九年式”。然而，这个所谓的“自给自足”计划刚开始不久，就随着日本帝国主义的战败而一起破灭了。

历史上，苏联红军1939年在诺门罕的对日作战中以及1945年在中国东北的对日作战中，也曾经缴获了不少“王八盒子”，其中一部分“王八盒子”在二战期间以及战后初期，配发给“契卡”（注：全俄肃反委员会，简称契卡，由捷尔任斯基发起成立并亲自担任主席。）使用；盟军在亚太战场上也曾从日军手中缴获许多“王八盒子”，其中许多最后被美国大兵称之为“亚洲版的卢格”而成成了抢手的纪念收藏品。在欧洲战场上就曾兴起收藏缴获德军“卢格”手枪的风潮，在亚洲争相收藏“王八盒子”也就不足为怪，只不过“王八盒子”与“卢格”在结构上的的确确是风马牛不相及的。

“王八盒子”的不完全分解与结合

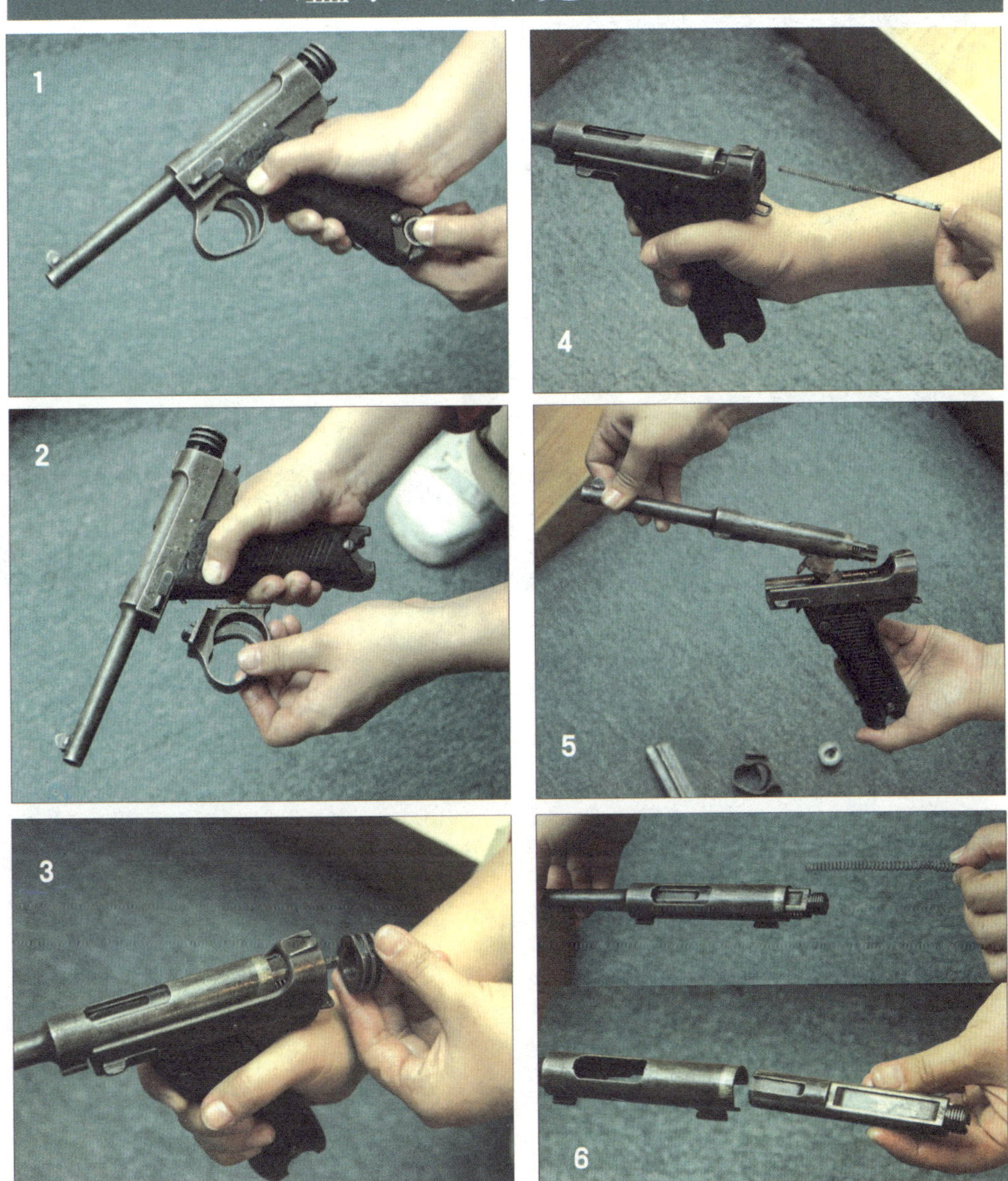

分解步骤：

（1）右手握枪，拇指按压弹匣扣，左手从握把中抽出弹匣；（2）仍用右手握枪，并使枪口略上扬，拇指按压弹匣扣，同时左手拇指和食指握住扳机护圈，沿握把座向下拉，卸下扳机部件；（3）用一只手拇指将击针簧座压进机尾，另一只手拇指与食指合力向逆时针方向旋出机尾；（4）向后抽出击针簧；（5）左手握握把，右手握住枪管组件向前拉动约30mm，向上使枪管组件与握把座分离；（6）自机管组件上抽出复进簧，然后将枪机转动约80°，卸下枪机。

结合按分解的相反顺序进行。

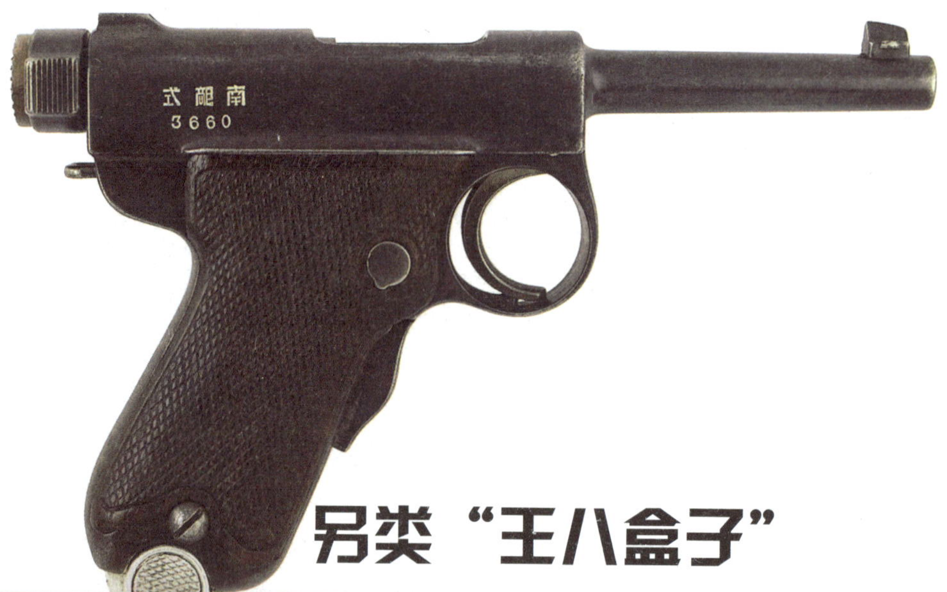

另类“王八盒子”
——日本南部手枪的其他型号

在反映抗战题材的影视作品中，往往少不了“王八盒子”的身影，因此，广大国人对这种手枪早已是耳濡目染了。但是，如果再问：“你熟悉‘王八盒子’的其他型号吗？”恐怕很多人难数一二。其实，除了标准的南部十四年式8mm半自动手枪，日军还曾装备过几支不常见、外形特殊的“王八盒子”。

日本“产物”

二战前，日本军方对轻武器的研制存在着小口径、非自动、低耗弹量等认识误区，南部手枪在设计中也深受此影响。一战前后，日本陆军研制的轻（重）机枪、步枪均采用6.5mm口径，小于世界各国普遍采用的7.92mm、7.7mm、7.62mm机枪、步枪口径。而南部手枪虽然属于大威力手枪，但其采用的8mm南部手枪弹，也小于西方各国盛行的11.43mm和9mm口径枪弹。因为口径小，其弹头质量和装药量也自然受到了影响。

8mm南部手枪弹的弹头质量为6.6g，与德国9mm巴拉贝鲁姆手枪弹的8g弹头和美国11.43mm柯尔特手枪弹的14.9g弹头相比，其质量轻得多，枪口动能也小得多。德国P38 9mm手枪的枪口动能为456.7J，美国M1911 11.43mm柯尔特手枪的枪口动能为501.8J，均高于8mm南部十四年式手枪352.8丁的枪口动能。

苏联7.62mm托卡列夫手枪弹虽弹头质量较轻，但其装药量却超过巴拉贝鲁姆、柯尔特、南部手枪弹，该枪弹的0.6g装药量比8mm南部手枪弹的0.32g装药量多了近一倍，其枪口动能也达到519.4J。可见，从衡量大威力手枪的杀伤力这一重要指标来看，南部手枪的杀伤力较低。

19世纪末，日军多以西方国家的枪械为基础进行设计。当年南部纪次郎在设计南部手枪时，在构造上吸取了几种西方手枪的特点，拼凑出这支不算成功的“大杂烩”手枪。如它的枪管和握把角度、弹匣扣和握把保险按钮都与德国M1898博查特-卢格手枪相似，只是将保险按钮从握把后方移到前方。它采用枪管短后坐式自动方式，自动机构与德国毛瑟C96手枪十分相似，但其使用击针式的击发装置，无击锤。南部手枪的后拉式枪机与奥地利M1907 8mm罗思-斯太尔手枪的相似，只不过前者枪管后坐，后者枪管固定。1934年，南部手枪增加了空枪保险，在无弹匣的情况下，膛内有弹也不能击发，而这借鉴的是比利时勃朗宁-塞维手枪的空枪保险结构。正是由于南部手枪的这种模仿、拼凑的结构，使该枪的系统可靠性差，故障率高。

20世纪80年代初中国的市、县公安局民警大都使用从日伪、国民党军警缴获、接收的外国杂牌手枪。从6.35mm到11.43mm的各国手枪多达200多种，但唯独难见警察中有使用“王八盒子”的。

民警们不愿意佩带“王八盒子”的主要原因就是由于该枪故障较多。这里有一个例证。1979年7月14日，辽宁省铁岭市郊区发生一场枪战，当时我公安机关配备的都是各国杂牌手枪，而歹徒却使用盗窃的两支63式自动步枪，800多发枪弹。铁岭市民警在一天的激烈枪战中有6人牺牲。铁岭地区中级人民法院法警单忠兴带着爱人到沈阳看病，回来途中遇到枪战，掏出自己佩带的“王八盒子”就冲了上去。接近歹徒后，单忠兴只打了一枪，“王八盒子”就卡壳了，在他转身排除手枪故障时，被歹徒的枪弹夺去了年轻的生命。“王八盒子”在中国人特别是军警人员心目中，不仅因其在抗战时期杀害我们的同胞而令人憎恶，也因其本身可靠性差而遭人唾弃。

型号纷繁

前期型号　南部手枪型号较多，早在南部十四年式手枪定型前，就出现了几种枪型。

南部甲型手枪　最初设计的南部甲型手枪，1904年研制定型后，生产的数量较少，没有装备部队。但1914年，参加第一次世界大战的日本海军陆战队临时紧急采用了南部

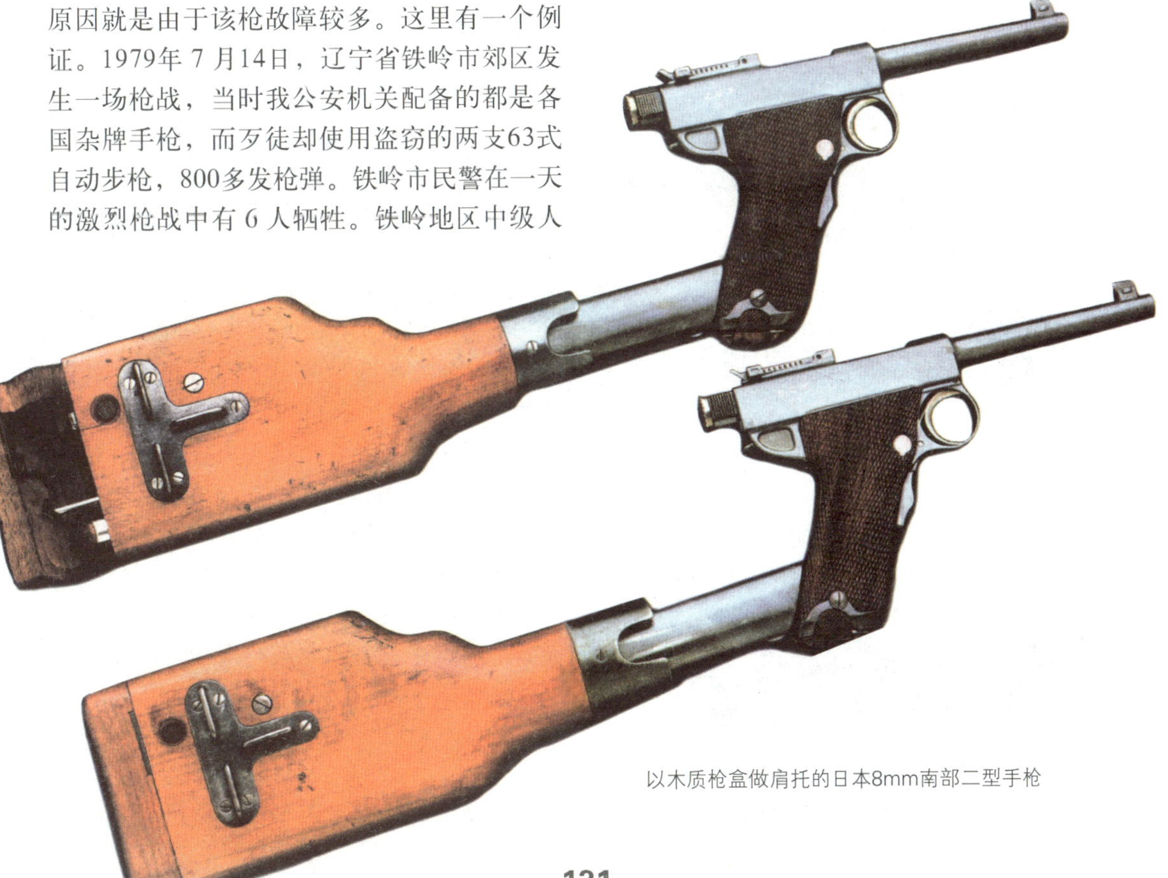

以木质枪盒做肩托的日本8mm南部二型手枪

南部7mm袖珍手枪

南部8mm陆式手枪

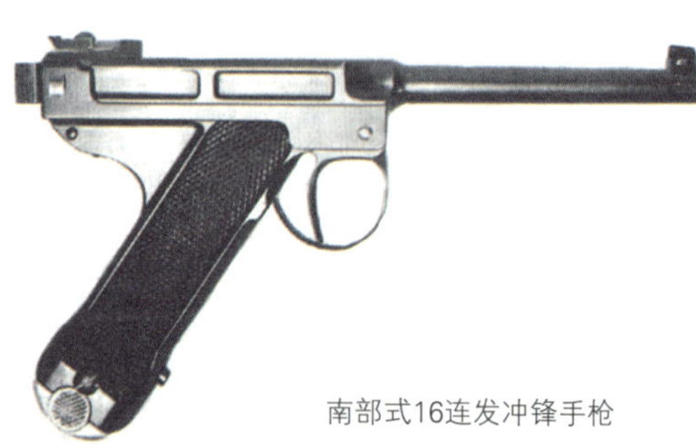
南部式16连发冲锋手枪

南部式16连发冲锋手枪左视图
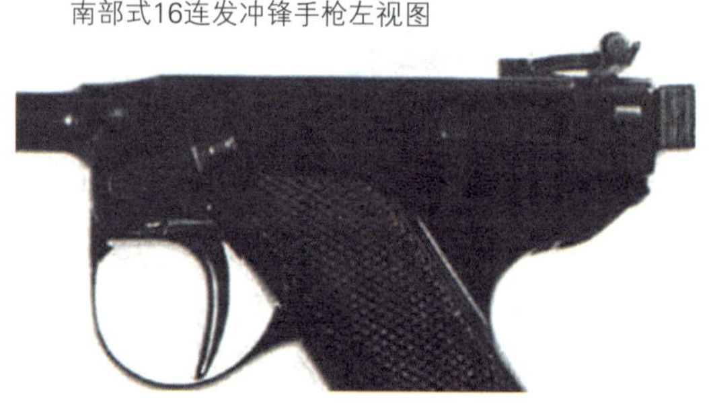

甲型手枪，装备数量较少。

南部二型手枪 南部纪次郎于1909年设计，于1915年进行改进后，由日本东京电气公司制造。该枪曾于1909年在日本外山帝国军事学院为当时的大正天皇进行过射击表演，但没有正式列装日军，只有少量为军官个人购买。该手枪的特点在于，其按钮式保险设在握把的前壁上。此外，根据当时德国毛瑟C96手枪和伯格曼手枪等一些大威力手枪用枪套兼作肩托的设计，南部二型手枪的木质枪盒下端有筒式管箍，并可将该管箍固定在手枪的握把后部，使木质枪盒成为肩托进行抵肩射击。

7mm南部袖珍手枪 系由南部纪次郎在1910年设计的一种小型手枪，1927年以前由日本东京小石川兵工厂制造，后由日本东京电气公司制造，日本在第一次世界大战中列装过此枪，后来主要装备日军高级军官。该枪发射杀伤力较低的7mm南部手枪弹。

南部陆式手枪 于日本大正天皇六年（1917年）制造，是日本军队的制式装备。口径为8mm，自动方式为枪管短后坐式，其外型和南部二型手枪基本相同。1920年，曾部分装备日军。虽然该枪是1925年以前生产的，但其握把护片却是用塑胶材料制作的，其中有褐色的，还有黑色的。后来的南部十四年式手枪采用了木质握把护片。

改进型号 在第一次世界大战中，美国和德国分别在实战中使用了11.43mm口径的柯尔特手枪和9mm口径的卢格P08手枪。这些手枪威力较大并在实战中表现不俗，使大量装备“26年式转轮手枪”为自卫武器的日本军队开始对自动手枪刮目相看。为了找出一条从研发到实用的捷径，日本军队组织包括南部纪次郎在内的设计师以南部甲型手枪和南部陆式手枪为基础进行研制，于日本大正天皇十四年（1925年）设计定型了改良型南部手枪，命名为南部十四年式手枪，并于1927年被日本陆军正式采用为制式手枪。

定型后的南部十四年式手枪没有停止发

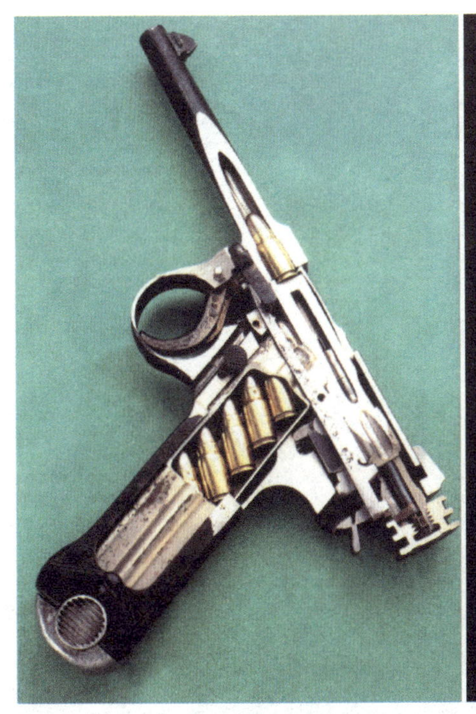
日本8mm南部手枪的训练教学用解剖枪

南部十四年式膛内压力测试手枪

展与改进，不断有各种型号问世。

解剖枪 当时针对日军使用的各型步枪、轻机枪，都制作了训练枪。南部手枪也不例外，专门制作了供训练教学用的解剖枪。该枪可演示装弹匣、拉枪机、推弹上膛、击发、退弹等动作，使学员一目了然，是制作非常成功的训练教学用解剖枪。

南部式冲锋手枪 据称：“这种冲锋手枪主要装备日军的便衣侦察队等特殊部队，为这些不便携带显眼武器的特殊部队提供一定的近距离突击火力。这种枪单发精度非常高，但连发发射时，枪弹的散布会逐渐向左上偏移。”关于南部冲锋手枪的资料甚少，网上获得的只有“南部式16连发自动手枪”的名称和“装弹数16发、有效射程70m、最大射程650m”等 3 个数据。从外观上看，该枪握把的倾斜度以及枪机后部的体积都大于南部十四年式手枪。该枪位于扳机护圈上方的保险钮的位置和南部十四年式手枪也不相同，其保险钮的开启方式为短距离的上下式开启，而南部十四年式手枪的则为长距离的前后式开启。其带有活动式游标的表尺，是为远距离射击而设置的。该枪区别于南部十四年式手枪的显著特征是，其机匣左右侧面两部分均为两个长方形槽，而南部十四年式的机匣侧面则是平面的。虽然日军在二战前认为自动武器浪费弹药，但在二战与苏军、美军的作战中，遭到自动武器强大火力打击后，研制过“100式”冲锋枪等多种自动轻武器。在对自动武器的认识转变后，他们很可能研制、试验供特种兵使用的冲锋手枪。关于南部冲锋手枪的详细资料，还需要在今后的资料收集中进一步印证、核对。

南部十四年式膛内压力测试手枪 该枪是为了检测8mm南部手枪弹的膛内压力而制造的特殊型式。其弹膛上方有一个中空的大型突出部分，最上部的螺帽可以拧下来；在突出部分的底部，有一个与枪管相通的小孔及活塞；突出部分的内部设有铜制的圆柱，通过上部的螺帽加以固定。在发射受检的枪弹时，一部分火药燃气就会从小孔进入突出部分，并压缩铜制的圆柱，使其全长缩短。然后通过测定发射前后铜制圆柱长度的差值，就能测出压力的强弱。专用的弹药膛压检测枪，主要供弹药制造厂和兵工厂使用，生产数量也极少。因为是测试枪，枪管上无准星。从该枪采用的大扳机护圈来看，应为南部十四年式手枪的后期改进型。

日本8mm日野·小室手枪 使用8mm南部手枪弹的日野·小室自动手枪，普通型发射0.32in ACP弹，特殊型的口径为8mm。因该枪的握把倾斜度与南部手枪相同，故也将其列入另类“王八盒子”的范围。

北支十九式手枪 该枪系以南部十四年式手枪为原型，在中国经过改进并生产的手枪。所谓北支是日寇称我国北方为“北部支那”的简称。抗战时，日军将坐落在北平市雍和宫大街五十二号由朝鲜人开办的山浦铁工厂收建为军火工厂，并改名为北支兵工厂。该厂专为侵华日军修配军械，后来曾经制造北支十九式手枪及北支十九式步枪。“十九”指的是日本昭和十九年，即1944年。北支十九式步枪仿造自三八式步枪，北支十九式手枪则仿造自南部十四年式手枪。北支十九式手枪的生产数量极少，在西方收藏者手中保留的就更为罕见。

北支十九式手枪并不是完全复制南部十四年式手枪，该枪有很多改进之处。最引人注目的改动是，握把和枪身与扳机护圈形成了一体化的型式；而南部十四年式的扳机护圈，其上端兼有固定枪机的作用，因此，其扳机护圈向握把前部拉动时，可向下方分离。同时，该枪枪身右侧面设计了与德国卢格手枪极相似的独立部件——分解杆。南部十四年式手枪的扳机纤细精美，而北支十九式手枪的扳机较宽。另外，南部十四年式手枪的手动保险钮设在扳机护圈左上方，开启

日本8mm日野·小室手枪，旁边的盒子里装的是明治45年（1912年）东京炮兵工厂制造的8mm南部手枪弹

在中国改进生产的8mm北支十九式手枪

极为不便；北支十九式手枪的保险钮则被移到了握把后端的左上方，右手握枪时拇指可自如开启，人机工程大为提高。除以上不同外，该枪整体外观，以及握把、弹匣的设计等都与南部十四年式手枪相似，是典型的南部十四年式的仿型枪。

该枪所使用的枪弹，也是8mm的南部手枪弹。据悉，现存所有该枪的制造编号都是100以内的 2 位数，可见制造的数量之少。

日本8mm南部九四式手枪 该枪是由南部纪次郎于1929年设计的，由日本南部步枪制造公司于1934年（昭和九年）投入生产。因1934年是日本神武纪元2594年，故命名为“九四式手枪”。该枪是专门为飞行员、坦克手制造的。1940年以前，它的配件做工十分精细。其训练教学用的解剖枪显示出该枪采用内藏式击锤结构，这说明南部纪次郎设计手枪时对这种击锤设计的偏好。

日军坦克兵手持南部九四式手枪的图片

8mm南部九四式手枪的训练教学用解剖枪

创造历史 引领后世

——美国柯尔特M1900系列手枪

勃朗宁设计的第一款半自动手枪

勃朗宁是一位天才轻武器设计大师，其轻武器设计起步于步枪、机枪等较长的枪械，后来开始涉足手枪领域。也许他当时未曾想到，他在手枪方面的许多设计至今仍在现代手枪上沿用。

1895年，勃朗宁开始与柯尔特公司合作生产他研发的新型机枪，并同时研发自动装填手枪。其第一个方案采用导气式自动原理，不过这个方案很快被他放弃；第二个方案采用自由枪机式自动原理，此方案被推荐给了柯尔特公司，柯尔特公司的管理层对此非常满意。随后，勃朗宁与柯尔特公司的费雷德·摩尔开始在这个方案的基础上一起改进，最终于1898年初研发出一款半自动手枪，根据正式生产年份该枪被称为柯尔特M1900半自动手枪。

现代半自动手枪的鼻祖

在此要说明的是，勃朗宁设计的、被称为“M1900”的手枪有两支。一支是本文的主角，即面向美国市场的柯尔特M1900；另一支则是勃朗宁授权比利时FN公司在欧洲销售的FN M1900，也就是我国战争年代所称的“枪牌撸子”。虽然这两支枪同由勃朗宁设计，也几乎是同时生产出来的，但其差别非常大。FN M1900发射勃朗宁面向欧洲市场设计的威力较小的7.65×17mm SR枪弹，采用自由枪机式自动方式；而柯尔特M1900发射威力较大的0.38in手枪弹，采用枪管短后坐自动方式。从结构上看，FN M1900稍复杂，与当时的老式手枪相似，由套筒、枪机、套筒座、枪管等零部件组成，而柯尔特M1900结构简单，其将套筒、枪机结合为一体，这种结构一直为现代手枪所用。另外其枪管短后坐式自动原理、枪管偏移式闭锁机构仍被目前许多的手枪所采用，故柯尔特M1900手枪可以说是现代半自动手枪的开山鼻祖。

工作原理

柯尔特M1900半自动手枪是世界上第一款采用枪管短后坐式自动方式的手枪，其完成自动循环的能量来源于火药燃气。射击后，火药燃气一方面推弹头向前，一方面通过弹底推套筒及枪管一同后坐。而枪管口部与尾部通过两个铰链与套筒座相连，枪管后坐时，铰链向后摆动，并带动枪管尾端向下摆动。当枪管后坐约51mm时，枪管后部上方的闭锁凸笋自套筒内部的闭锁槽中脱出，枪管与套筒开锁。开锁后，枪管因铰链的连接而停止后坐，套筒则在惯性作用下继续后坐，并完成抽壳、抛壳、压倒击锤的一系列动作。

套筒后坐到位后，在复进簧作用下向前复进，推弹入膛，并推枪管向前，枪管尾端在铰链作用下上抬。当枪管套筒复进到位后，枪管后上方的闭锁凸笋卡入套筒闭锁槽中而闭锁，此时扣动扳机即可击发枪弹。

套筒与套筒座

除开创了枪管短后坐式自动方式的工作原理外，柯尔特M1900半自动手枪还开始使用“套筒”与“套筒座”这两个词。在柯尔特M1900半自动手枪之前的手枪概念中并没有“套筒”一词。在柯尔特M1900半自动手枪的相关专利中将其称为“a sliding cover”(译为：滑动的盖)，慢慢地这个零件名称演变成了“Slide”，意为“套筒”。

柯尔特M1900半自动手枪套筒前方顶部设有一个半圆形准星，后部则设有一个U形缺口式照门。套筒两侧均刻有铭文，表示“勃朗宁”的专利与柯尔特公司的产品。套筒后部两侧带有防滑纹，后来改为前方带有防滑纹。套筒后部的击锤为马鞍形，后来改为圆弧形。

柯尔特M1900半自动手枪的套筒座前方带有一根复进簧导杆，复进簧套在导杆上这一经典设计就是从该枪开始的。扳机护圈上部两侧均刻有枪号。早期握把采用木质材料，没有任

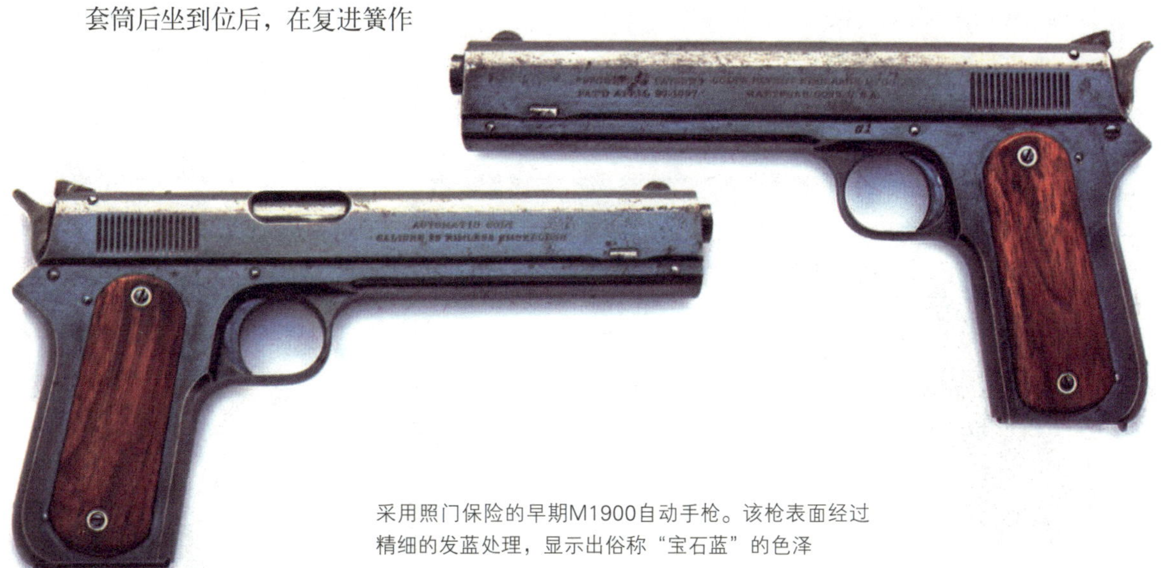

采用照门保险的早期M1900自动手枪。该枪表面经过精细的发蓝处理，显示出俗称“宝石蓝”的色泽

何防滑纹设计。随后经过美国军方建议，木质握把上加刻有防滑纹，后期则改用橡胶握把，并且制有菱形防滑纹与柯尔特公司的小马图案商标。

独特的照门保险

柯尔特M1900半自动手枪设有两种保险机构：一种是柯尔特转轮手枪上所采用的击锤保险，可防止跌落时的意外击发事故；另一种是照门保险，这是勃朗宁本人的独创，可上下滑动的照门后下方有一个凸笋，将照门扳至下方位置时，凸笋挡住击针尾部，使击锤无法击打击针从而起到保险作用，此时照门也无法瞄准。只有把照门向上扳到位，使凸笋让开击针尾部，此时击锤才可以随时击打击针。虽然这个照门保险独具特色，但并没有得到美国军方认可，在后来的柯尔特M1900半自动手枪上被取消。

历经多次苛刻测试终诞生

1898年11月9日，柯尔特M1900半自动手枪样品刚刚出炉，便被柯尔特公司送到了美国军方那里。军方在两天后即11月11日就对该枪进行了测试。这次测试十分严格，在连续发射了217发枪弹后，扳机出现问题，柯尔特公司的工作人员立刻更换一个扳机继续测试。这支手枪在连续发射了293发枪弹后，又被要求再发射500发枪弹，在这期间无任何故障发生。

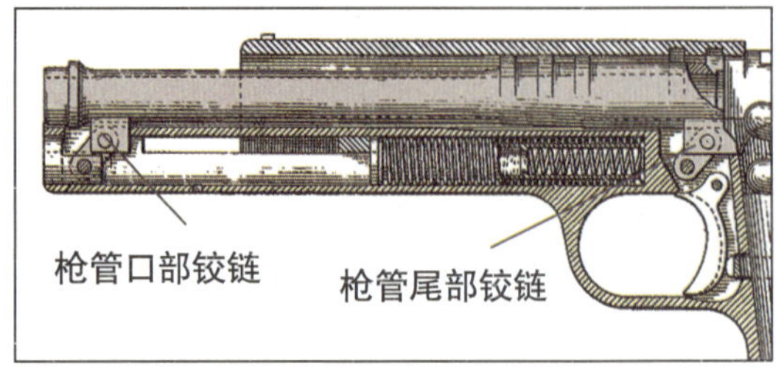

柯尔特M1900半自动手枪的枪管通过两个铰链与套筒座连接起来

接下来便是极端测试方式。使用氯化铵使这支手枪快速生锈，然后用刀把枪身上生锈的部分刮掉，从弹膛直接装入一发枪弹进行发射，成功发射后，套筒因为生锈严重出现“复进不到位”问题。于是军方认为这款手枪没能发展到替代现有转轮手枪的高度，不过有发展潜力。

1899年9月，美国军方要求柯尔特公司再次提交一支柯尔特M1900半自动手枪进行测试。首先使用该枪发射了900发枪弹，中间虽出现了两次故障，但均是因为枪弹哑火造成的。该枪共发射了5800发弹，虽然在测试中柯尔特M1900半自动手枪的铰链损毁，但该手枪还是给人留下了非常深刻的印象——结构简单、动作顺畅、具有高射速和高精度（相对其他候选手枪）。当时，柯尔特M1900半自动手枪面对的对手是毛瑟C96手枪和鲁格帕克手枪。最终军方建议，继续对柯尔特M1900半自动手枪进

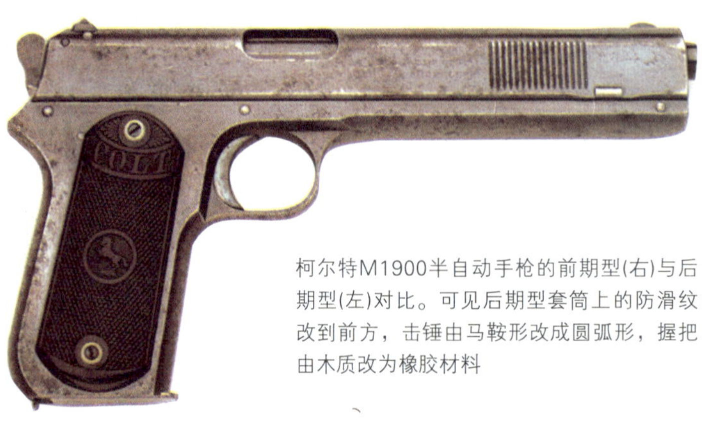

柯尔特M1900半自动手枪的前期型(右)与后期型(左)对比。可见后期型套筒上的防滑纹改到前方，击锤由马鞍形改成圆弧形，握把由木质改为橡胶材料

柯尔特M1900半自动手枪枪口特写，复进簧帽为凸形

柯尔特M1900半自动手枪照门特写。可见照门后方设有凸笋，当照门向下滑动时，凸笋挡住击针尾部，使击锤无法打击击针而起到保险作用；只有把照门扳到位，使凸笋让开击针尾部，此时扣动扳机，击锤便可打击击针

柯尔特M1900半自动手枪照门扳至下方位置状态，此时凸笋挡住击针，使击锤无法打击击针尾部，从而起到保险作用

行深入测试。

1900年5月10日，美国陆军决定订购100支柯尔特M1900半自动手枪下发给部队使用——该枪由此便以正式批量生产的年份而命名。很快，美国海军也采购了250支该枪，柯尔特公司于10月29日把250支柯尔特M1900半自动手枪交付海军。后来陆军又订购了200支，柯尔特公司于1901年2月4日交付。这批柯尔特M1900半自动手枪被送到菲律宾、古巴、波多黎各的美军基地进行测试。很快，测试人员的反馈意见就提交了回来，很多人表示该枪有下列问题：枪身太重、握把有点短、照门保险无法单手操作、野外分解维护很难、需要安装枪绳、套筒防滑纹位置需要从后面改到前面以及击锤形状不好操作，等等。

继任者：柯尔特M1902军用型手枪

经过不到一年的测试，美国军方又提出了一些新要求，勃朗宁针对这些建议加上自己的想法继续对柯尔特M1900半自动手枪进行改进。1901年12月16日，他推出了改进版本，根据其正式生产年份而称为柯尔特M1902军用型手枪。这款手枪与M1900半自动手枪有许多不同之处：增加了当时史无前例的空仓挂机装置；加长并改进了握把；增加了保险带环；增大了容弹量；改进了分解方法，无需工具就能进行野外分解；改进了复进簧帽的设计，由凸形改为凹形。

柯尔特M1902军用型手枪枪口特写，复进簧帽改为凹形

另外值得一提的是，早期型柯尔特M1902军用型手枪的套筒防滑纹位于前方，击锤为圆弧形。这两处设计恰与后期型柯尔特M1900手枪相同，而M1902后期型的这两处设计则改回了M1900手枪的前期型设计。

随后，柯尔特M1902军用型手枪被送到斯普林菲尔德兵工厂进行测试。在测试中该枪总共发射了6000发弹，测试结果十分成功。1902年1月11日，美国陆军决定订购200支，柯尔特公司在1902年7月15日交付了100支，在7月25日交付了另外100支。陆军在用了一年之后得出结论：柯尔特M1902军用型手枪拥有高射速、高精度、高弹容量等优点。但当年军中的保守人士则认为该枪太重、不安全、无法单手操作击锤。最终因为军方对0.38in口径弹药没有信心，柯尔特M1902军用型手枪并未正式装备美军。虽然柯尔特1902军用型手枪没能装备美军，但英国和智利对其十分感兴趣。尤其是智利海军购买了大量柯尔特M1902军用型手枪，成为真正装备这款手枪的军队。

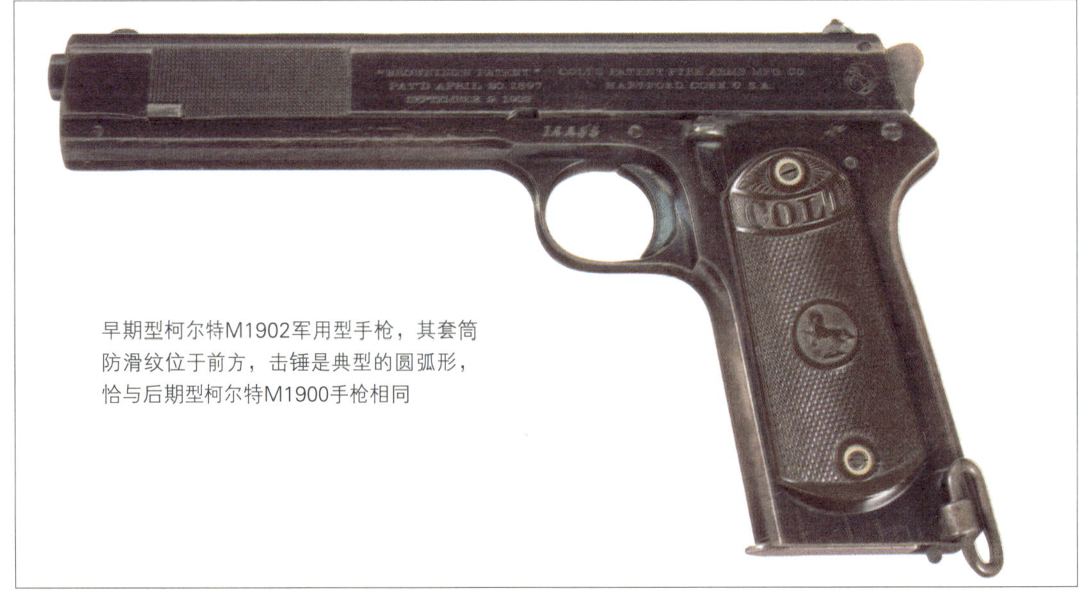

早期型柯尔特M1902军用型手枪，其套筒防滑纹位于前方，击锤是典型的圆弧形，恰与后期型柯尔特M1900手枪相同

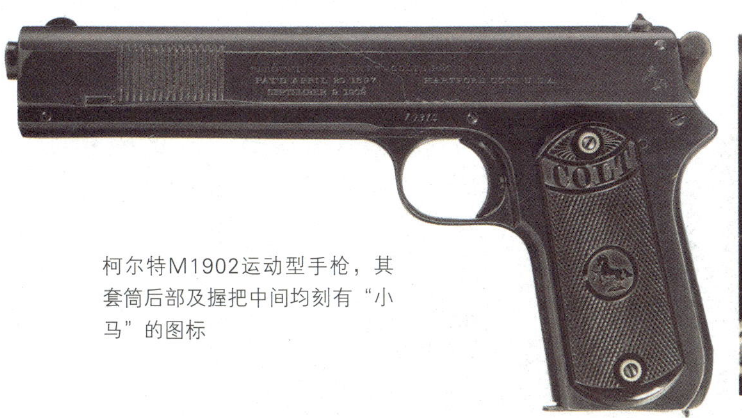

柯尔特M1902运动型手枪，其套筒后部及握把中间均刻有“小马”的图标

民用型号的延展

1900年3月中旬，M1900手枪尚在接受军方苛刻测试时，柯尔特公司在纽约市举办了一场“表演秀”，宣传柯尔特M1900半自动手枪，从此柯尔特公司把该枪推向了民用市场。不过，该枪的销量不是很好。后来，柯尔特公司借助M1902军用型手枪，推出了M1902运动型手枪。但这款M1902运动型手枪与军用型并不一样，应该说仍是一款改良版本的M1900手枪，没有空仓挂机，也没有加长握把，就连枪号也是延续M1900手枪最后一支手枪的枪号，M1900手枪的枪号从1到4274，而柯尔特1902运动型手枪第一支枪的枪号是“4275”。这款民用型手枪的销量很一般，到1907年就停止了生产。

虽然柯尔特M1902运动型手枪并不成功，但也没有阻挡住柯尔特公司对这个系列手枪的继续研发。1903年，该公司决定推出一款“紧凑型”手枪，即柯尔特M1903外露击锤式手枪（当年柯尔特公司还推出一款柯尔特M1903内置击锤式军用版手枪，也就是我国俗称的“马牌撸子”）。这款M1903外露击锤式手枪的结构与柯尔特M1902运动型手枪相同，只是全枪长缩短了。该枪于1903年9月上市，而这次市场反应十分不错。该枪直到1927年停产，总共销售了3万多支。除了民用市场，美国一些执法部门也少量采购了该枪，并且菲律宾、智利、尼加拉瓜等国也有购买。

开创现代手枪的先河

柯尔特M1900手枪系列开创了现代半自动手枪的先河，虽然最终没能流行起来，但勃朗宁对其的改进并没有结束，随后推出0.45inACP口径的M1905半自动手枪，特别是M1911手枪成为人们津津乐道的经典手枪。

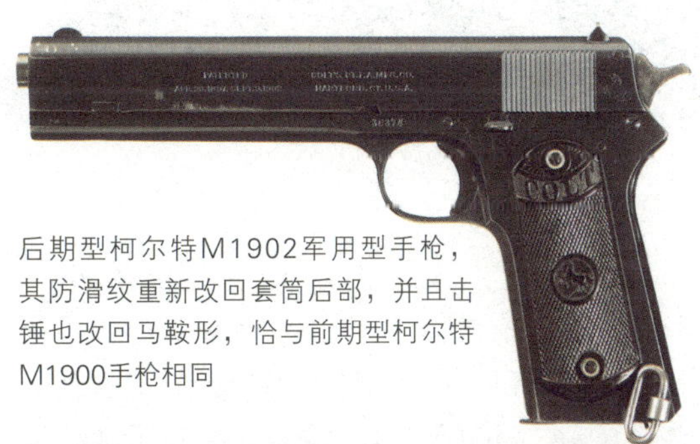

后期型柯尔特M1902军用型手枪，其防滑纹重新改回套筒后部，并且击锤也改回马鞍形，恰与前期型柯尔特M1900手枪相同

柯尔特M1903外露击锤式手枪

世纪百年
——美国柯尔特M1911系列手枪

当海勒姆·马克沁发明了利用火药燃气能量实施自动装填的机枪后，约翰·摩西·勃朗宁从中受到了启发，于1889年开始试验自动装填技术。勃朗宁先是把温彻斯特1873型杠杆装填步枪改成了导气式工作原理的自动装填步枪，在1890~1891年又制造了采用相同工作原理的一种机枪，最后这种机枪经过改进后被卖给柯尔特公司并生产出1895型机枪。其后勃朗宁设计的第一支自动装填手枪也是采用导气式工作原理。导气式应用在手枪上显得太复杂了，于是勃朗宁继续研究，终于在1895年发明了一种枪管后坐式工作原理的新手枪结构设计。

勃朗宁在温彻斯特公司工作期间，美军正在菲律宾与当地的摩洛族土著战士发生武装冲突。摩洛战士在打仗前一般举行宗教仪式，并服用有麻醉作用的“神药”，通过宗教和药物的双重作用后，这些摩洛战士都会深信他们是刀枪不入的，因此有不少摩洛战士在枪林弹雨中负了伤也冲到美军阵地前。结果美军士兵不得不用手枪或刺刀在近距离与这些疯狂的摩洛战士搏斗。在战斗中美军士兵发现他们所装备的0.38in(9.65mm)口径柯尔特转轮手枪往往要打中三四枪才能击倒一个摩洛战士。因此，美国陆军决定研制一种威力更大的新手枪和新枪弹，希望能在近距离一枪击倒顽强的敌人。

柯尔特M1911手枪设计者
约翰·摩西·勃朗宁

柯尔特公司的创始人
赛缪尔·柯尔特

0.45in柯尔特转轮手枪长弹（左）和柯尔特转轮手枪弹（右），正是这种口径获得了较好的停止作用测试结果，由此诞生了0.45in柯尔特自动手枪弹

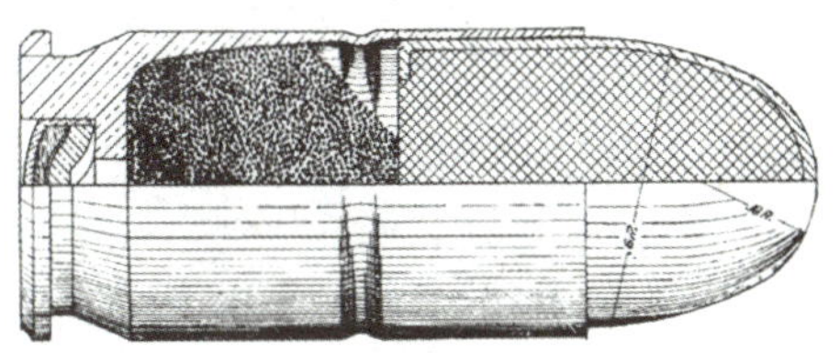
勃朗宁研制的0.45in15g全被甲弹头枪弹

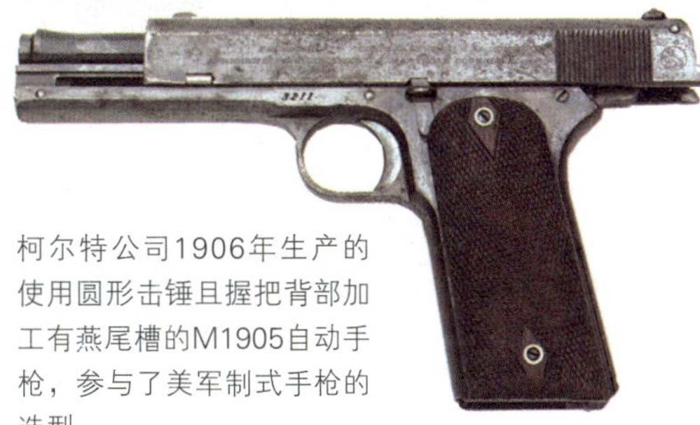
柯尔特公司1906年生产的使用圆形击锤且握把背部加工有燕尾槽的M1905自动手枪，参与了美军制式手枪的选型

基于与摩洛战士战斗的经验，并在动物和人类的尸体上进行了大量的试验，美国陆军军械理事会的主管约翰·汤姆逊上校（汤姆逊冲锋枪就是以其姓氏命名的）和路易斯·拉贾德上校认为美国陆军需要一种0.45in（11.43mm）口径的枪弹才能提供足够大的停止作用。

1896年，勃朗宁和他的兄弟与康涅狄格州哈特福德的柯尔特专利武器制造公司（即现在的柯尔特工业公司）建立了合作关系。勃朗宁利用新发明的手枪结构为柯尔特公司设计了一种发射0.38in柯尔特手枪弹的自动装填手枪。当美国陆军要求设计一种新手枪时，勃朗宁自己利用15g全被甲弹头把这种0.38in半突缘式自动手枪弹改装成0.45in口径的无突缘手枪弹，并于1905年把这种口径的自动手枪提交给美国陆军进行评估。

选型试验在1906年开始进行，除了柯尔特公司(提交M1905勃朗宁手枪)外，还有卢格、萨维奇、康洛贝、贝尔克曼、怀特·美林和史密斯·韦森等多家公司参与竞争。其中柯尔特公司和萨维奇公司的样枪被选中。但美国陆军对功能和可靠性的进一步试验显示这两种样枪都不能完全满足要求。军械部要求厂方继续改进并要参加进一步的试验，选型委员会打算在1911年评审出最后结果。

为了后续的试验，勃朗宁前往哈特福德亲自监督手枪的生产。在那里他遇见了佛烈德·摩尔，一位将要在工作中与他紧密合作的柯尔特公司年轻职员，在这两个人的认真监督下，手枪的每个部件都生产到最好。新生产的手枪再一次提交给委员会进行评估，最严酷的试验在1911年3月3日开始。试验中每支枪都要射击6000发，每射击100发后手枪会被冷却5min，每射击1000发后手枪会进行简单的维护和上油。在打完这6000发后，这些手枪再用一些装配不良的枪弹进行测试，有一些弹头装得太深，有一些则装得太浅。然后又把这些枪浸在渗有酸液或沙子和污泥的水中直至表面生锈，然后再进行更多的射击试验。

在评审期间，勃朗宁继续对原有的设计进行改进，例如改进了铰链、手动保险、握把保险和空仓挂机，又加长了握把并将倾斜角加大。

最终勃朗宁手枪通过了一系列的试验而大获全胜，这是枪械有史以来第一次经受如此严格的试验，尤其是射击6000发的耐久性试验，这个纪录直到1917年才被打破，当时一挺采用勃朗宁后坐原理的机枪进行了射击40000发的试验。

评审委员会在1911年3月20日发表的报告中写道："这两支手枪，理事会认为柯尔特是最好的，因为它更可靠、更耐用，当有零件损坏时更容易分解并更换，而且更准确。"1911年3月29日，由勃朗宁设计、柯尔特公司生产的0.45in自动手枪被选为美军制式武器，并正式命名为"柯尔特M1911 0.45in自动手枪"。

当美国参加第一次世界大战时，美国政府已经从柯尔特公司和斯普林菲尔德兵工厂购买

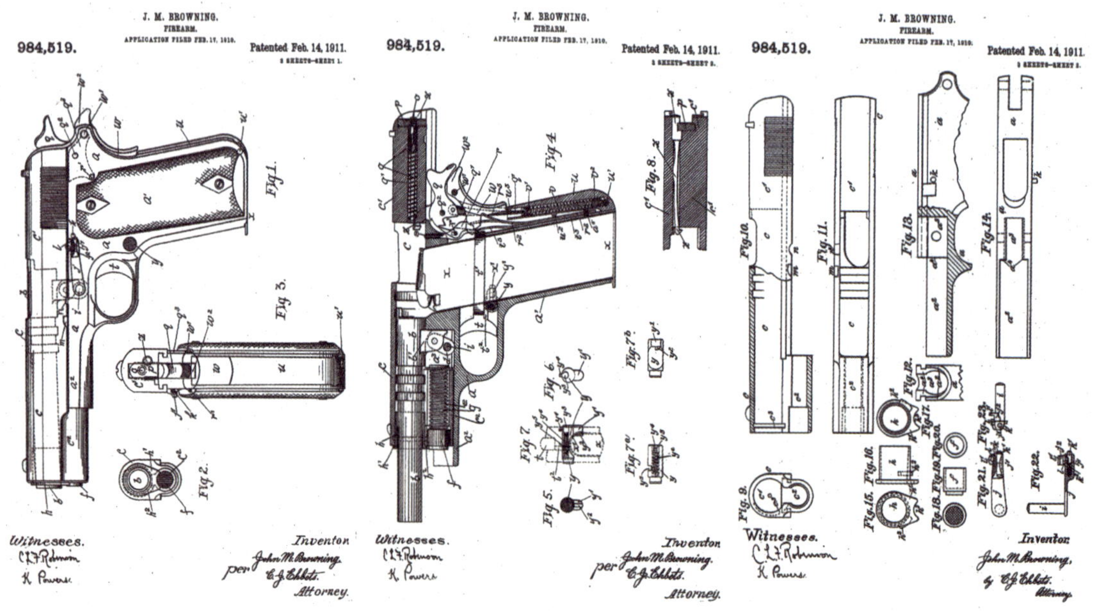

勃朗宁于1911年2月14日获得的第984519号专利中的手枪示意图。这一专利直接导致了M1909自动手枪的出现。同时，该专利的套筒外形、套筒座设计、握把保险、弹匣卡笋、空仓挂机柄和抽壳钩等设计都应用到了日后定型的M1911手枪上

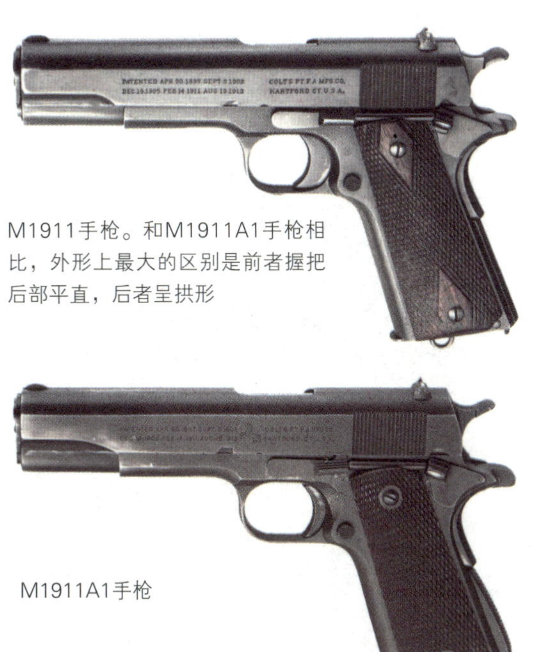

M1911手枪。和M1911A1手枪相比，外形上最大的区别是前者握把后部平直，后者呈拱形

M1911A1手枪

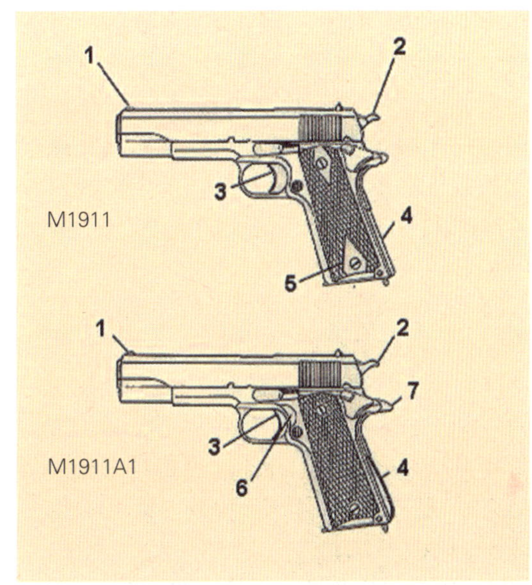

M1911与M1911A1对比，图中所标为改进之处

了约14万支M1911手枪。斯普林菲尔德兵工厂在1913年开始置办机器生产M1911，以尽快完成最初的订单，有3.1万支M1911在美国参加战争前交货。当第一次世界大战开始时斯普林菲尔德兵工厂加速生产，在1918年5月之前，生产速度增加到每天1000支，1918年夏季增加到每天2200支。

由于战时急速扩充军队的需要，1917年相关部门估计共需要76.5万支手枪，这个估计数字经过两次上浮，第一次提升到130万支，然后又追加到270万支。

要满足这个供应计划,就意味着必须增加柯尔特公司和斯普林菲尔德兵工厂之外的承包商来分担这个庞大的生产任务。因此这些订单下到了雷明顿公司、温彻斯特公司、巴罗斯计算器公司、蓝斯顿铸字机器制造公司、国家收银机公司、AJ萨维奇军需品公司、萨维奇轻武器公司以及两家加拿大公司——卡龙兄弟机器制造公司和北美轻武器有限公司。在这些公司中，只有雷明顿公司满足了最大的交货量(15万支订货中的2.2万支），北美轻武器公司也生产了一些，但是交货总数大概不足100支，其他一些比较小的公司由于战争在1918年结束而取消订单，所以没有生产M1911手枪。

第一次世界大战结束后，美国陆军军械部评估了M1911手枪的战斗表现，要求柯尔特公司进行改进。柯尔特公司的改进之处有：

(1) 加宽准星，研制出帕特里奇瞄具(Patridge sight,一种平头厚叶片准星和正方形或矩形缺口照门组成的枪用机械瞄具，由曾任美国转轮手枪协会主席的帕特里奇发明)，使射手在光照不良的条件下也能迅速瞄准；

(2) 加长击锤，使之更容易被拇指扳动；

(3) 缩短扣机距离，增加防滑纹；

(4) 握把背部设计成弓形拱起，表面增加防滑纹，使射手握持更牢固；

(5) 改变握把护板的网格防滑纹，使握持更舒适；

(6) 扳机后方增加拇指槽，使扣扳机的动作更轻松；

(7) 加长握把保险。

这些改进项目在1923年完成，通过试验的新枪于1926年6月25日被美军正式采用，并重新命名为“0.45in口径M1911A1自动手枪”。

第二次世界大战又重现了1917年的情形。1941～1945年期间，美军加上其他盟国的定货量足足有250万支（包括M1911和M1911A1）。为了能及时交货，美国政府又增加了4个承包商来分担。其中雷明顿－兰德公司生产了103万支，伊萨卡公司生产了37万支，联盟开关信号公司生产了5.5万支，而辛格缝纫机公司则生产了500支。战争期间生产的M1911A1有了一个改变，就是把握把护板的材料由原来的胡桃木改为褐色塑料。到战争结束时，仅美国陆军就有270万支M1911(包括M1911和M1911A1）。

此外有许多外国公司或政府获得柯尔特－勃朗宁的授权而生产不同口径的M1911型号，其中最为有趣的是有一批M1911是在纳粹政府的监督下生产的。1915年挪威政府获得许可生产M1911，当纳粹德军在二战中占领挪威时，他们命令挪威政府的兵工厂生产这些手枪来装备他们的占领军。不过，1941～1942年挪威只生产了大约1000支M1911。

手枪作为辅助武器在战争中的作用极为有限，然而历经多次战争的M1911手枪却在战争中留下了许多传奇故事。美国陆军第82步兵师328步兵团的阿尔文·约克下士在第一次世界大战中的事迹就是一个例子。当时他所在的巡逻队押解一名俘虏回营时被德军机枪扫射，包括队长在内9名士兵当场阵亡，只剩下8个人。约克先是用恩菲尔德M1917步枪打死了5个德军机枪手，其他德军士兵算准他的步枪打完了5发枪弹并开始重新装填时立即发起冲锋，没想到约克随身还携带着一支M1911手枪，他用这支手枪连续打死多名德军士兵，鼓舞了其余7名同伴，这8名美军士兵打死了25名德军士兵并俘虏了132人。

在第二次世界大战中，一些士兵手中的M1911手枪也在紧要关头发挥了作用。1942年10月的一个晚上，在瓜达卡纳尔岛的丛林里，约翰·巴锡龙军士用一支M1911手枪和两挺机枪交替射击，独自一人阻止了日军一个连的自杀式冲锋，直到破晓增援来到他的阵地时，发现周围趴着近一百具日军尸体，巴锡龙因此成为二战中被授予荣誉勋章的第二名美国海军陆战队队员。

二战期间的美军战争海报，描绘了一名士兵手握M1911手枪的战斗形象

硫磺岛战役中，一名美国海军陆战队的火焰喷射器射手正奔向日军阵地，腰间的M1911A1手枪是他的自卫武器

当德军开始撤出挪威时，美国第8航空队的2名文职人员在一座废弃的小镇上被1个德军狙击手困住了，这个狙击手第一枪没打中他们，但马上就转移目标打中了吉普车的轮胎。这2

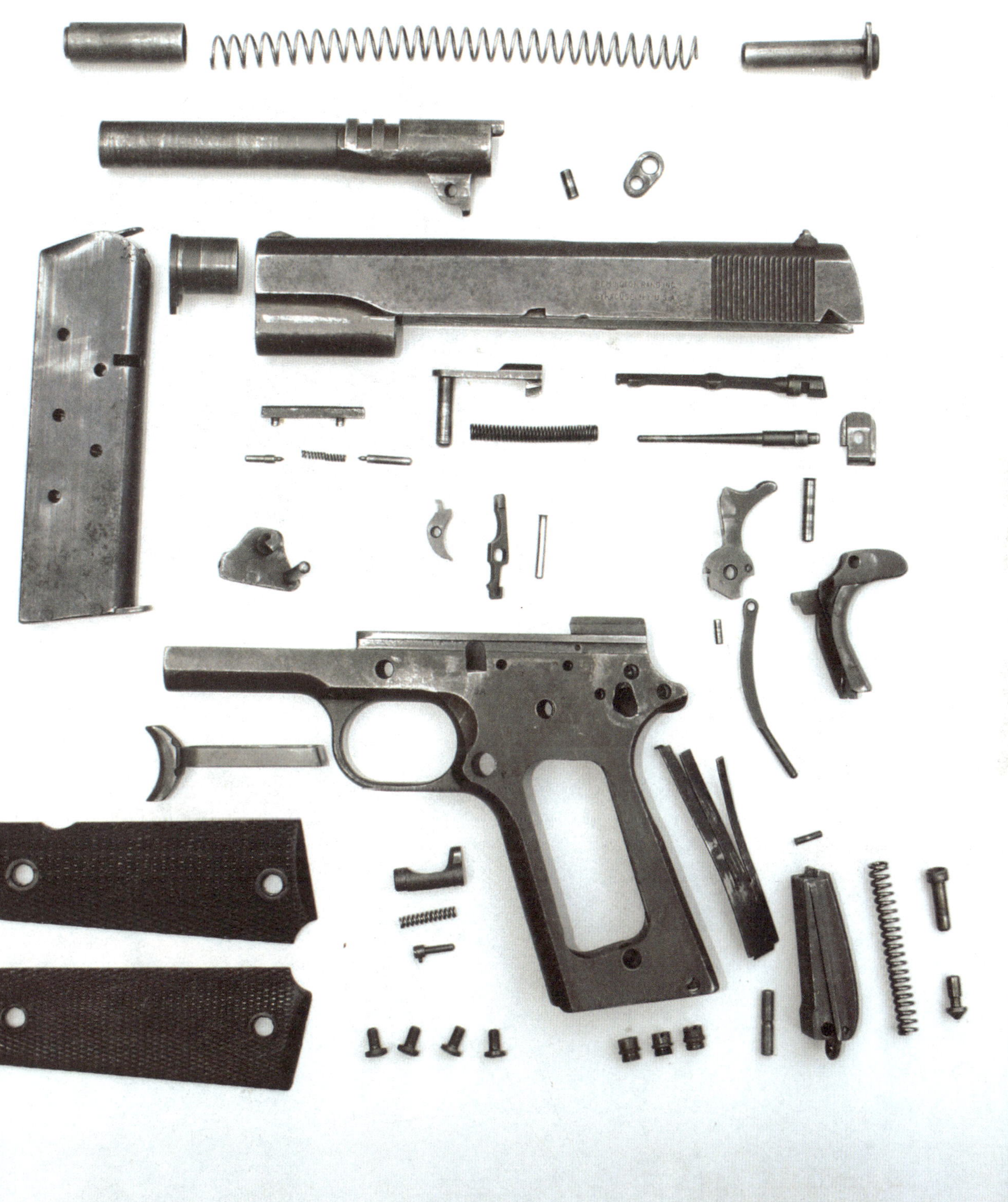

M1911A1手枪完全分解图

名美军除了各自身上的1支M1911A1手枪和3个弹匣外没有其他武器，他们在乱石堆后躲了半天也没等到援军，于是就用手枪向吉普车座位下面射击，在汽油箱的位置，2个人各打光了2个弹匣，弹头撕破了汽车的金属外壳，油箱散发出汽油的味道。他们马上把地图做成火把扔出去焚烧吉普车。吉普车轮胎焚烧产生的烟给予他们足够的掩护，使他们跑到最近的建筑物角落里隐蔽起来。后来狙击手没有再开枪，这2名美军才沿着他们来的道路撤退，与自己人会合了。

M1911在第二次世界大战的天空中经历了更神奇的故事，这件事发生在美军驻印度的第10航空队上。这支陆军航空队负责协助防御从印度到中国的补给线，并破坏日军从仰光、缅甸到印度北部的补给网，它的重型轰炸机部队——第7轰炸大队由数量不多的B-24组成。1943年3月31日，第7轰炸大队第9中队被派遣去破坏缅甸中部城市彬文那附近的一座铁路桥，其中一架B-24飞机由劳伊德·简森中尉驾驶，副驾驶是欧文·伯格特少尉。机队在抵达目标前遭到日军战斗机拦截，这架B-24的氧气瓶被打碎，机身后部燃起大火。后来飞机继续受到

美国金伯公司kimber2000年以后生产的M1911手枪，配装X200战术灯，显得更有时代感

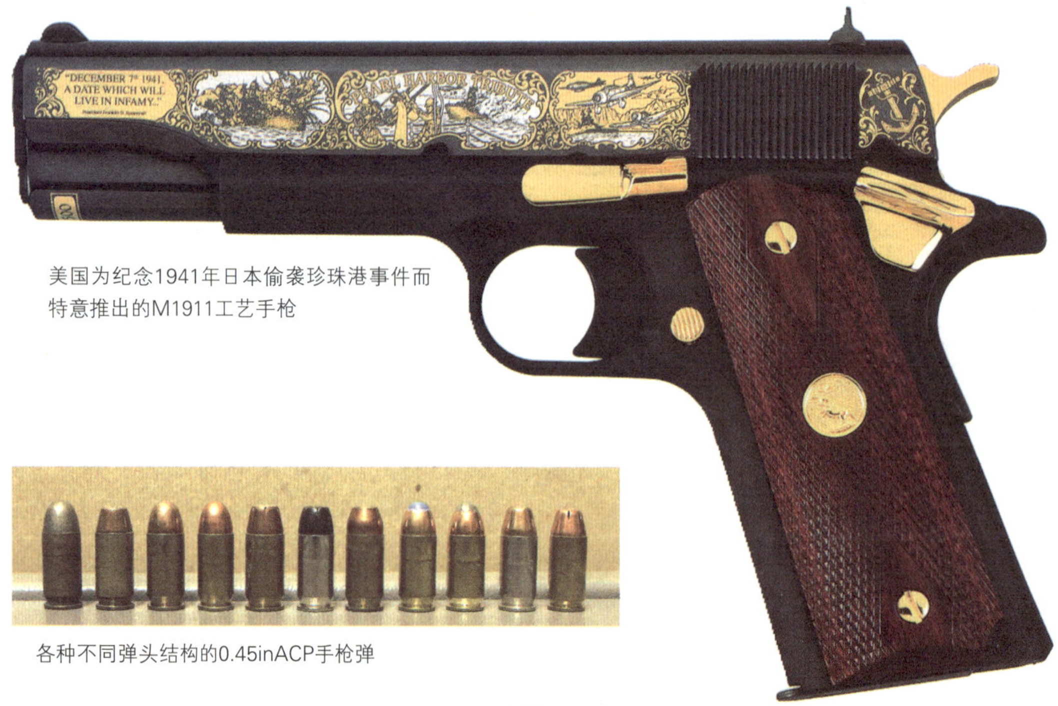

美国为纪念1941年日本偷袭珍珠港事件而特意推出的M1911工艺手枪

各种不同弹头结构的0.45inACP手枪弹

攻击，机身被打穿许多洞。机上人员不得不跳伞逃生，但日军飞行员立刻开始扫射这些跳伞逃生的人，并打伤了伯格特的手臂。那架打伤伯格特的“零”式战斗机飞近伯格特，也许是想看看被他打“死”的人是什么样子吧。伯格特装死，于是“零”式飞机就从伯格特的脚下飞过并继续向降落伞扫射，此时伯格特掏出他的M1911手枪对着刚从他脚下经过并打开了驾驶舱的“零”式战斗机打了4枪。这架“零”式战斗机马上停止射击并开始旋转坠落。

后来伯格特被缅甸人抓住并被转送给日本人。在战俘营中，他慢慢回忆起当时半空中的情境。他起先不相信能够击落在空中摇摇晃晃的敌机，但许多记忆碎片逐渐堆砌起来，使他越来越相信自己的确打下了那架“零”式战斗机。

伯格特在战俘营中生活了2年多，二战后回到军中服役，以上校身份退役，住在得克萨斯州的圣安东尼奥。尽管没有其他证据证明他确实用手枪在半空中击落了日军飞机，但就像有人买一辈子彩票都中不了大奖，而另一些人却只买一次却中头奖一样，当一个运气好到极点的飞行员与另一个运气坏到极点的飞行员碰在一起时，的确有可能出现奇迹。这个传奇故事被刊登在1996年6月的美国《空军》杂志上。

二战结束后，M1911A1仍被广泛采用，并出现了一些其他形式的改型，例如缩短的M15指挥官型，不同长度、握把及其他配件的MKIV系列政府型手枪等，此外还有多种不同的比赛型手枪。1985年，美军决定以伯莱塔公司生产的9mm口径M9自动手枪代替M1911A1，使众多M1911手枪的爱好者感到惊愕。当国会命令颁布时，美国海军陆战队激烈反对，而海陆空三军内许多特种部队仍然继续使用M1911手枪作为辅助武器，甚至仍然有许多人相信M1911手枪是最好的战斗手枪。现在，各种M1911手枪仍然被许多公司生产，提供给军队、执法机构、保安人员和民间爱好者。

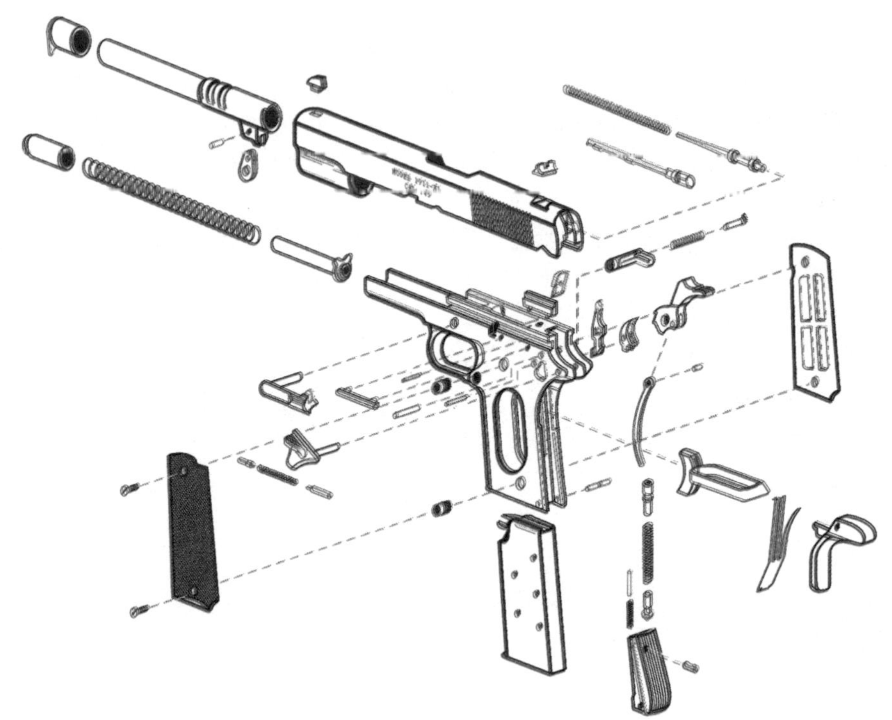

M1911A1手枪装配图

曾经辉煌却短暂
——奥地利斯太尔M1912 手枪

多国装备　声名远播

斯太尔M1912手枪的设计师是捷克的伽列·科恩卡，他曾在数家轻武器公司工作过，参与设计了多种武器，积累了大量的设计经验。1890~1891年，由他参与设计的纳甘步枪参加了沙俄军用步枪的竞标，虽然最终胜出的是莫辛设计的M1891步枪，但纳甘步枪的弹仓结构却被莫辛加以借鉴，该枪最终被命名为M1891莫辛－纳甘步枪。

1897年，科恩卡开始着手自动装填手枪的设计——当时，这还是一种新式的设计。这项工作的成果就是与另一位设计师罗恩合作推出了罗恩－斯太尔M1907自动装填手枪，使用8mm罗恩－斯太尔手枪弹。该枪最先被奥匈帝国的骑兵部队列装，是世界上最早装备军队的自动装填手枪之一，1908~1913年在斯太尔兵工厂、1911~1914年在布达佩斯轻武器制造厂均曾批量生产过。一战结束后，M1907手枪又作为战争赔偿，成为意大利军队的装备，一直被使用到1941年。

M1907手枪列装不久，就暴露出设计上的一些不足，主要是结构和使用都较为复杂。为此，科恩卡决定在原有自动方式和闭锁机构的基础上，研制一支更具现代感的自动装填手枪，并且改用杀伤效果比8mm罗恩－斯太尔手枪弹更强的9×23mm枪弹。

1910年，新枪的研制工作开始展开。为了缩短全枪长，科恩卡将开、闭锁过程中枪管旋转的角度缩小到20°，通过缩短开、闭锁行程长度的手段达到缩短全枪长的目的。此外，还增设了保险机构以提高安全性能。

起初，科恩卡的新枪并未引起军方的兴趣，因此，斯太尔公司只好从1911年开始将该枪作为民用型生产，命名为M1911手枪。但是转过年，即1912年，该枪就被奥匈帝国军队采

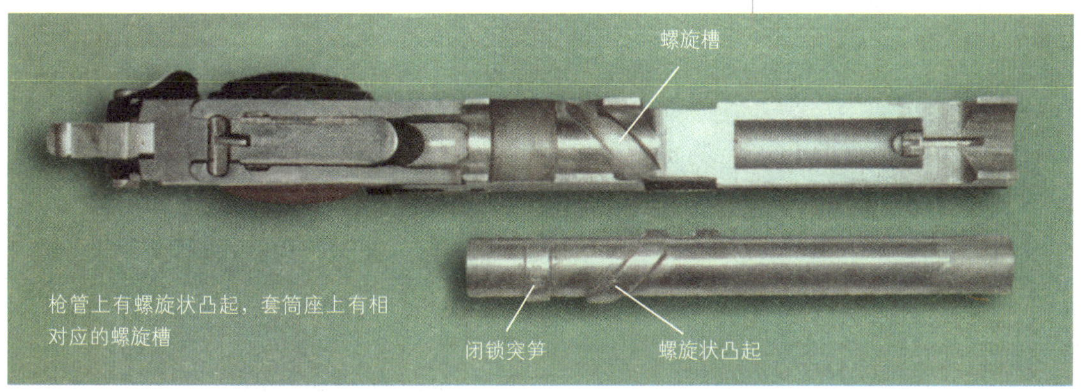

枪管上有螺旋状凸起，套筒座上有相对应的螺旋槽

纳了，军用型定型为M1912手枪并开始生产，直到1918年生产结束，共生产了25万支。军用型与民用型略有不同：民用型在套筒上直接加工出准星；军用型的准星是一个独立的零件，安装在套筒前方的准星座上。

M1912手枪列装奥军不久，就引起了其他国家军队的关注。如罗马尼亚于1913年开始订购该枪；1913～1914年智利军队也与斯太尔公司签下了订购合同。罗马尼亚订购型号的套筒左侧有王冠图案和“M1912”标记，智利购买的型号上则刻有智利国徽和“智利武装力量”字样。一战期间，M1912手枪的威力和可靠性也引起了巴伐利亚军方的兴趣，作为德国皇家武装力量的一分子，巴伐利亚军队于1916年与斯太尔兵工厂签下了1万支的订单。

M1912手枪及其枪套。由于该枪需用弹夹装填枪弹，为方便使用，图中枪套设计有可装2个装满枪弹的专用弹夹袋

一战结束后，M1912手枪继续在奥地利、罗马尼亚、智利、波兰、匈牙利和南斯拉夫军队中服役，并经历了二战的洗礼。1938年，在奥地利被德国法西斯吞并后，该枪又被德国法西斯警察机构定为制式武器使用。由于德军当时的主用手枪弹是9mm巴拉贝鲁姆手枪弹，因此在1940年，法西斯当局决定对6万支M1912手枪进行改造，换装新枪管，以发射9mm巴拉贝鲁姆手枪弹。这项工作由当时受制于法西斯的斯太尔兵工厂和毛瑟兵工厂共同完成。改造后的型号将原先的生产批号磨平，并在套筒左侧打上了“08”的标记，标明只能发射9mm巴拉贝鲁姆手枪弹。该枪的名称也被德国法西斯修改为“P12(t)”。

结构设计　优缺呈现

M1912手枪与同时期的其他手枪相比，具有相当不错的战技性能和人机工效。不装弹时全枪质量为980g，全枪长216mm，弹匣内可容纳8发专为该枪研制的9×23mm斯太尔手枪弹。

该枪采用枪管后坐式自动原理，枪管旋转式闭锁机构。枪管中部设有螺旋状突起，套筒

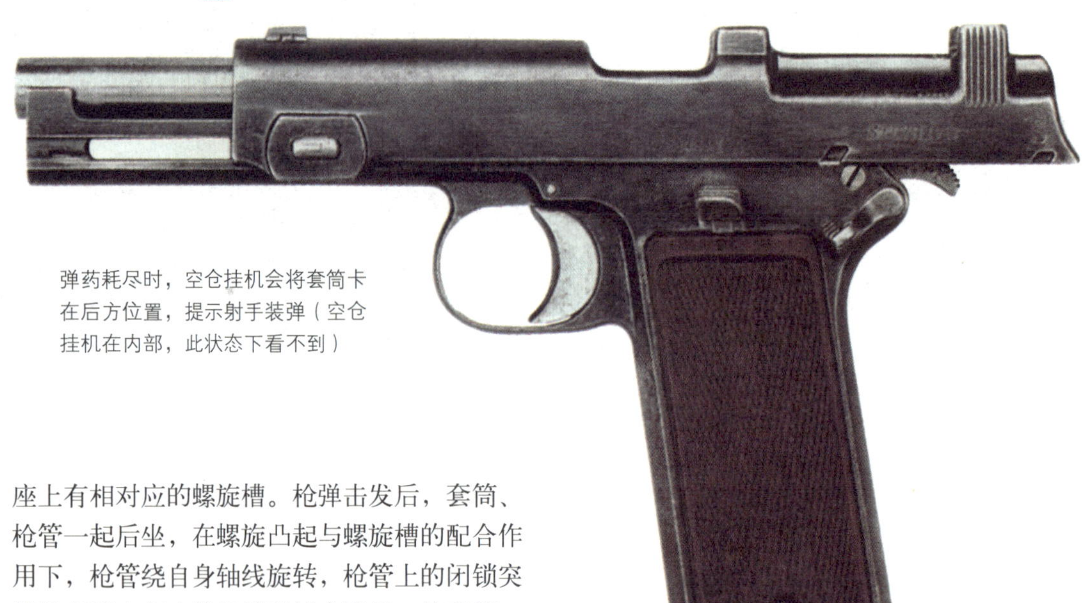

弹药耗尽时，空仓挂机会将套筒卡在后方位置，提示射手装弹（空仓挂机在内部，此状态下看不到）

座上有相对应的螺旋槽。枪弹击发后，套筒、枪管一起后坐，在螺旋凸起与螺旋槽的配合作用下，枪管绕自身轴线旋转，枪管上的闭锁突笋从套筒上相应的闭锁凹槽中滑出，使套筒、枪管开锁；而在套筒推枪管的复进过程中，同样在螺旋状凸起与螺旋槽的配合作用下，枪管绕自身轴线反向旋转，枪管上的闭锁突笋进入套筒的闭锁凹槽中，使枪管、套筒闭锁在一起。

M1912手枪的手动保险手柄位于套筒座左侧后方位置，将其扳到上方位置，可以锁住套筒。

该枪最大的特征就是采用固定式弹匣、上方装填枪弹的供弹方式。其采用的8发固定式弹匣位于握把内，不可拆卸。装弹时，须将套筒拉到后方位置，使套筒上的抛壳窗正对弹匣上端才能装弹。装弹时，既可一发一发地向弹匣内装，也可以使用专门的8发桥夹以提高装弹速度。当枪内弹药耗尽时，空仓挂机会将套筒卡在后方位置，以便于迅速装弹。但即使如此，由于固定式弹匣固有的缺陷，使该枪的

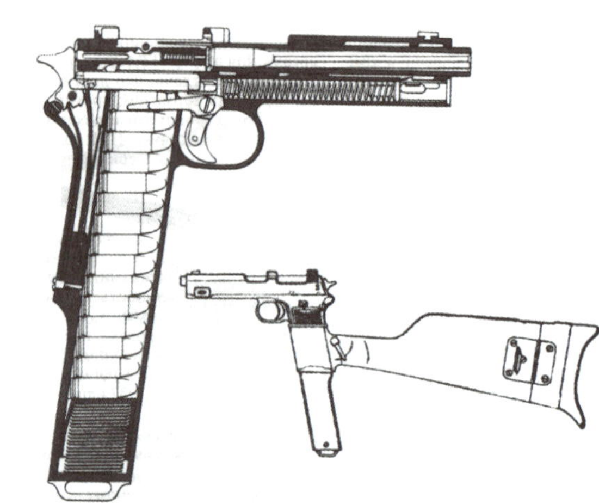

容弹量为16发的M1912/P16手枪绘图，该枪可以利用木制枪盒作为肩托，进行抵肩射击

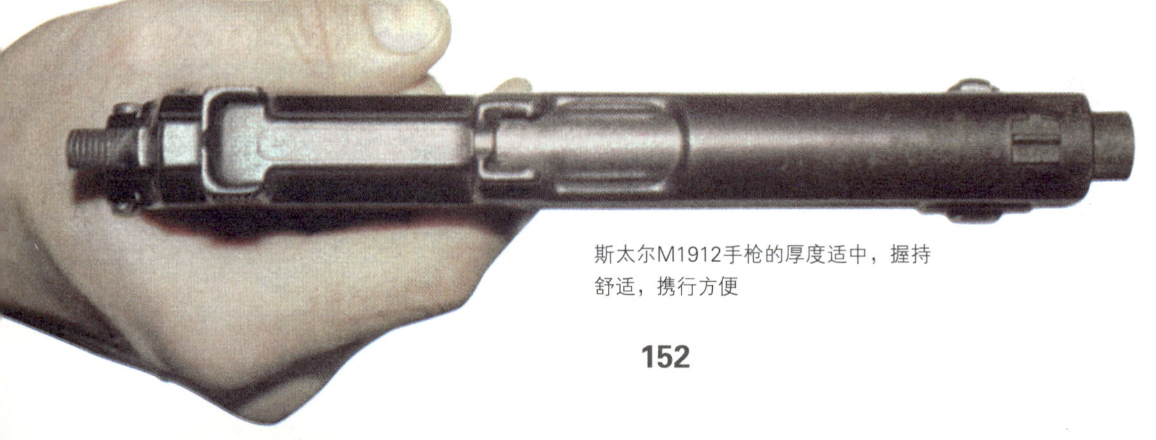

斯太尔M1912手枪的厚度适中，握持舒适，携行方便

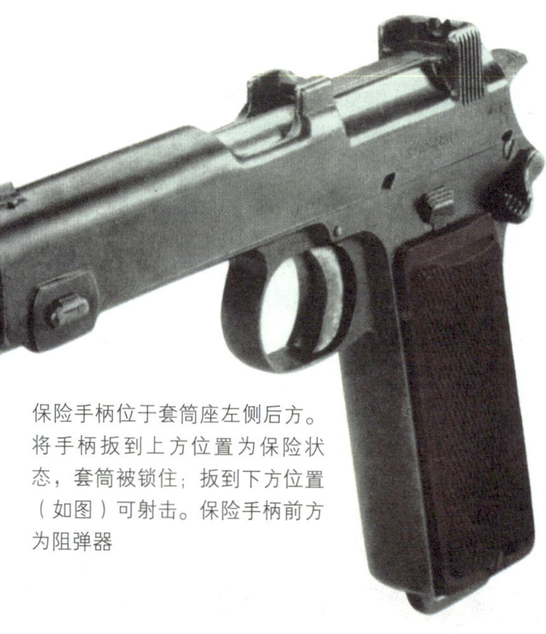

保险手柄位于套筒座左侧后方。将手柄扳到上方位置为保险状态，套筒被锁住；扳到下方位置（如图）可射击。保险手柄前方为阻弹器

战斗射速仍不能与采用可拆卸式弹匣手枪相比。

为了方便在不使用手枪时将弹匣内剩余的枪弹退出，在该枪握把左侧上方位置还设置了阻弹器，拉套筒到后方位置，按下阻弹器，弹匣内的枪弹就会在托弹簧力的作用下弹出枪外。如果不按下阻弹器，即使套筒被拉到后方，枪弹仍被卡在弹匣内。

使用专门的弹夹向弹匣内装弹

M1912手枪使用的9×23mm斯太尔手枪弹的弹头质量约8g，采用铅心、铜被甲结构，为圆头、平底形状；黄铜制弹壳采用无突缘式直筒形状，伯尔丹式底火。使用M1912手枪发射时初速约340m/s,初始动能约420丁,与后来流行的9×19mm巴拉贝鲁姆手枪弹的初始能量相近，具有较好的停止作用。

随波逐流 退出舞台

为尽可能地提高战斗能力，斯太尔公司还生产过能容纳16发弹的M1912/P16手枪。这一型号在保持原有型号结构的基础上，增加了扳机连杆和快慢机，可以进行连发发射。这种设计于1916年底获得了专利。为适应容弹量更大的弹匣，M1912/P16的握把被加长。此外，当时非常流行用木制枪盒作为简易枪托进行抵肩射击，M1912/P16手枪也将其木制枪盒的尾部设有一个椭圆形的环，将握把插入其中，并经专用卡笋定位后即可实施抵肩射击。不过这一型号在市场上反应平平，远不及M1912成功。

细品斯太尔M1912半自动手枪，无论是外观还是内部结构都相当不错。首先，它的造型流畅，并且颇具现代气息；其次，该枪的尺寸较早期自动装填手枪而言堪称轻薄紧凑，握持舒适且便于携行。其威力与可靠性也在两次大战中得到了认可。

但是，与同一时期的另一款名枪——美国柯尔特M1911A1手枪的光彩夺目相比，斯太尔M1912手枪虽历经两次世界大战的洗礼，仍是黯淡与短寿的。要知道，美国柯尔特M1911A1直到20世纪80年代仍是美军的主要装备，至今仍在世界范围内被广泛使用。

斯太尔M1912手枪之所以短命，主要在于其采用的固定式弹匣使用不便，加上配用的弹药不够普及，因此二战后，斯太尔公司便不再生产该型号的枪与弹，M1912逐渐退出历史舞台。

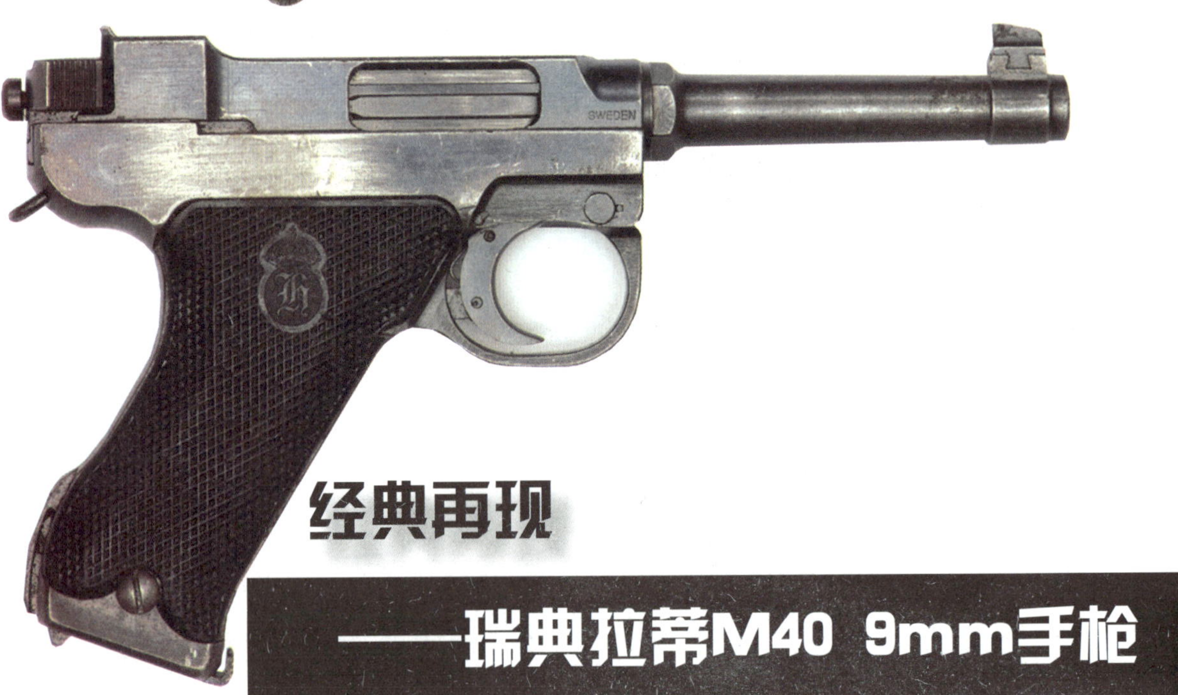

经典再现
——瑞典拉蒂M40 9mm手枪

瑞典的拉蒂M40 9mm手枪是一支颇为优秀的军用手枪，它是芬兰的拉蒂L35 9mm手枪的仿制型，其设计师是芬兰的著名枪械设计奇才艾莫·约翰尼斯· 拉蒂（Aimo Johannes Lahti）（1896—1970年）。

拉蒂一生设计了许多武器，除了拉蒂L35手枪以外，还设计了苏米M31 9mm冲锋枪、拉蒂－萨洛伦塔M26 7.62mm轻机枪以及拉蒂M39 20mm反坦克枪等多种不同口径、不同种类的枪械。其中苏米M31 9mm冲锋枪是苏芬冬季战争中表现最为出色的一支冲锋枪，苏联PPSh－41冲锋枪就参考了该枪的结构。

这些武器为芬军在屡次作战中取得良好战果提供了重要保障，对当时全世界轻武器的发展也产生了重大影响。

溯源L35

1929年，芬兰军方要求拉蒂设计一种适合严寒中使用的军用手枪。当时他正忙于监督M26轻机枪的生产工作，只好以卢格P08手枪为基础提出自己的设计方案。起初，芬兰军方给出的新型手枪设计要求较为模糊，只有可靠性高、结构简单、易于维护等要求。后来又追加威力足以在50m距离上射穿德军M16钢盔且综合性能必须超过P08手枪的要求。1929年秋，拉蒂完成了最初的设计，并试制出样枪。该枪沿用了枪管短后坐式工作原理及闭锁机构，也使用9×19mm巴拉贝鲁姆手枪弹，只是枪机后坐距离稍长。其外观和P08手枪十分接近，但内部结构存在不少差异，芬兰军方将其命名为L29手枪。

1931年，拉蒂对L29手枪进行便于量产的改进，改进后命名为L31手枪。L31基本上满足了军方要求，只是可靠性略差于P08手枪。这深深地刺痛了拉蒂，他对枪械设计的最高要求恰恰是可靠性。于是，他执意要对L31再次实施改进。

从1932年起，拉蒂不断对L31进行修改，使其套筒和握把的棱角更分明，并增加了一个新的保险，由此使可靠性得到提升。1935年初，改进工作终告完成，新枪被芬兰军方命名

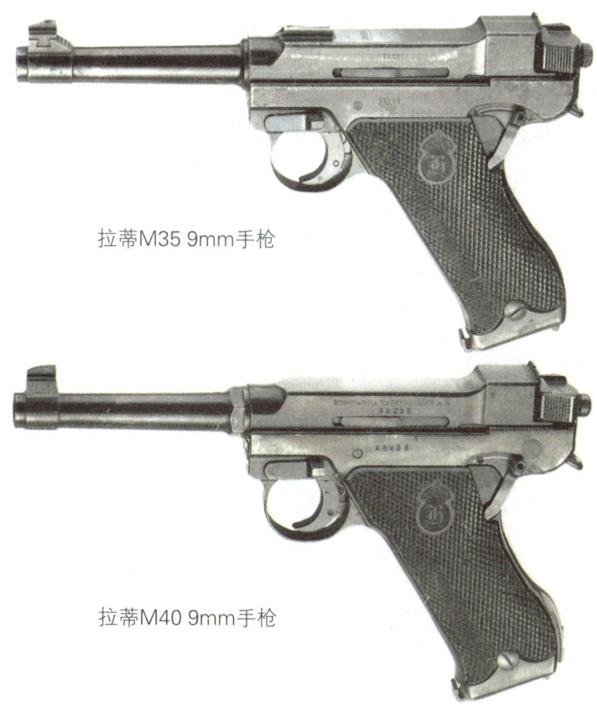
拉蒂M35 9mm手枪

拉蒂M40 9mm手枪

为拉蒂L35 9mm手枪。

L35采用枪管短后坐式工作原理，当套筒复进到位后，通过凸轮机构将闭锁卡铁顶起，闭锁卡铁将枪机和枪管尾端扣合起来，实现闭锁。此外L35手枪枪管尾端上方有一个有弹指示器，并且设有加速机构，用于在严寒或沙尘条件下供给自动机足够的能量。由于L35手枪为纯手工制造，生产速度非常缓慢。

L35在荒芜、寒冷的斯堪的纳维亚地区的冬季使用时，机构动作相当可靠。1935年，该枪被芬兰军队选为制式武器，在1939～1940年的苏芬冬季战争中大量使用。1935～1958年，芬兰苇斯屈莱（Jyvaskyla）市的VKT（Vation Kivaaritehdas）国家兵工厂一直在生产该枪。二战以后，VKT国家兵工厂重新改名为瓦尔梅特（Valmet Oy Tourula）公司。芬兰一共生产了1.2万支L35手枪，该枪动作机构顺利、可靠，零部件加工精良，很少出现断裂和磨损现象。但是全枪质量偏重，其结构相当复杂，如果不是专业人员，很难把该枪完全分解。

花开M40

20世纪30年代，瑞典军队拟装备一支新手枪，于是购买了少量的德国P38手枪。但是在二战期间，P38的供给成了很大的难题，于是在苏芬冬季战争中表现优异的L35手枪走入了瑞军的视线。1940年，瑞典在得到拉蒂L35手枪的生产许可后，以其为基础设计生产出M40手枪。

最初，M40完全仿制L35，但在后来的生产过程中，设计方案不断地被修改。最初的M40产品同L35一样也设有有弹指示器，随后就取消了有弹指示器。出于种种原因，最初生产出来的产品大多数被瑞典军方收回。有的产品的扳机护圈较小，有的产品的扳机护圈则较大。枪管也有不同之处：早期的枪管尾端为圆形；随后的产品枪管尾端改为六角形，长度延长了35mm。

M40同样也采用枪管短后坐式工作原理，闭锁方式为卡铁偏移式。枪管和套筒采用螺纹连接，枪机在套筒里作往复运动，其尾端从套筒后端开口中露出，便于手拉枪机向后进行首发装填。

瑞典的赫斯瓦拉兵工厂是M40的唯一生产厂家。最初试图采用镍合金钢来加工套筒、

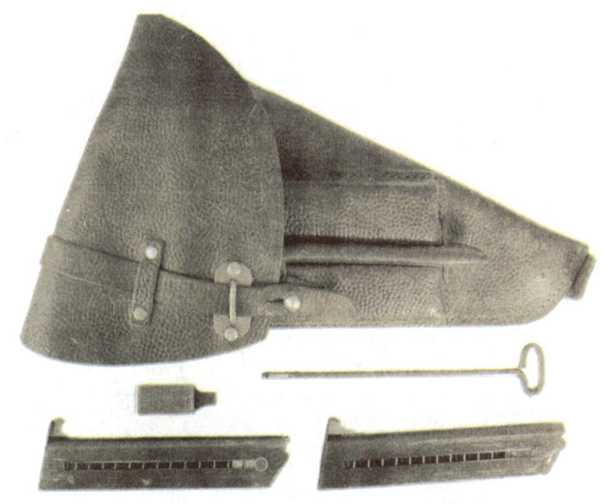
M40配用的手枪套、装弹器、通条、弹匣

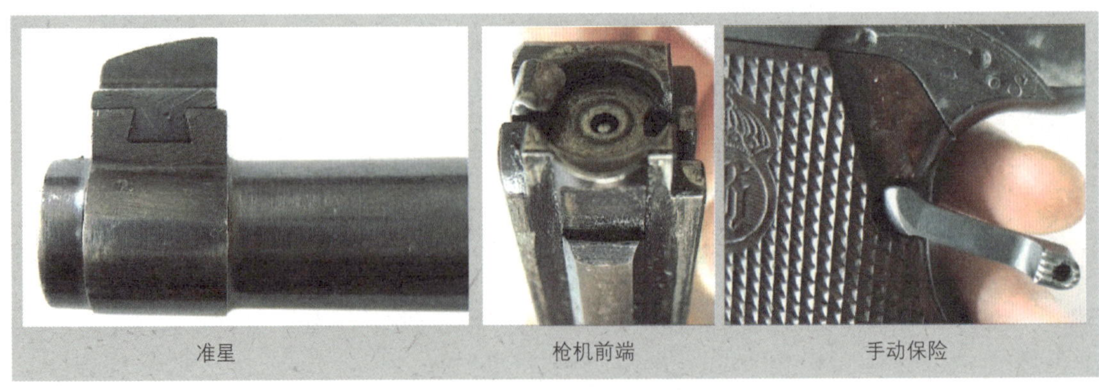
准星　　枪机前端　　手动保险

套筒座和枪管，但是由于该钢材稀缺，后来镍合金钢只用来加工枪管。由于改用其他材料导致强度不够，套筒上开始出现裂纹。为了解决这个问题，赫斯瓦拉兵工厂试制了4种不同形状的套筒，但是由于使用了不恰当的枪弹，这一问题仍没有得到解决。后来使用m/39B型钢被甲弹，这种枪弹膛压较高，根据瑞典部队的统计，当M40使用这种弹时，寿命约为3000发。

M40的握把护板由塑料制成，握把上刻有赫斯瓦拉兵工厂的商标。为瑞典军队生产的握把护板为褐色，其他国家军队使用的则均为黑色。

据不完全统计，1941～1946年间，赫斯瓦拉兵工厂生产了82480支军用型M40和850支民用型M40。这些产品的扳机护圈较大，便于冬季戴手套使用。这些手枪与L35不同，没有有弹指示器，也没有加速机构。M40可加装肩托，并可以和卢格手枪的枪托互换。

极少数早期的M40手枪枪身上刻有字母“A”，瑞典空军用M40的枪身上刻有字母“F”，民用型M40则刻有字母“H”。民用型的扳机护圈较其他型号小，但是宽度有所增加。正是鉴于民用型扳机护圈的设计，瑞典军方提出了增大扳机护圈的要求，所以军用型M40的扳机护圈比较大。

每一支M40手枪都配有一个皮质枪套、两个备用8发弹匣、一根通条、一个装弹器。M40的弹匣为直形，由于托弹簧簧力较大，为便于装弹，需要使用装弹器。该弹匣的侧面有

M40手枪的剖视图及不完全分解

一个小的装弹按钮，如果不使用装弹器，很难用拇指推动它。M40早期的皮质枪套都是非常光滑的褐色，质量非常好，比后期黑色材质的枪套好得多。

M40的分解相当简单，首先将弹匣卸下，检查弹膛内有无枪弹。将枪管向后拉，随后转动连接销，即可将枪管组件卸下。如果在分解前没有将弹匣卸下，枪管组件则无法卸下。取下枪管组件后，推动闭锁卡铁使之缩回套筒并取出（在将闭锁卡铁重新装回时，要注意闭锁卡铁下方的箭头应指向枪管）。此时不完全分解完成。

总体来看，M40手枪是一支颇为优秀的军用武器。它握持舒适，小巧轻便，后坐力低，操作简单，便于维护。该枪一直在瑞典军队服役，直到1988年才被M88/M88B手枪（格洛克17/19）代替。

走出国门的M40

M40除装备瑞典陆军外，还被出口到丹麦和挪威。

二战末期，作为中立国，瑞典为丹麦和挪威培训了一批政府职员和警察。丹麦警察与瑞典签订了1万支M40手枪的合同，生产序列号在5000～15000之间，枪身上刻有字母“D”，是英文名称“Danish”的首字母。为挪威生产的型号则被称为 “中立型”M40手枪，大概有500支，序列号在31500～32000之间。这些“中立型”M40手枪没有生产和检验的标记，并且赫斯瓦拉兵工厂的商标也被打磨掉了。据报道，这批产品的序列号最终也没有刻在枪身上。

2支M40枪机尾部特写。左为民用型，没有赫斯瓦拉兵工厂的检验标记

战后的1970年，丹麦一家名为“V.Parbst”的公司通过丹麦政府收购了一批报废的M40手枪，从中筛选了一些可以正常使用的零件进行重新组装，这些重新组装的枪都打上了新的前缀为“VP”的序列号。此外还为瑞士一名收藏爱好者组装了20支手枪，序列号前缀为“PS”。

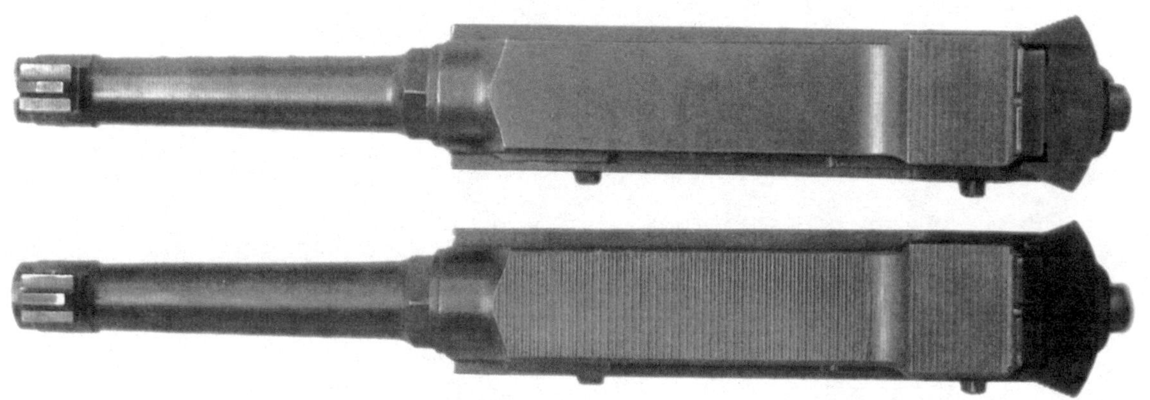

2支M40套筒特写。上为民用型M40，下为军用型M40，注意套筒的区别（有无横纹）

西班牙“雪茄手枪”传奇
——阿斯特拉M600手枪

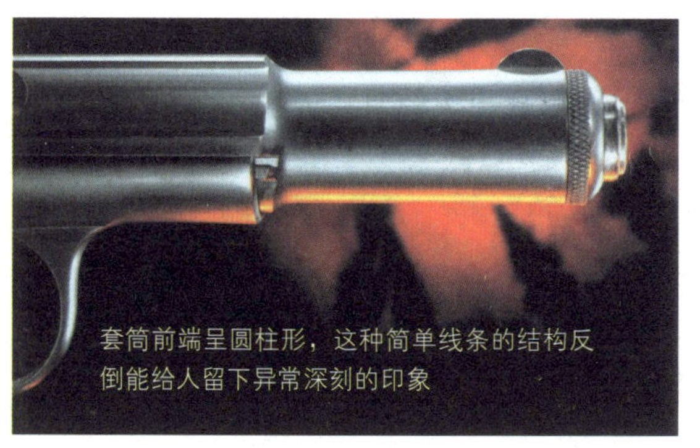
套筒前端呈圆柱形，这种简单线条的结构反倒能给人留下异常深刻的印象

阿斯特拉原本是位于西班牙格罗尼卡的安塞塔公司（全名Societa Unceta and compania）的注册商标，但由于该商标的知名度远远超过了公司本身，因此安塞塔公司索性将公司名也改为阿斯特拉，现在公司的正式名称是阿斯特拉－安塞塔公司。该公司以生产阿斯特拉手枪而被世人所熟知。

阿斯特拉系列手枪，因其套筒前端呈圆柱形，外观酷似雪茄烟，因而被冠以“雪茄手枪”之称。诞生于二战时期的M600“雪茄手枪”品质虽上乘，然而其命运与德国纳粹相连，不免成为履历上的污点，战后，该枪并没有停止发展，仍延续未竟之历程……

M600的前身——M400

阿斯特拉M600手枪是阿斯特拉M400的改进型。M400于20世纪20年代初期研制成功，1921年被西班牙军队定为制式武器。该枪也被广泛出口到其他国家，其中也包括德国——臭名昭著的纳粹及其国防军购买了为数不少的M400。

M400采用枪机后坐式自动原理，是一种采用击锤发火的单动发射半自动手枪，使用9mm Largo弹（又称伯格曼－贝亚德手枪弹）。它的内部结构受勃朗宁M1903/M1910手枪的影响很大，最大的特点是枪膛能够兼容几乎所有的9mm手枪弹。9mm Largo弹是一种9×23mm的大型手枪弹，当时绝大多数的9mm手枪弹都比此弹短，而M400又没有强制性闭锁机构，因此只要枪弹能上膛，就能够顺利地完成击发动作，这就使得M400的通用性很强。理论上，M400能够发射西班牙自产的9×23mm Largo弹、奥地利的9×23mm斯太尔弹、比利时的9×20mm勃朗宁长弹和德国的9×19mm巴拉贝鲁姆弹等多种弹药。但是在使用弹壳较短的非原配弹药，如9mm巴拉贝鲁姆弹时，次发装填有可能出现问题，这也正是后来M600出现的根本原因。

配用弹种——9mm Largo弹

很多人可能并不熟悉9mm Largo弹，在此做一个介绍。

9mm Largo弹是由比利时人弗雷米西设计的9mm口径手枪弹，弹壳长23mm，初速365m/s。该弹设计始于1903年，目的是为了配合参加20世纪初美国陆军半自动手枪选型的伯格曼6号手枪，因此该弹的原名为9mm伯格曼－贝亚德手枪弹。不过，美军最终选定的是

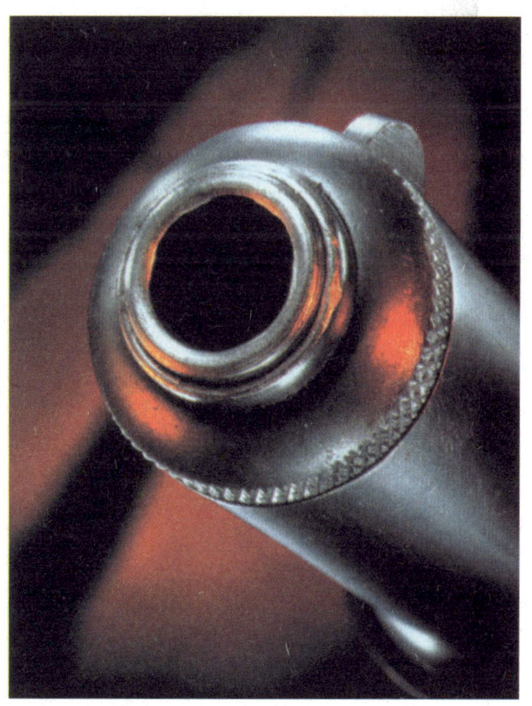
枪口部分特写，枪管、枪管套和枪管锁连接在一起

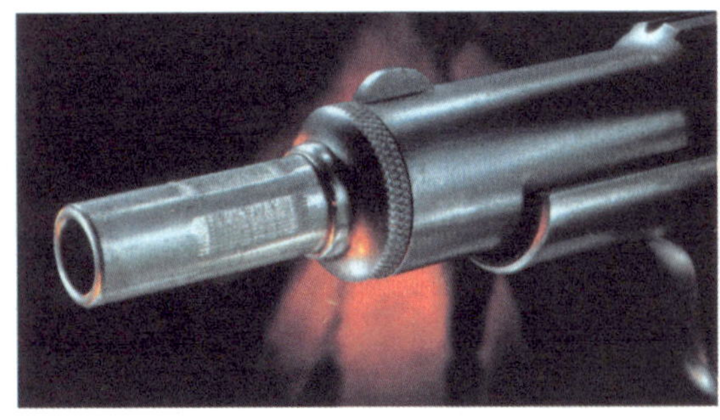

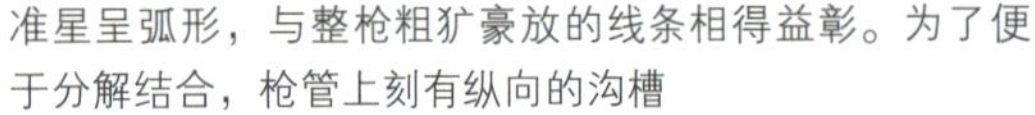

准星呈弧形，与整枪粗犷豪放的线条相得益彰。为了便于分解结合，枪管上刻有纵向的沟槽

套筒尾端刻有防滑槽

柯尔特0.45in弹和M1911的“黄金组合”。

西班牙人则早在1907年就开始生产这种他们称为9mm Largo的枪弹，并在1908年选定了伯格曼M1908手枪作为制式武器。之后，各种9mm Largo弹一直是西班牙军警机构的制式枪弹，被广泛用于手枪和冲锋枪，官方对Largo弹的订单也一直持续到1981年。

设计独特的M600

M600采用自由枪机式自动原理，这对于发射9mm巴拉贝鲁姆弹的手枪来说是十分罕见的，因为采用这种自动原理的武器没有专用的闭锁机构，发射时只靠枪机的惯性与复进簧的簧力关闭弹膛。这种结构虽然简单可靠，但需要较重的枪机与较大的复进簧力来完成闭锁动作，通常只适合用于发射威力较小的手枪弹。比如大家熟悉的007系列电影中，詹姆斯·邦德早年爱用的PPK手枪，就采用这种自动原理，它发射的是威力较小的0.32inACP弹。从常识来说，采用这种自动原理的手枪如果一定要发射大威力手枪弹的话，加重的枪机质量与较大的复进簧力会严重影响操作性能，造成套筒难拉、后坐力太大的问题。

M600手枪未设置手动保险，而是在握把背部设计了握把保险，只有在射手正确握持时，才能解脱阻铁，实现击发。另外还有一个相当于自动保险的机构，当套筒未完全闭锁时，扳机连杆与阻铁会被隔断，这样就能保证套筒复

套筒尾端有一个圆形的焊接痕。枪身上带有各种验收印：四边形内的“X”是Eibar House（西班牙的枪械质检局）的标志，而环形内的“P”表示是自动装填手枪

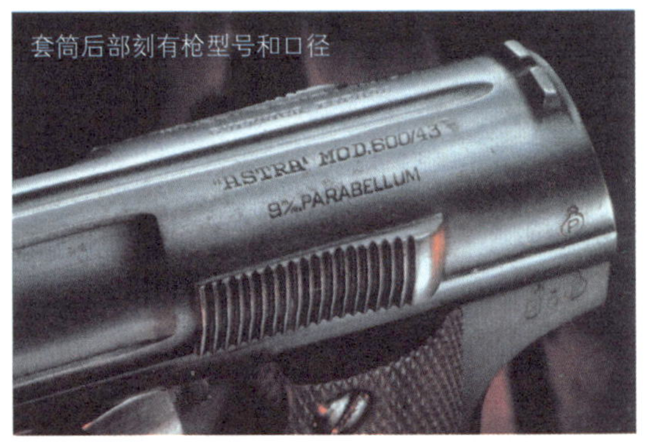

套筒后部刻有枪型号和口径

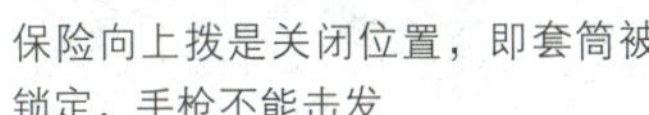

保险向上拨是关闭位置，即套筒被锁定，手枪不能击发

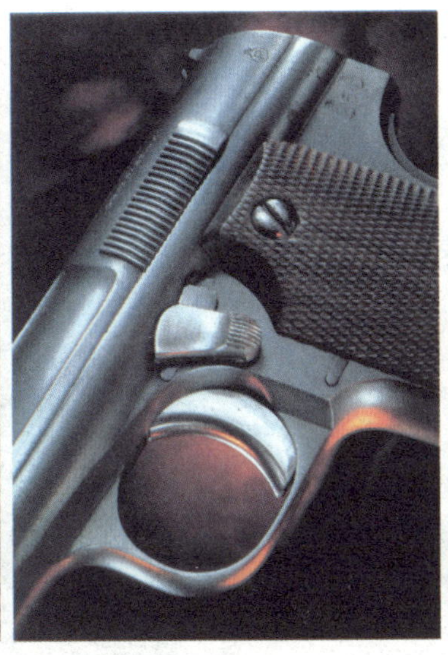

表面抛光处理的扳机，弧度较大，不带防滑槽

右侧握把上方的正方形金属块是空仓挂机

进不到位时枪弹不会被击发。

M600手枪除了拥有引人注目的圆柱形套筒外，上大下小的握把形状也比较别致。

M600与M400的区别是，除了将配用弹种由9mm Largo弹改为9mm巴拉贝鲁姆弹外，还将弹匣扣由握把底部的爪钩式改为握把侧面的按钮式，另外枪管也稍有缩短，使得M600比M400显得小巧一些。

采用自由枪机式自动原理的手枪并不适合发射大威力手枪弹，因此M400与9mm Largo弹的组合就是一种比较考验射手力量与技巧的组合。而M600与巴拉贝鲁姆弹的组合从尺寸、威力等各方面来说都显得更为平衡一些，再加上机构简单、动作可靠，因而受到军方用户的青睐。

德国纳粹要求下的尴尬命运

M600诞生的原因是为了能更好地配合9mm巴拉贝鲁姆弹，而提出这个修改要求的正是二战时的纳粹德国陆军。

众所周知，二战时西班牙保持了名义上的“中立”并未直接参战，但从立场上说是倾向于轴心国一方的。一方面，因为德国、意大利两国的法西斯政权在之前发生的西班牙内战中给了弗朗哥叛军很多援助，使其最终得以战胜左派势力并夺取了西班牙政权；另一方面，在政治立场上弗朗哥独裁统治下的西班牙政权也是倾向于法西斯主义的。

二战开始之前，德意两国都曾试图拉西班牙下水，加入轴心国组织，但弗朗哥政权以“内战方止，国力未复”而未予同意。但为了报答在西班牙内战中来自两国的支援，西班牙派出了2万人的“志愿军”组成蓝色步兵师（Azul-Division）参加了东线的战斗，并且为了偿还内战期间欠下的债务，西班牙还为轴心国提供了大批军火物资（主要是轻武器）作为补偿。

随着在西欧各国占领地的扩大和各军种地面部队（比如武装党卫军等）的扩编，德国对武器装备的需求一再增大，虽然其军事工业已十分发达，但仍难以完全满足急速膨胀的需求。

尽管被占领国的兵工厂也在德军的控制下

设计别致的弹匣扣

用于搭上手指以便抽出弹匣的凸起位于弹匣底部，上面有一个精致的小商标

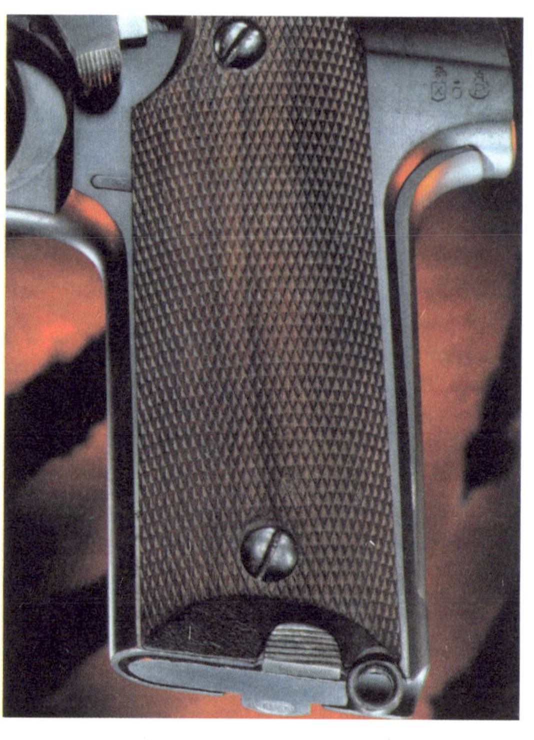
与大多数手枪不同，该枪的握把呈上大下小的形状

重新开动，生产以轻武器为主的各类军火以满足需求，但由于工人们工作热情不高，再加上有组织的或是个人的抵制行为，所生产的军火质量低劣，产量也十分有限。这样一来，从友好的“第三国”购买军火就成了德军获取轻武器非常重要的渠道。1941年7月，当德军占领法国后，便立刻开始与邻国西班牙的军火商接触，购买各式西班牙轻武器。西班牙厂商提供的“商业版”的产品，至少维持了战前的用料与工艺水准，比起德国国内和占领地处处简化的“战时产品”，不论是外观还是内在质量上都属上乘。

从1941年7月到1944年下半年法国南部被解放为止，安塞塔公司基本上专门为纳粹德军生产轻武器。第一批产品的交付日时期在1941年的10～11月，交货内容包括6000支M400和6000支M300。其后数年间，安塞塔公司陆续向德军交付了品种繁多的轻武器。

随着德军意识到结束战争所需时间将比预计长得多，他们不得不更加重视和依赖那些来自第三国的军火供应。为了减轻后勤压力，在保证动作可靠的前提下尽可能地统一手枪弹药成了大势所趋。M400虽然也能够发射9mm巴拉贝鲁姆弹，但由于弹膛尺寸偏大，击发动作并不十分可靠，因此对其进行改进使之发射9mm巴拉贝鲁姆弹便成为当务之急。安塞塔公司应德军的要求很快就开发出了M600。第一批50支（序列号1～50）M600作为测试样品提交德国陆军总司令部后，立刻被采用为制式，并被命名为“Pistole Astra 600/43”。

M600的正式交货始于1944年5月，到1944年7月为止，有10450支M600（序列号51～10500）在法国伊伦（Irun）交付给德军。这部分M600的枪身右侧后方刻有德国陆军接收时的验收标记。

随着盟军在法国的占领区域越来越大，法西边界不久就被切断，西班牙方面再也无法向法国南部的德军继续交货了，于是大量的

M600成品及其零件积压在安塞塔公司的仓库里，而纳粹德国政府已支付了其中大部分的货款。后来，由纳粹德国政府买单的那部分枪支被西班牙政府接收，而剩余部分则被出口至其他国家。

M600的出口始于1950年10月，前后总共出口了3550支（序列号41851～45400）。出口到海外的用户有：葡萄牙海军购买了800支（序列号44501～45300）；智利空军购买了450支（序列号43601～44050）；约旦购买了200支（序列号44301～44500）；土耳其宪兵部队购买了100支（序列号43101～43200）等。此外还有少量出口到哥斯达黎加、埃及、泰国等地。

1951年，被西方盟军占领的西德获准重建军警部队，当时选定的制式武器中就有M600。西班牙政府立刻将先前接收的31350支M600（序列号10501～41850）转卖给西德政府，并且仍保存在安塞塔公司库房里的14000支M600（序列号45401～59400）也就此找到了买主，积压多年的M600因而被清理一空。

值得注意的是，安塞塔公司生产的M600是用完全不重复的序列号（1～59400）进行管理的，而生产加工则只有短短3年（1943～1945年）。其后直到1950年代销售的M600，都是这一批产品中的存货。

续写未竟的传奇

战后，安塞塔公司又继续推出了M400/M600系列的后续产品——发射9mm巴拉贝鲁姆弹的M800秃鹰（Condor）手枪和M300的后续产品——发射0.32in ACP弹或0.380in ACP弹的M3000/M4000猎鹰（Falcon）手枪，它们在民用市场上取得了一定的成功。

阿斯特拉手枪至今仍在民用市场上有着众多的拥趸，特别是一些早期型号，更是收藏家们梦寐以求的精品。虽然按现代人的眼光来看，它们的外观说不上美观大方，操作性能与现代手枪相比也存在差距。但是它们独特的外形和曲折的命运，吸引着无数枪械爱好者的关注。

直到今天，“雪茄手枪” 的传奇，仍未结束。

2支被纳粹德国采用的手枪，伯莱塔M1934（上）和阿斯特拉M600手枪

分解结合相当简便，不过加大的复进簧需要特别小心，既要防止它打飞其他小零件，也要防止手指被它夹伤

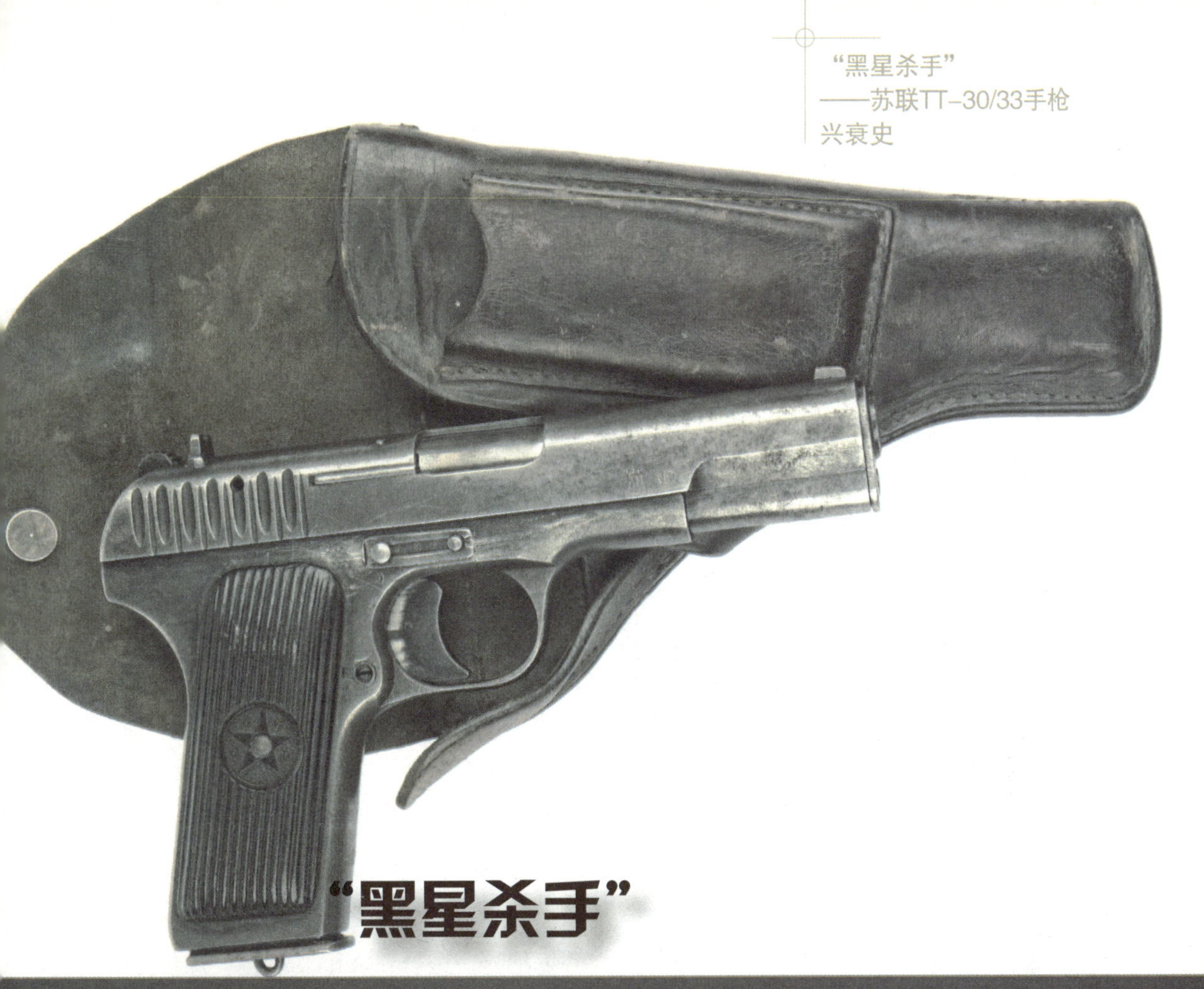

"黑星杀手"
——苏联TT－30/33手枪兴衰史

20世纪初期，由于缺乏现代工业基础，俄军及早期的苏军所使用的武器装备基本都需要进口。在苏共夺取全国政权后，决策层决定实现军用装备的国产化，并为之投入巨大精力。美制M1911手枪的苏联克隆版——托卡列夫TT－30/33系列手枪，就出产于这一时期。

托卡列夫小传

托卡列夫于1871年出生在一个哥萨克家庭，其幼年在罗斯托夫的哥萨克驻军军营中度过。他几乎未接受过正规的学校教育，但从小就对机械非常着迷。1885年，托卡列夫接受了当地驻军司令部开办的职业教育，并作为学徒进入锻工车间实习。 年后，他就在机械方面展现出惊人的天赋，于是被送到新切尔卡斯克军事技术学校深造。托卡列夫不负众望顺利通过了考试，学习枪械制造。毕业后被分配至第12哥萨克骑兵团，成为一名枪械修理兵。不久后，又作为预提干军官学员参加了准尉军官军校的学习。1907年，新任一级准尉的托卡列夫来到俄轻武器设计师向往的殿堂——位于列宁格勒奥拉宁巴姆的军官射击学校学习。在那里，他接触到了当时最先进的自动枪械，并以此为起点开始了轻武器的设计。1908年，托卡列夫的第一件作品设计完成。1913年，他进入谢斯特罗列茨克兵工厂监制枪械。然而，第一次世界大战的爆发彻底改变了他按部就班的生活，

托卡列夫在工作车间

期间他作为军械军官直接参战，直到1916年才又回到谢斯特罗列茨克兵工厂。

一战后，苏维埃革命胜利，托卡列夫和他后来的良师益友费德洛夫一起于1920年进入图拉的TsKB－14设计局，从事枪械的相关工作。在这之后的20多年里，托卡列夫共设计出自动/半自动步枪、卡宾枪、冲锋枪、手枪等总计达27款枪械。1944年，为表彰他对红军武器设计的功勋，苏联政府为他颁发了二等苏沃洛夫勋章；此外，他还获得1次社会主义劳动英雄称号、4次列宁勋章、2次红旗勋章和斯大林奖金。1968年，托卡列夫在家中病逝，享年97岁。

TT-30前身——M1930艰难出世

1928年，炮兵工业委员会为苏联红军挑选各类枪械时，托卡列夫也带着自己设计的轻机枪参与了竞选。但由于他在轻机枪设计方面缺乏经验，其枪械存在结构过于复杂、易发生卡弹等故障而最终被淘汰出局。一年后，托卡列夫吸取教训，决定扬长避短设计自己更为拿手的手枪，于是M1929手枪诞生了。该枪分2种型号，一种是大型战斗手枪，另一种是小型自卫手枪。2款手枪均配用7.62×25mm手枪弹。M1929大型战斗手枪由于弹匣容弹量达22发，故将弹匣采用轻机枪弹匣那样的微弯设计。但这种大容量微弯的弹匣使得握把的设计处于尴尬的境地——为适应弹匣的形状，不得不将握把设计成向前倾斜的式样，从而导致持握不便。除了怪异的握把外，该枪330mm长的枪管及其木质前护手也极反潮流，但却赋予了它堪比冲锋枪的战斗性能。至于小一号的M1929自卫手枪则是M1929战斗手枪的紧凑版，但其枪管长达180mm，也较普通手枪枪管长，该枪取消了木质前护手。

经过数轮挑选，2种型号的M1929手枪均存在人机工效差、故障率高、体积大等缺点，需要重新进行修改和完善。但托卡列夫并未再在M1929手枪上下工夫，而是重新开始了新一轮设计。他当时意识到借鉴经典设计

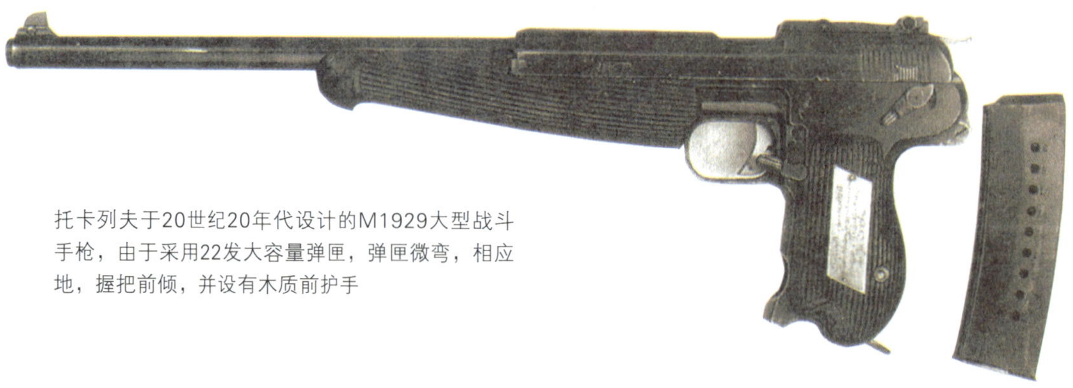
托卡列夫于20世纪20年代设计的M1929大型战斗手枪，由于采用22发大容量弹匣，弹匣微弯，相应地，握把前倾，并设有木质前护手

是推出优秀手枪的捷径。当时,半自动手枪领域基本是欧、美制手枪的天下,因此通过仿制欧、美制手枪而开发出适合苏俄红军使用的手枪也不失为一条出路。在这样的设计思路下,他首先以美制柯尔特M1900手枪为蓝本,并综合了自己设计的M1929手枪的特点,设计出一款新的战斗用手枪,但此“混合”产品并不成功。

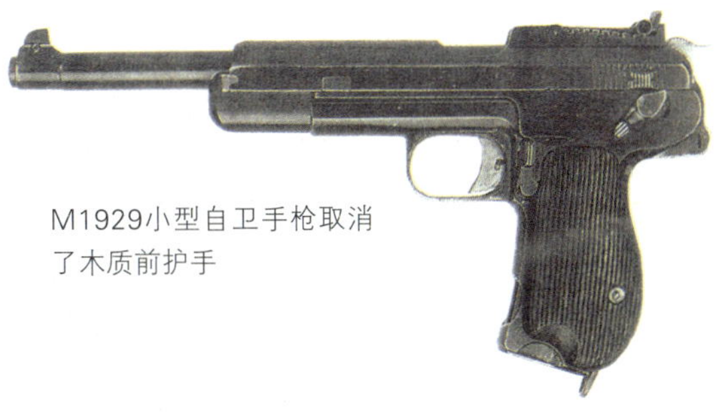
M1929小型自卫手枪取消了木质前护手

次年，托卡列夫将目光转向了著名的斯太尔M1912手枪。不过，托卡列夫为新仿制的手枪重新设计了一套击发机构。该击发机构需要在握把内安装较长的击锤簧,但由于当时手枪弹长度和体积都较大,握把内根本没有空间布置这样的弹簧,因此不得不将其挂在击锤组件上。此次模仿虽较前次成功,但仍不令人满意。

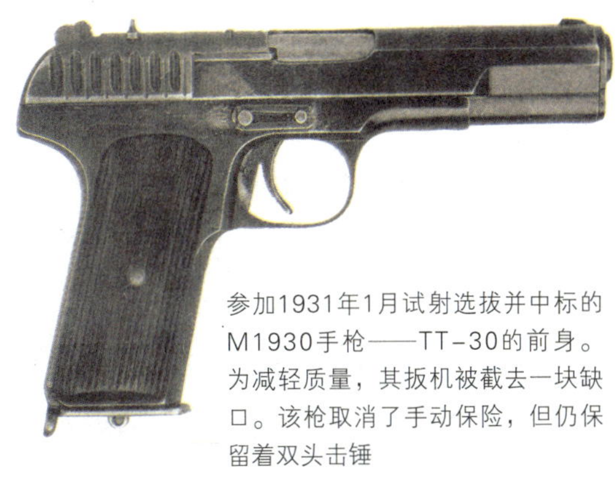
参加1931年1月试射选拔并中标的M1930手枪——TT－30的前身。为减轻质量，其扳机被截去一块缺口。该枪取消了手动保险，但仍保留着双头击锤

其后,托卡列夫又以勃朗宁设计的M1911手枪为基础仿制成M1930手枪。M1930手枪有2种版本：一种的复进簧缠绕在枪管上、外形类似FN M1910手枪;另一种的复进簧与M1911手枪一样位于枪管下方——这就是一代名枪TT－30的前身。

托卡列夫发现，以往供弹部分的故障多出在弹匣口部，那里长时间承担较大的压力，轻微的变形和扭曲即可导致枪械性能不可靠。托卡列夫吸取了这些经验，采用高强度的钢板制作弹匣口部，并将其与弹药接触的表面磨光以减少卡弹故障。M1930手枪并未设计M1911手枪那样的手动和机械两套保险机构，而是取消了手动保险，只保留了击发机上的机械保险。另外，M1911手枪上击发机和击锤上的3根弹簧也被简化成2根非对称弹簧。M1930手枪的分解也极简单，分解后的零件不超过40件，没有多余的销和螺丝，一切都进行了最大程度的简化。

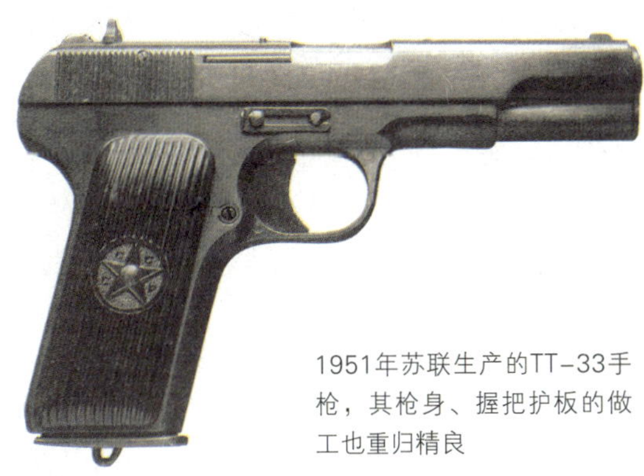
1951年苏联生产的TT－33手枪，其枪身、握把护板的做工也重归精良

中标再改进

1930年6月25日至7月13日，红军军事委员会进行最后一次手枪挑选性试验，以最终确定红军军官配备的手枪。参选的手枪包括托卡列夫M1930手枪、科罗文TKB－160式手枪和普里诺特斯基设计的手枪；此外，还挑选了来自各国生产的手枪。如M1895转轮手枪、毛瑟C96手枪、卢格P08手枪等在内的14种名枪作为参照和对比。

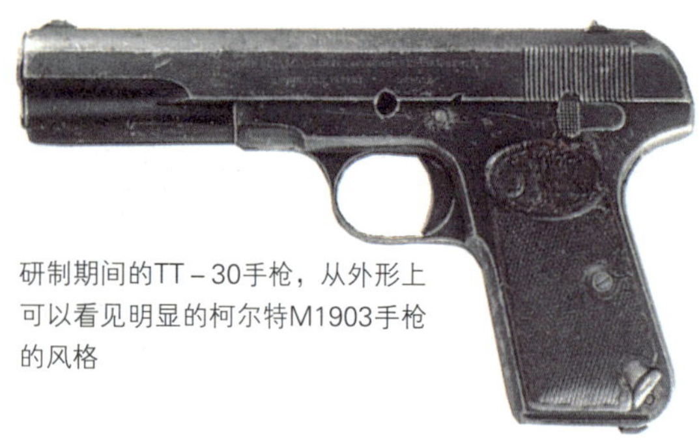
研制期间的TT－30手枪，从外形上可以看见明显的柯尔特M1903手枪的风格

每支枪各发射500发枪弹进行常规条件和极端条件下的射击，设置了最恶劣的环境，如沙尘、泥浆、雨水、过分润滑、无润滑等。每支枪在完成上述条件下500发弹药的射击后，经简单维护后立即开始1000发弹药的可靠性射击试验。在经过残酷、严格的试射考验后，军事委员会最终宣布由托卡列夫设计的复进簧位于枪管下方的M1930手枪胜出，成为未来红军配备的制式手枪。

M1930手枪虽然胜出，但也并非毫无缺陷，军事委员会对该枪提出了一些改进意见：提高射击精度、改进瞄具、在击锤组件上增设保险凹口以增加额外的保险功能、降低扳机力等。

托卡列夫根据这些改进意见对M1930手枪进行了优化设计。为减小扳机力，必须弱化扳机簧和击发阻铁簧的簧力。但击发阻铁簧弹性的削弱又造成另一个问题，即阻铁上端待发面及其尖端不能很好地扣合击锤上的保险卡槽和待发卡槽。特别是在击发时，击发机的震动有可能使保险杆旋脱正常位置，造成击发机故障。为解决这一问题，托卡列夫独创性地将保险杆与击锤传动杆用销钉连接而构成一个整体。为增强这种单一保险的可靠性，托卡列夫用减小击发机和击锤保险各部件的公差，以及使各部件更紧密接合以增大摩擦力的方式来达到目的。

他还重新设计了M1930手枪的击锤结构，由双头改为单头，减小了击锤的质量。早期7.62mm手枪弹的底火药敏感性较低，需要质量较大的双头击锤赋予击针更大的能量；但在M1930手枪服役的时代，底火药的性能已大有提高，不需要再用这种双头击锤。另外，击锤质量过大，还常常造成击针击穿底火而导致故障。新替换的单头击锤质量较小，且易于生产。

1930年12月23日，军事委员会决定对修改后的M1930手枪进行最后一次冬季野战试验，日期定在1931年1月7日。试验选在莫斯科附近的射击场，当时，苏联红军的很多高级军官都到现场观摩。M1930手枪也不负众望，试射取得了圆满成功。1931年2月12日，该枪开始大批量预生产，以进行装备前的最后一次大规模部队试用。次日，苏联红军后勤部门负责人宣布："托卡列夫M1930手

TT33手枪突出代表了苏制武器简单、可靠、皮实耐用的特点

枪及其7.62mm手枪弹将批量装备红军”。同时，苏联红军向图拉兵工厂订购了1000支M1930手枪及36万发手枪弹。1932年，又增订了1000支M1930手枪和50万发枪弹。很快，苏联内务人民委员会亦宣布为其部队配备全新的托卡列夫M1930手枪，并正式将其命名为TT 30手枪。

TT-33手枪成功问世

正当图拉兵工厂开足马力为红军军官生产TT-30手枪时,1933年，托卡列夫又开始着手进一步简化TT-30手枪的工作，以提高其性能。托卡列夫重新设计了握把背部，简化了扳机簧的设计和枪管的制造，并为该枪进行减重。经过改进后,该枪全枪质量进一步降低，结构也进一步简化。改进后的新型手枪于1934年定型，并被命名为TT-33 7.62mm手枪。TT-33定型之时，TT-30已进入大规模生产阶段。而TT-33在后来的生产中又分化出两种型号，分别是TT-30 I 型和TT-30 II 型。2种型号仅在生产工艺上有些微差别，实质变化并不大。

TT 33手枪虽然定型较早，但其生产、

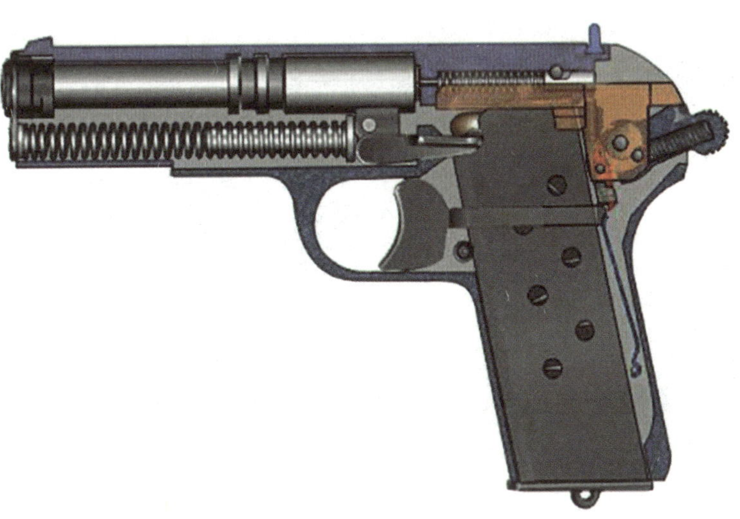

TT－33手枪剖视图

列装却被数次拖延，直至苏德战争爆发后，局势的危急促使该枪进入全面大规模量产阶段。单单1941年第四季度，向图拉兵工厂订购TT-33手枪的数量就达到了6万支。

二战爆发初期，苏联西部军工企业加速向乌拉尔山脉以东迁移。1942年第二季度，当东迁的第622兵工厂逐渐收拢零散的设备和工人，成为后方生产TT系列手枪的大本营时，其产量在短短6个月时间达到了令人难以置信的16万支！1943年，苏联获得美国租借法案的支援，第622兵工厂得以更换更先进的美制机床和设备。原计划一年内将生产100万支TT系列手枪，然而，由于工厂大量雇用老幼妇孺，在1944年产量也只达到31.5万支。战时，第622兵工厂共生产了96.15万支TT系列手枪，如此之高的产量亦是牺牲其生产标准后的结果。战时生产的TT系列手枪大量采用扎制零件，最大限度地缩减了复杂工艺，枪支表面残留着工具的刻痕，抛光也被忽略，有些批次甚至连握把两侧的酚醛塑料护板也被简化成木质或其他材料。

当1945年卫国战争结束后，TT系列手枪仍在大量生产，但产量已较1943～1944年大幅下降，制造工艺也逐渐回升至战前水平。

波兰拉多姆兵工厂生产的TT－33手枪，其握把护板上刻有三角形图案

尽管TT系列手枪在苏联生产的精确数字已不可考，但仍可大致推算出其规模，战前生产约60万支、战时生产约96万支、战后则生产了约18万支，总计达174万支。

TT系列手枪在波兰

当1944～1945年苏联红军在东线发起大反攻时，TT系列手枪也随之流传到了中东欧诸国，其中波兰使用TT系列手枪最具代表性。

流入波兰的TT系列手枪的确切数量已不得而知，官方资料上也只记载着1944年10月26日，新成立的波兰人民军中拥有38534支TT系列手枪。除波兰军队外，活跃在波兰德占区的共产党游击队和后来成立的波兰内务安全部门都曾大量使用TT系列手枪。

波兰解放后，波兰共产党决定在本土仿制TT-33手枪。1945年1月21日，波兰人民军军械装备部门就开始奔赴各地的军工生产企业，评估生产TT-33手枪的可能性，同时做好先期生产的准备工作。至1946年10月，波兰生产的第一批TT-33手枪终于下线，并作为礼物馈赠给波兰军事及工业界的高级官员。波兰版的TT-33手枪与苏联原枪几乎完全相同，只有握把护板稍有区别。战前苏制TT-33手枪的握把护板上刻着五角星，战时为简化生产则取消了该图案，代之以防滑的沟槽，而波兰的TT-33握把护板上则刻着三角形的图案。

到1955年，波兰累计生产TT-33手枪22.5万支。20世纪60年代中期，波兰库存的TT系列手枪还被改装成滑膛信号枪，专门配发给飞行员。后来，随着波兰自制的P64 9mm手枪列装，TT系列手枪慢慢淡出波兰现役，但直至1989年华约解散，波兰共产党被迫下台前夕，少量军事辅助部队和警察继续使用着TT系列手枪。如今，在波兰的私人保安公司中，仍可见到不少保安人员使用这种手枪。

TT-33手枪的众多仿制型号中，中国版本的54式手枪是较为成功的一款，表面处理和生产工艺质量都比原型枪更胜一筹

骁勇善战的纯种“黑贝”

——德国毛瑟M1932 冲锋手枪

德国毛瑟M1932 7.63mm冲锋手枪，是德国毛瑟兵工厂于1932年定型生产的M1896系列自动手枪的最后一种产品，该枪的工厂内部编号为“712”号。我国对其称谓多样，例如“二十响驳壳枪”、“盒子炮”、“自来得二十响木壳”、“快慢机”等。鉴于我军老一辈军人大多称其为“快慢机”，且每每谈及无不津津乐道，赞叹有加，故本文亦直呼其“快慢机”。

优生优育，骁勇健美的“黑贝”

“快慢机”是德国M1896 7.63mm自动手枪（即固定弹仓的十响驳壳枪）的改进型。“快慢机”可称得上是一件极为精美的艺术杰作。其制造工艺极为精密，不仅采用优质的原材料，而且集中了毛瑟公司近40年制造驳壳枪的经验、智慧和技术手段，并经过严格检验之后才出厂。即使与当今现代手枪相比，“快慢机”的品质都是无可挑剔的。

我们先从它的外观来品味它的精良。其一，“粗细搭配”，匠心所至。“快慢机”的主体平面，加工得平整光亮，各处棱线以及倒角、圆角加工得极为工整清晰，给人以舒展流畅的享受；而在枪的一些局部，例如击锤两侧、准星上部以及机匣两侧凹下造型平面，又展现出非常明显的，并且与主体线条走向一致的刀纹痕迹，给人以粗犷有力的感受。其二，“黑白相间”，错落有致。典型标志就是它那铮亮的外观。那个时期，德国枪械的发蓝技术已经走在世界的前列。“快慢机”的表面，远看是深黑色的，但当你把枪拿在手里端详的时候，由于光线的变化，全枪的色泽呈现晶莹剔透、黑里透蓝的景象。这在其他枪上是不多见的。更值得赞叹的是，在枪的局部，还有几处银白色，例如机体、发射机组件、表尺钣以及扳机上的自动发射凸笋等点缀其中，使全枪呈现明快的动感。从全枪看来，银白色的枪机与蓝黑

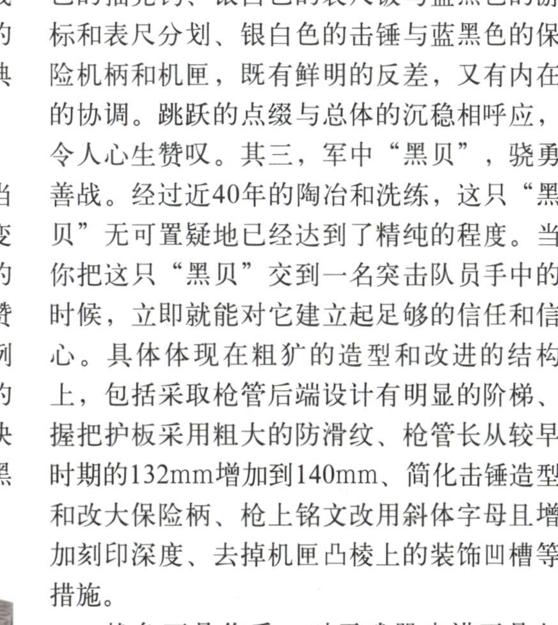

色的抽壳钩、银白色的表尺钣与蓝黑色的游标和表尺分划、银白色的击锤与蓝黑色的保险机柄和机匣，既有鲜明的反差，又有内在的协调。跳跃的点缀与总体的沉稳相呼应，令人心生赞叹。其三，军中“黑贝”，骁勇善战。经过近40年的陶冶和洗练，这只“黑贝”无可置疑地已经达到了精纯的程度。当你把这只“黑贝”交到一名突击队员手中的时候，立即就能对它建立起足够的信任和信心。具体体现在粗犷的造型和改进的结构上，包括采取枪管后端设计有明显的阶梯、握把护板采用粗大的防滑纹、枪管长从较早时期的132mm增加到140mm、简化击锤造型和改大保险柄、枪上铭文改用斜体字母且增加刻印深度、去掉机匣凸棱上的装饰凹槽等措施。

战争不是作秀，对于武器来讲更是如此。毛瑟“快慢机”在我国革命战争时期，受到从士兵到将军乃至元帅的普遍青睐。事实上，在当时很长一段时期内，我军广大的基层指挥员，大部分都是使用缴获的“二把十响驳壳枪”，其中也有国民党兵工厂仿造的“二把十响驳壳枪”，最好的，也不过是

做工精良的二十响德国毛瑟原厂造冲锋手枪。机匣和枪管上印有繁体的“德国造”字样，为德方专门应中国要求特加的

毛瑟公司后期版（1930年以后出品）的C96式。真正的“快慢机”，作为“驳壳”中的精品，缴获以后，往往带有礼品性质被逐级上送，其中也不乏送到总部和中央军委，供首长或警卫人员使用。在延安和西柏坡时期，毛主席还曾风趣地说“我们走到哪里，老百姓一看都知道，因为我们背‘盒子炮’的多。”到了抗美援朝以及建国初期的作战中，主力部队的部分营连级指挥员，还有一些侦察员、突击队员开始使用“快慢机”。它对于我们的革命战争所起到的作用，似乎已远远超出了其本身的价值。

“快慢机”采用枪管短后坐自动方式和弹匣前置布局，全枪分枪身组件以及发射机构和握把组件上下两大部分。其瞄准基线长，加上其细细的枪管，赋予该枪很好的指向性，射击精度明显高于一般手枪。战争年代，许多有经验的军人把驳壳枪的性能几乎发挥到了极至，常常把枪面向右倾斜45°或向左倾斜90°进行概瞄射击。据说这种“跟着感觉走”的快速射击命中概率还相当高。不论怎样，它从一个侧面证明了“快慢机”优良的射击性能。当然，射击的准确性，还在于它独特的弹匣前置的设计布局，使其质心基本处在扳机护圈前缘附近，即使单手特别是装20发弹匣连发射击时，稳定性也比较好。

“快慢机”机构坚固，动作可靠，开放和封闭的部分处理得恰到好处。该枪的开放部分，集中在抛壳窗和弹仓部位，这里几乎存不住污垢灰尘；该枪的封闭部分，集中在机匣和发射机构部位，这里紧凑严密，污垢灰尘几乎进不去，有时枪外面满是尘土泥水，打开里面却十分干净。战斗间隙，不必分解擦拭。“快慢机”不仅是对毛瑟M1932 7.63mm冲锋手枪的爱称，也本质地反映了它可通过转换特有的快慢机柄，实现单发和连发发射方式的选择。此外，该枪配有木质枪套，除具有保护和携行手枪的功能外，必要时可将木枪套驳接在手枪握把上，作为枪托抵肩射击，有效射程达150m。使用7.63×25mm毛瑟手枪弹，初速高，枪口动能大，杀伤威力和侵彻力都非一般军用手枪可比。

得心应手,忠勇智慧的“黑贝”

“快慢机”在人机工效方面最突出的特点，就是单手轻松自如地完成所有的射击操作,并在另一支手的辅助之下,顺利地完成一切战斗勤务操作。

“快慢机”的下半部分，由弹仓、机匣、扳机护圈以及握把构成一个整体。其机匣左侧、扳机护圈后方装有“桃形”的快慢机

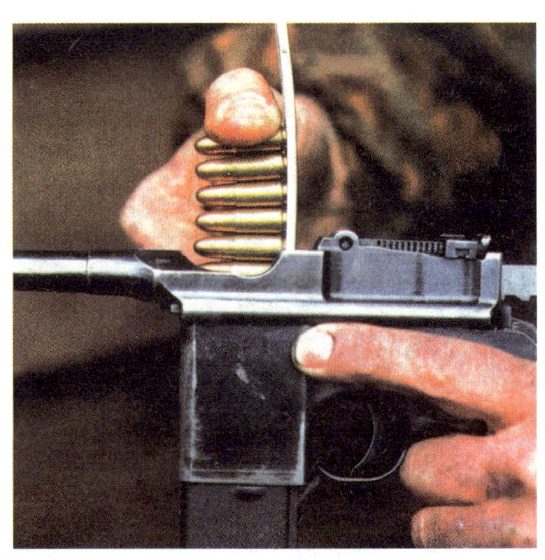

用弹夹（桥夹）压弹

柄；机匣右侧、扳机护圈前方装有弹匣扣；击锤和保险机柄，并列位于枪尾部“虎口”凹部正上方。当右手握枪时，右手拇指可以方便地按压快慢机柄，在射击过程中迅速地选择连发或单发发射方式。当快慢机柄指向“N”时，为单发发射；当快慢机柄指向“R”时，为连发发射。此外，右手拇指还可以方便地扳动击锤、操作保险机柄来实现保险、射击以及装退弹保险的转换。右手的食指，除了扣压扳机以外，还可以十分自如地按压弹匣扣，以更换弹匣。在射击中，左手只做接换弹匣、拉动枪机以及必要时装定表尺等动作。

在并列于击锤左侧的保险机柄上，刻有字母“F”及“S”，分别表示“发射”和“保险”。“快慢机”的保险机构，具有发射保险和装退弹保险两大功能。前者是指枪处于待击状态（即击锤在扳开位置）时，右手握枪，以右手拇指推保险机柄向上到定位，使保险机柄上的“S”字母露出，即为保险状态。此时，击锤不能打击击针。但保险机柄在保险位置（只能看到“S”）时，击锤仍能扳开至待击位置或扣动扳机使击锤回到前方保险位置。这种机构设置的战术效用在于，当有敌情顾虑但又不须立即射击时，可以提前推弹上膛，并把击锤放回前方位置，这样既避免了手枪长时间处于待击状态而致击锤簧疲劳，防止误操作走火，又可将手枪暂时放回枪套正常携行；当有敌情时，拔枪同时以拇指扳开击锤，接着再依据情况压保险机柄到位，打开保险（此时只能看到“F”），将枪指向目标适时开火。当需要从膛内退出枪弹（或推弹上膛）时，可将保险机柄设置在“S”与“F”之间位置（此时可同时看见“S”与“F”），使击锤完全为保险凸笋控制（扳机无效），即使射手误触扳机，也不会走火。

与毛瑟M1896驳壳枪固定弹仓显著不同的是，“快慢机”在保留前者从抛壳窗用10发桥形弹夹装填枪弹的功能之外，还采用了可卸式供弹具，包括10发（短）弹匣和20发（长）弹匣两种。短弹匣装在枪上，弹匣底盖与扳机护圈相齐，主要是为了便于携带（包括装入枪套内携行）；长弹匣装在枪上后，弹匣底盖与握把底部平齐，当驳接枪套时整个枪如同一支小型冲锋枪。不论弹匣长短，都可用10发弹夹从抛壳口压填枪弹。考虑该枪具有更换可卸式弹匣的功能，除了在长短弹匣的托弹板上都有空仓挂机凸起外，还在枪机后下端的凸笋上设有一凹进部，当枪处在空仓挂机状态时，击锤上端凸出部抵在凹进部内，当换弹匣或装压第二夹枪弹时，枪仍保持空仓挂机状态。需要推弹上膛时，只用右手拇指向下略扳击锤（或另一手向后拉枪机再松开），枪机即会复进到位。这种战术效用性，是现在任何其他手枪都做不到的。顺便提一句，在长、短弹匣的底盖上，都刻有毛瑟公司的旗标（旧中国仿造的弹匣也不例外），只不过原装的和仿制的在供弹可靠性上大相径庭。如用了仿制的，就可能误大事。侦察英雄杨子荣的牺牲也许与此有关吧，遗憾的是个中原委已经无法详考了。

“快慢机”问世至今，业已71年。按照现代的观点来看，其构造还是略显复杂，分解结合时还需使用一次工具。然而，这比起它诸多的优点来，实在是“小巫见大巫”了。

中国第十九路军在淞沪会战中英勇抗日，谱写了可歌可泣的抗战诗篇，图为其敢死队队员出发前的场景，注意每人腰间都插有一支毛瑟驳壳枪

宗系庞杂，难辨真假的“黑贝”

正像人们一看到单发装填的老式步枪，就能想起“三八大盖”一样，绝大多数中国老百姓对“盒子炮”、“二十响”再熟悉不过了。这是因为数以百万之众的各国以及各种版本的驳壳枪，大部分都集中到了旧中国，并且已经融进入了中国战争特别是中国革命战争史的缘故。在此，简要说说各版本驳壳枪的区别和识别。

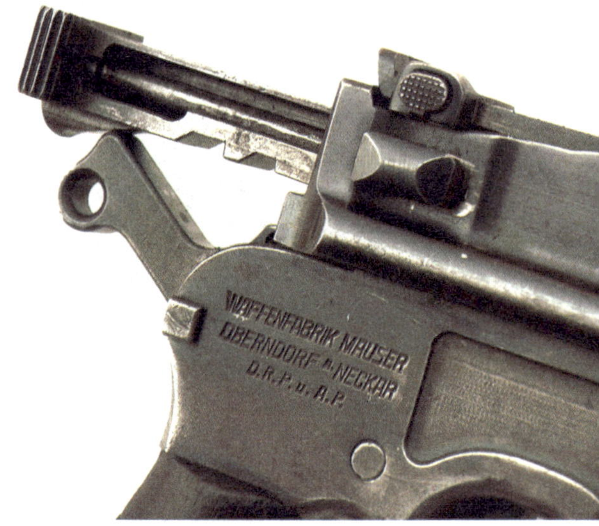

快慢机机匣侧面的枪身铭文

对“快慢机”的特征不难识别。除了在“快慢机”的枪管弹膛部的上平面上刻有“WAFFENFABRIK MAUSER OBERNDORF A/N”字样（意为“奥伯恩多夫毛瑟兵工厂”），以及在枪的下部分（即机匣）的右后平面上，刻有“WAFFENFABRIK MAUSER OBERNDORF A · NECKAR”和“D.R.P.u.A.P.”（意为“德国国家专利和其他专利”）等字样外，还在弹匣槽左侧，刻有繁体汉字“德国制”，机匣左后平面上，则刻有毛瑟旗标。

同类型枪的识别

毛瑟C96式7.63mm半自动手枪 通常称之为

除了第二把（从左至右）为德国原厂造，其余均为中国仿制的毛瑟手枪

十响驳壳枪，其与毛瑟M1932的主要区别是没有快慢机机构，采取固定式弹仓供弹，装弹具为10发桥形弹夹。毛瑟C96式7.63mm半自动手枪因口径、枪管长以及体积、质量的不同又分为好几种。其中9mm口径，使用巴拉贝鲁姆9×19mm手枪弹，长枪管、大握把（其上刻有一个很大的红色“9”字）的，当时在中国被称为“头号”或“一把”驳壳；7.63mm口径，使用7.63×25mm手枪弹，长枪管、大握把的被称为“二号”或“二把”驳壳；还有7.63mm口径，使用7.63×25mm手枪弹，短枪管、小握把的被称为“三号”或“三把”驳壳。此外，还有两种较早期生产的毛瑟C96式手枪，构造与上述后期生产的大同小异，只是弹仓容弹量有6发、10发或20发的明显区别。在这些半自动驳壳枪的机匣组件的左面或右面，刻有“MAUSER”字样及旗标。

初期生产的毛瑟7.63mm半自动手枪　该枪没有表尺，仅有缺口式照门。弹仓容弹量有5发和10发两种。其中5发弹仓的枪全长为250mm，10发弹仓的枪全长为260mm。在其外表面上，均刻有“MAUSER”字样及旗标。

我国仿制生产的驳壳枪　德国毛瑟兵工厂从18世纪末开始，在近40年中先后生产了约100万支各种型号的驳壳枪，旧中国作为一个巨大的市场，接纳了其中70%以上的数量。20世纪30年代生产的10万支最后型号——即我们今天介绍的这支“快慢机”，也大部分销到了中国。然而，在这种情况下，为适应国民党军队将驳壳枪作为制式武器的需要，旧中国的许多兵工厂还是仿造了大量各种型号的驳壳枪。大家所熟悉的汉阳兵工厂，自1921年起，就开始仿造毛瑟C96式手枪半自动驳壳枪，10余年间，产量惊人。随后，河南巩县兵工厂也仿造了一大批。由于驳壳枪在反动军队中装备使用甚广，我军在战争年代缴获也很多。这些“国产”的毛瑟C96式手枪与原装的毛瑟C96式手枪在构造上完全相同，只不过在枪上刻有不同的厂名或厂徽而已，很好识别。值得一提的是湖南的兵工厂，不仅仿造C96式手枪还仿造“快慢机”。此外，上海兵工厂、大沽海军枪炮制造所等也都仿制过

西班牙仿造的几种毛瑟手枪，对于不了解的外行而言，初看外形几乎和德国毛瑟一模一样，但内部结构多有区别

驳壳枪。这些仿制的特别是一些小厂所仿造的驳壳枪，在制造工艺上，受旧中国落后的工业水平限制，大多外观粗糙，手工修锉痕迹比比皆是，而且常常是逐枪装配，零件几乎没有互换性可言。这些产品经常是连德文都一起仿造，刻到枪上。不过，与德造枪一比，真假泾渭分明。

说到旧中国仿制的驳壳枪，还有一个特例要提到，这就是山西军阀阎锡山“晋厂”制造的“一七式”11.43mm半自动驳壳枪。其构造与德国C96式手枪大同小异，唯有口径大了不少，主要原因是阎锡山引进并大量仿造了早期型号的“汤姆逊”11.43mm冲锋枪。手枪与冲锋枪使用同种枪弹，难得旧军阀还有一点“现代”意识。不过，每当看到“一七式”，总不免使人联想起旧中国山西铁路轨距比外阜要窄一些的故事，当然这是题外话了。

西班牙造驳壳枪　说到识别驳壳枪，就不能不提一提西班牙造的驳壳枪。20世纪20年代以后，西班牙的“恩思达”、“皇家”等兵工厂逐步获得了德国毛瑟公司C96式的生产许可权开始仿制驳壳枪。但是，西班牙驳壳枪除了外形酷似德国驳壳枪以外，其结构则有很大不同。这些由西班牙造的驳壳枪，大多销到了旧中国，有的则是先销到日本，再流入中国。这在一定程度上成了毛瑟公司的最大竞争对手。当然，西班牙驳壳枪无论可靠性、勤务性还是工艺性等方方面面，都比德国驳壳枪略逊一筹。西班牙驳壳枪外表面上刻有“ASTRA”或“ROYAL”等字样，很好识别。

此外，德国驳壳枪还出口东南亚、南美洲、土耳其以及巴尔干半岛等许多国家和地区。同时，一些国家和地区也数量不等地仿制。这些口径以及局部外观或构造不尽相同，镌刻铭文各异的驳壳枪，在我国国内革命战争以及抗日战争时期，也曾不同程度地流入我国。这些驳壳枪的国别根据铭文还是比较容易识别的。

中国1920年代由山西兵工厂生产的一七式手枪。这是世界上唯一的0.45in口径的毛瑟系列手枪

勃朗宁手枪之绝唱
——比利时M1935 9mm大威力手枪

与此前的各种勃朗宁手枪一样，勃朗宁M1935 9mm大威力自动手枪也是一支凭借自身性能而进入世界名枪之列的手枪。其特别之处在于，与以前的设计相比，结构中更多地凝聚了约翰·摩西·勃朗宁的丰富想象力。在1991年9月美国《枪与弹》杂志进行的“20世纪十佳手枪”的评选中，M1935名列第五，勃朗宁的另一传世之作——M1911自动手枪则位居第二。考虑到两者设计的年代差别和美国人对0.45in口径的偏爱，M1935获得这样的排名并不奇怪，但如果在欧洲进行同一评选的话，结果肯定会颠倒过来，因为M1935从一开始就是一支“欧洲人的手枪”。

“大威力”的诞生

20世纪20年代初，比利时FN公司应法国陆军的要求，开始设计一种全新的军用手枪。此时勃朗宁已近七旬，但老骥伏枥，志在千里，他仍以极大的精力投身到新枪的初期设计工作中。除了职业热情之外，勃朗宁也有商业上的考虑，那就是之前设计的9×20mm勃朗宁长弹，与竞争对手——乔治·卢格设计的9×19mm巴拉贝鲁姆枪弹相比，枪口动能小，弹道性能也不尽理想，

勃朗宁于1926年逝世，此时大威力手枪还没有完成设计

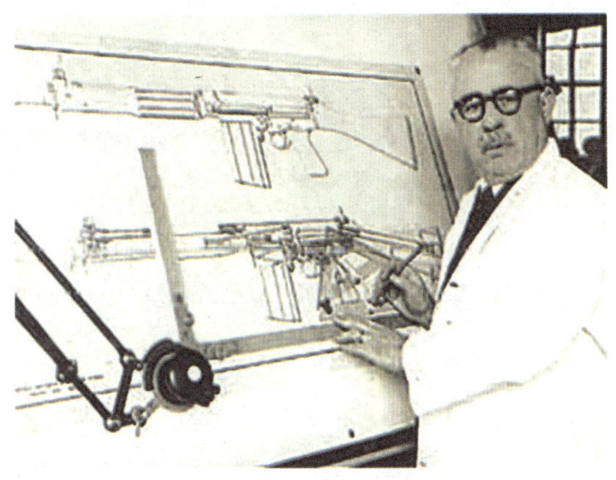

迪罗尼·塞维（Dieudonne Saive）是勃朗宁大威力手枪的最终完成者

作为军用手枪弹先天不足。为争夺欧洲的军用手枪市场，勃朗宁决心设计一种发射9×19mm手枪弹的“大威力”自动手枪，以确保FN公司在商业上的应有地位。勃朗宁在美国犹他州奥格登的工作室里开始了他的工作，几星期后就研制出两支样品，其中第二种型号就是后来M1935的原型，该枪在历史上首次采用了容弹量高达15发的双排弹匣。FN公司对这支枪表现出了浓厚的兴趣。

帮助勃朗宁最终完成这一设计的，是其在FN公司时培养的得意门生——后来成为FN总设计师、设计出著名的FAL自动步枪的迪罗尼·塞维。他继承和发展了勃朗宁的设计思想，在原型基础上将其缩短，增加了外露式击锤、手动保险和弹匣保险，同时简化了分解过程，这种改进型称为M1923。1925年，法国军方对M1923进行了试验，结果非常满意。之后，塞维进一步将其完善，主要是缩短套筒和枪管长度，使全枪质量进一步减轻，弹匣容弹量也减少到13发。

天有不测风云。1926年， 71岁的勃朗宁因心脏病突发而去世，但此前他还是看到了试制成功的样枪。几个月后，相关专利也获得批准。塞维在参考了同为勃朗宁设计的柯尔特M1911A1的一些特点后，又设计出了M1928，该枪有一个欧洲式的圆头击锤。几经修改后，1929年，塞维又改进了握把和空仓挂机解脱杆的形状，改进后称为M1929。1934年，M1929在经历了少许改变后最终被命名为M1935手枪。次年，比利时军队成为其第一个正式用户，勃朗宁晚年最后的“杰作”终于画上了一个圆满的句号。

M1935手枪又称为GP 35（法语the Modele 1935 pistolet autamatique Grand Puissance的缩写），在法国有时也简称为勃朗宁自动手枪（BAP），在英语国家则称之为勃朗宁大威力自动手枪（Browning High Power或Browning Hi-Power），简称BHP。之所以称为“大威力”，主要是区别于以前以FN名义设计的各种勃朗宁手枪，如M1900、M1906、M1910等，它们多是发射低威力的7.65mm/6.35mm手枪弹，主要用作自卫。而卢格设计的9×19mm枪弹对当时的欧洲人来说的确是一种威力最大的手枪弹，其枪口动能达到490J，在50m上的落点动能达到365J，如此之大的能量对杀伤相应距离内的无防护有生目标绰绰有余。其次，M1935的弹匣容弹量达到了13发，与当时流行的自动手枪仅7~10发的弹匣容弹量相比，也是空前的，这使得该枪的使用者拥有更强的单兵火力，对近距离作战具有重要意义。此外，该枪完全由钢件制成，结实耐用，尺寸较传统的勃朗宁手枪明显大出一截，线条简练而凝重，给人以粗犷、墩实的感觉，也充分显现了“大威力”的风格。

勃朗宁大威力手枪是当时容弹量最大的自动手枪，其枪弹交错排列的设计开创了大容弹量供弹具的先河

结构内窥

M1935是一支纯粹的常规单动型军用自动手枪，采用枪管短后坐式工作原理，枪管偏移式闭锁机构，回转式击锤击发方式，带有空仓挂机和手动保险机构。全枪结构简单、坚固耐用。由于该枪生产时间较长，其间几经改进，加上生产厂家较多，细节上有诸多差别，因此这里主要介绍二战前比利时生产的标准固定表尺型M1935手枪的结构，其主要部件包括套筒、枪管、复进簧组件、套筒座、弹匣和空仓挂机。

套筒组件由套筒本体、准星、表尺、阻铁杠杆、阻铁杠杆轴、抽壳钩、击针、击针簧和击针限制板组成。M1935采用与M1911相同的轴式抽壳钩，它与击针一起被击针限制板限制并固定在套筒上。阻铁杠杆轴的形状比较复杂，由带有一粗一细两个突轴的腰形板组成，细轴用于与阻铁杠杆配合，使阻铁杠杆能够可靠地旋转;粗轴上带有一个缺口，刚好卡在抽壳钩上并被抽壳钩限制住，使得阻铁杠杆轴不会从套筒上脱落。该枪套筒右侧的防滑纹里嵌有一个腰形机件，即该零件外露的部分。

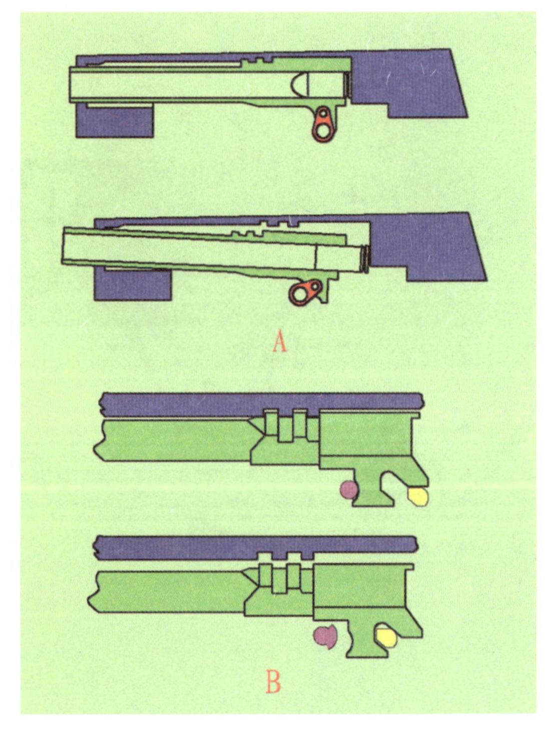

勃朗宁设计的两种枪管偏移式闭锁机构。A为M1911采用的回转铰链式结构（上为闭锁状态，下为开锁状态），B为M1935采用的凸耳式结构（上为闭锁状态，下为开锁状态）

M1935的枪管长118mm，内有6条右旋膛线。枪管外表面在位于弹膛上前方处设有两道半环状闭锁凸起，在弹膛下方的凸起部分则加工有开闭锁导槽，弹膛后下方还加

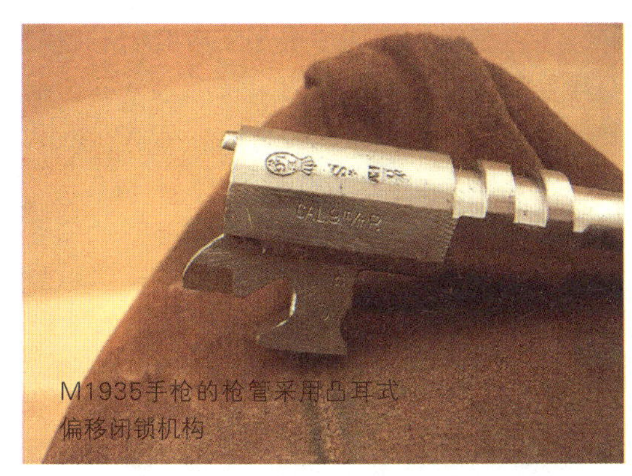

M1935手枪的枪管采用凸耳式偏移闭锁机构

M1935手枪的设计借鉴了M1911手枪的成熟架构，最显著的一项改进是枪管的闭锁方式，由M1911枪管的闭锁铰链（上），改成枪管下方的凸耳设计（下），更简单有效

工有导弹斜面。M1935采用枪管偏移式闭锁原理，这种原理是天才的勃朗宁于1895年首创的，适合发射大威力手枪弹，并获得了专利。不过在具体结构上，M1935的枪管下部采用凸耳式结构，与此前勃朗宁设计的M1911并不完全相同。M1911的枪管采用的是回转铰链式结构，零件数量多、机构相对复杂，而凸耳式结构则更加简单，工艺性也更好，同一时期设计的波兰拉多姆VZ35自动手枪也采用类似的凸耳式结构。

复进簧组件由复进簧、复进簧导杆、复进簧导杆帽、复进簧导杆簧和限位钢珠组成。其中复进簧导杆簧和限位钢珠安装在复进簧导杆中，并被复进簧导杆帽限制住。复进簧用于给套筒复位提供动力，完成复位动作。M1935的空仓挂机杆尺寸比一般手枪的要大，因此操作性较好。在空仓挂机杆转轴的部位加工有一个缺口，复进簧导杆内的限位钢珠和复进簧导杆簧与其相互作用，当该枪处于空仓挂机状态时，向后拉套筒，可使空仓挂机杆复位，解除对套筒的限制，使套筒复进。

套筒座作为全枪最复杂的一个部件，其

早期的勃朗宁大威力手枪采用内藏式抽壳钩

上安装有许多零件，主要包括握把护板、扳机、扳机轴、扳机连杆、扳机簧、弹匣扣、阻铁、抛壳挺、手动保险杆、击锤、击锤连杆、击锤簧等。套筒座上加工有套筒导槽和与枪管配合的开闭锁凸起。该凸起是一个单独的零件，加工好后以过盈配合方式压入套筒座上的孔内。

该枪使用的双排单进13发弹匣由弹匣体、托弹板、托弹簧、托弹簧底板和弹匣底板组成。这种结构的弹匣非常适合在手枪上使用，为后来的各种大容弹量手枪弹匣设计奠定了基调。采用这样大容量的弹匣必须将握把做得很厚才行，但勃朗宁的设计使得M1935的握把仍然能够保持较薄的厚度。该枪将握把背部上端设计成向内凹陷，正好与使用者握持时虎口部位向前凸出的部分相吻合。凹陷处与握把下半部的过渡段长20mm左右，与枪管轴线形成的夹角为116°，而握把下半部分的倾角则设计成103°，这样握把倾斜角不至于过大，减小了全枪长度，并使握把背部上端形成“颈部”，使得握把上小下大，不易滑脱，而且即使是亚洲人的手型，握持时也不会感到太大太厚。因此，M1935的人机工程性能非常出色，特别是操作性和指向性好，获得用户的一致肯定。

(A)

(B)

(c)

勃朗宁大威力自动手枪发射机构动作原理图。图中：（A）击发后仍扣住扳机不放，此时扳机处于最后位置，击锤被阻铁挂住处于待发状态，而扳机连杆在阻铁杠杆的作用下被推向前方，所以虽然扳机已经扣到底，但并不能与阻铁杠杆头部接触，因此不能解脱阻铁形成击发。（B）发射完毕套筒复进到位后扳机松开，此时扳机在扳机簧的作用下复位，而扳机连杆在扳机复位后逐渐下降，进入阻铁杠杆下部，并且对准阻铁杠杆头部。（C）再次扣压扳机时，扳机带动扳机连杆向上运动，扳机连杆顶起阻铁杠杆，而阻铁杠杆旋转，下压阻铁解脱击锤，形成击发

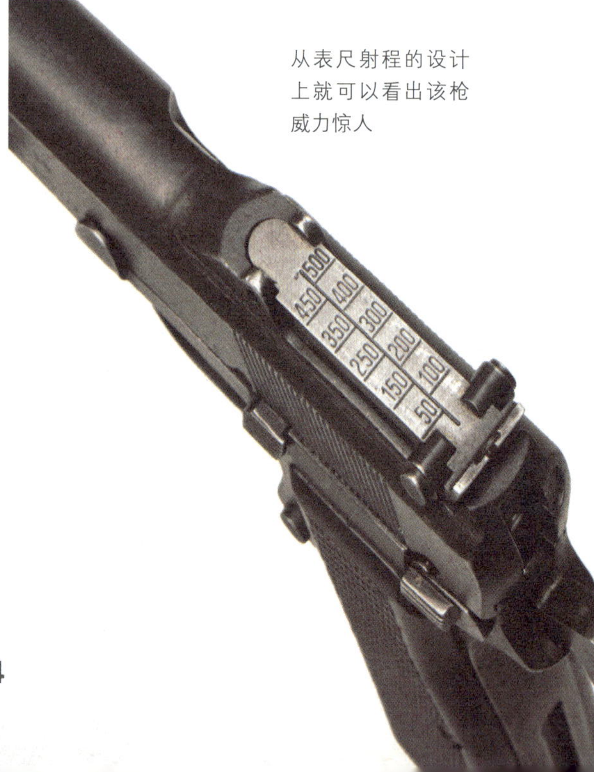

从表尺射程的设计上就可以看出该枪威力惊人

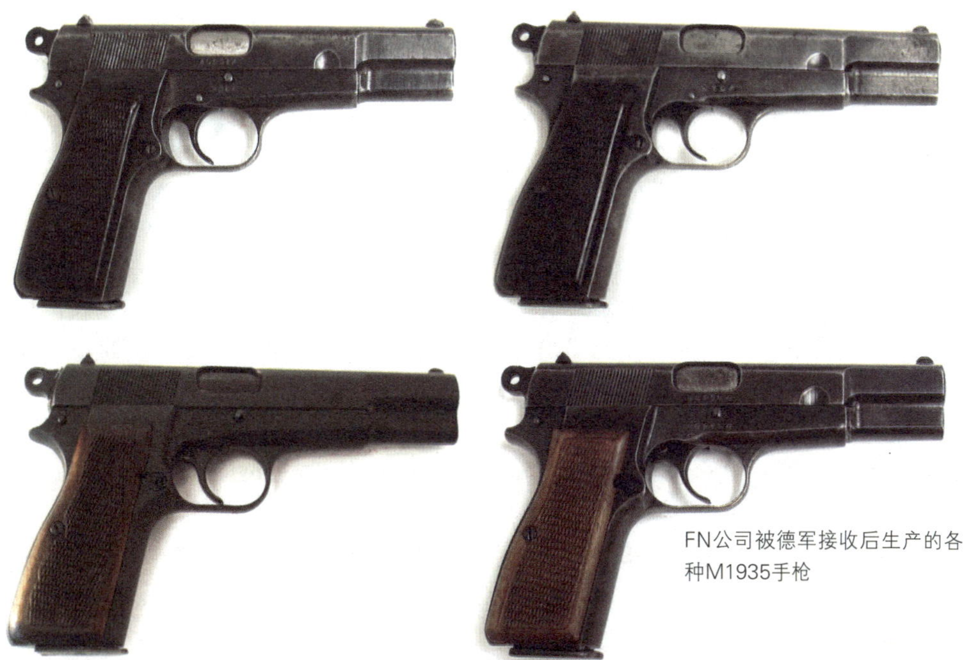

FN公司被德军接收后生产的各种M1935手枪

M1935手枪的基本动作过程：将装有枪弹的弹匣插到位后，拉套筒向后到位并释放，使击锤处于待击状态，套筒复进过程中将弹匣中最上面一发枪弹推上膛。此时扣动扳机，扳机旋转并带动扳机连杆运动，扳机连杆顶起阻铁杠杆前端，阻铁杠杆后端向下压阻铁前部，阻铁旋转使其后部逐渐脱离击锤上的待击卡槽，击锤在击锤簧的作用下加速向前运动，打击击针，击发枪弹。火药燃气推动弹头加速向前运动，同时作用在弹壳底部的压力使处于闭锁状态的枪管和套筒共同向后运动，当走完4.7mm长的自由行程后（此时弹头已飞出枪管，并且弹膛内的压力也下降至安全开锁的范围内），枪管下方的凸起与套筒座内的开锁斜面相互作用使枪管尾部逐渐下降，直至枪管上的闭锁凸起脱离套筒内的闭锁槽，随后枪管受到套筒座内开闭锁凸起的限制停止运动，套筒在惯性作用下继续后退，压缩复进簧、压倒击锤、抽出弹壳并与抛壳挺撞击抛出弹壳，直至碰到套筒座上的止动斜肩后停止后坐（套筒后坐时，装在套筒上的阻铁杠杆也随之一起向后运动，阻铁杠杆前端与扳机连杆头部解脱）。随后套筒在复进簧力的作用下向前运动，再次推弹入膛，继而推枪管向前运动，而枪管弹膛下方的闭锁斜面与套筒座内的闭锁斜面相互作用，使枪管尾部逐渐抬起，并使枪管上的闭锁凸起进入套筒上的闭锁槽内完成闭锁。随后枪管和套筒共同走完自由行程，套筒座上的闭锁凸起抵在枪管下方凸起的闭锁支撑面上，完成闭锁过程。如果此时仍旧扣住扳机不放，虽然扳机连杆被抬起，但套筒复进到位时，阻铁杠杆头部会向前推

FN公司在二战期间生产的标准型M1935手枪

开扳机连杆，使扳机连杆与阻铁杠杆不能相互作用，即不能解脱阻铁释放击锤完成击发。只有在松开扳机时，扳机连杆才能在扳机簧的作用下重新落在阻铁杠杆头部下方，此时再次扣动扳机就可以重复上面的击发过程。

当套筒复进不到位时，阻铁杠杆一直停留在后方，既不能与扳机连杆作用，也不能可靠地压下阻铁。即使扣动扳机，由于扳机连杆顶不到阻铁杠杆，也就不能解脱阻铁，故形成可靠的不到位保险。另外此枪在套筒左侧后上方设有手动保险杆，用持枪的右手拇指就能操作，扳向上方即为保险状态，此时既锁住了套筒又防止阻铁解脱击锤。另外大多数型号的M1935都设计有空弹匣保险，当弹匣取出后，空弹匣保险会在保险簧的作用下推动扳机连杆向前，使扳机连杆顶部与阻铁杠杆头部错开，这样即使膛内有弹也不能击发，可以防止因为弹匣取下后由于疏忽而发生意外。

从二战发展至今的M1935

自从1935年比利时军队正式采用M1935后，罗马尼亚、拉脱维亚、立陶宛、秘鲁等国家也先后装备了该枪。二战前，FN公司一共生产了3.5万支M1935，可见其受欢迎的程度。M1935装备的广泛性是不容置疑的，它也是世界上为数不多的敌对双方同时生产和装备的武器。二战中，装备该枪的国家分别加入对立的两大阵营，特别是比利时沦陷后，FN公司被德军接收，并制造了约30万支被重新命名为P640（b）的该种手枪，用于补充军需。二战期间，位于多伦多的加拿大英格利斯公司继续生产M1935，供英联邦国家（如英国、加拿大、印度、爱尔兰、澳大利亚等国）的部队使用，除装备各级指挥官和航空兵外，还装备到突击队和警卫部队。中国早在1935年就向FN公司订购过数千支该型手枪，因其精度良好、容弹量较大，深得部队喜爱，但不久欧战爆发，该枪的供应渠道被切断。在此情况下，国民党政府向同为盟国的加拿大求援。经过一番谈判和商洽，1944年，与英格利斯公司签订了为中国生产该枪的合同，国民党政府驻华盛顿代表还向该公司提供了4支比利时原产样枪。这种加拿大产M1935的特殊之处在于它不是纯粹的仿制，而是应中国方面的要求重新设计生产的。它在国内被称为“加拿大撸子”或“加九零手枪”。此外，按合同规定，首批4000支手枪的套筒上刻有“中华民国国有”的字样。该公司在两年时间内向中国提供了2万余支该枪，但这些手枪大多没有赶上抗战，而是用在了反共的内战当中，主要装备国民党一线部队。如1948年9月，国民党106军在改编成嫡系部队后，就曾给师以下军官配发了300多支“加拿大撸子”。当然，最终这些手枪中的大部分被人民解放军缴获，并一直使用到抗美援朝战争期间。

二战结束后，FN公司恢复了M1935的生产，除装备比利时军队和警察外，还大量出口。战后生产的普通型M1935与二战时期的产品有一些细节上的区别，主要是以片状抽壳钩取代了原来的轴式抽壳钩，阻铁杠杆改为用单独的空心弹性销子固定，表尺也全部改为固定式的，握把背面的枪托安装卡槽也取消了，但握把护板仍为木制的，形状也没有变化。英军于1954年正式采用该枪，以取代韦伯利0.38in转轮手枪。荷兰、丹麦、南非和其他许多战后新独立的国家，也纷纷采购该枪来装备自己的军队。这促使M1935在世界范围内获得空前的广泛应用，从而真正成为一支公认的著名手枪。到20世纪结束的时候，全球大约有55个国家的军队或执法部门装备了该枪。M1935以精锐部队理想的随身武器而闻名于世，典型的例子是英国的特别空勤团（SAS），每名队员必须装备的轻武器除MP5冲锋枪外，还有M1935。后者并不是纯粹的自卫武器，而是重要的辅助武器。在突入恐怖分子的据点后，一般是先用

加拿大士兵在进行射击训练。即使在冬季严寒环境下，勃朗宁大威力手枪依然具有很好的可靠性

MP5冲锋枪向目标发射两个短点射，将目标击倒，然后以M1935的近距离精确射击控制局面，消灭残余歹徒，这样既节约弹药，同时也避免过度交火导致人质伤亡。

20世纪80年代以后，各国先进战斗手枪层出不穷，为使M1935外观更加现代化、提高竞争力，FN公司对标准型M1935进行了较大改进，推出了1型手枪。改进之处主要有：表尺、准星以燕尾槽固定；击锤由原来的圆环形改为刺形；手动保险杆尺寸加长，并改为双侧均可操作；取消了套筒右侧前部的弧形凹槽；握把护板采用黑色工程塑料制造，外形更加流畅。随后，FN公司又推出了2型手枪，与1型的区别只是表面处理不同。1型和2型手枪都曾经装备比利时军队和警察部门，并作为FN公司的主打产品大量出口。由于20世纪80年代以后设计的手枪都很注重安全性，多数采用击针自动保险，因此FN公司在1型手枪的基础上改进了发射机构，在击针后部增加了一个击针自动保险卡锁，以消除意外走火的危险，改进后的型号称为3型手枪，少量装备比利时警察部队。

进入20世纪90年代，双动手枪逐步占据主流，M1935几十年不变的单动发射机构显得有些落后，因此FN公司决定在其基础上设计一种全新产品，这就是勃朗宁BDA自动手枪。该枪已经基本脱离了M1935的外形，结构更是有了大幅度改进，除改单动发射机构为单/双动外，还增设了击针自动保险机构，抽壳钩、手动保险柄、握把护板、空仓挂机杆、扳机护圈形状均重新设计，弹匣底板改为塑料制造，弹匣容弹量增加到14发，新设计的弹匣扣可左右换向。后来FN公司又在BDA的基础上设计了多种样式的改进型号，不过它们未能续写前辈的辉煌，其销售业绩并不理想。此外，FN公司战后还生产过民用型M1935，包括可调表尺的比赛型、可调表尺加可卸木制枪托的收藏型。尽管它们外观上与二战期间的产品并没有太大区别，但一般可以通过抽壳钩来识别，因为战后生产的这些民用手枪都是使用片式抽壳钩。如果想详细了解关于生产者、使用者的情况，还可以进一步判读枪身上的铭文和各种标记。

加拿大英格利斯公司为中国生产的首批“加九零手枪”，套筒上刻有“中华民国国有”字样

结语

一代宗师勃朗宁晚年设计的M1935，结构新颖、设计独特，在当时来说是一个创造性的产品。它凝结了勃朗宁毕生从事枪械设计的智慧，也体现出其卓越超群的设计才能。特别是著名的凸耳式枪管偏移式闭锁机构，更是成为各家纷纷效仿的经典之作，至今仍在现代手枪结构设计中占有重要地位。同时，该枪也是一支著名的“长寿”武器，在诞生70多年后还活跃在伊拉克战场，目前仍在英国、澳大利亚和南非等国军队中服役。

20世纪70年代推出的勃朗宁大威力工艺手枪，击锤为钩状

加拿大二战时期生产的勃朗宁大威力手枪（注：因误操作，该枪弹匣插反了）